52주 여행,
우리가 몰랐던
강원도 408

52주 여행,
우리가 몰랐던 강원도 408

2023년 7월 20일 1판 1쇄 인쇄
2023년 8월 1일 1판 1쇄 발행

—

지은이 김수린, 김지영
펴낸이 이상훈
펴낸곳 책밥
주소 03986 서울시 마포구 동교로23길 116 3층
전화 번호 02) 582-6707
팩스 번호 02) 335-6702
홈페이지 www.bookisbab.co.kr
등록 2007.1.31. 제313-2007-126호

—

기획·진행 정채영, 권경자
디자인 디자인허브

—

ISBN 979-11-93049-06-8 (13980)
정가 24,000원

—

책밥은 (주)오렌지페이퍼의 출판 브랜드입니다.

52주 여행, 우리가 몰랐던 강원도 408

156개의 스팟·매주 1개의 당일 코스·월별 2박3일 코스

김수린, 김지영 지음

책밥

머리말

"글쎄, 내가 강원도에 대해 잘 아는 게 맞을까?"

처음 이 책을 제안받았을 때 들었던 생각이다. 자그마치 인생의 76.923%를 강원도에 살았지만 내가 아는 강원도가 독자가 원하는 '진짜 강원도'가 맞을지, 남한에서 두 번째로 넓은 면적을 가지고 또 임야가 81.7% 가량을 차지할 만큼 서로 서로 먼 강원도 18개 시·군을 잘 소개할 수 있을지 말이다. 하지만 이 생각도 잠시. 꼭 하고 싶었다.

누구보다 열정을 가지고 여행하는 나의 강원도.
여기에 '개정판'이라는 세 글자에 힘입어 요즘 MZ세대 감성을 살짝 곁들인!

강원도 토박이로 20년, 강원도에 대한 자부심이 뿜뿜! 하는 작가와 강원도에서 학창시절을 보내고 다시 강원도에 돌아와 살만큼 강원도에 진심인 또 다른 작가가 함께 소개해서 더욱 매력적인 강원도 구석구석 이야기 ver. 2

강원도를 대표하는 음식 중 하나이자 작가의 최애 음식인 '감자옹심이'가 얼마나 맛있는지, 1시간이 넘는 시간 동안 인생 무지개를 보았던 '신선대'가 얼마나 아름다웠는지, 어쩌면 비슷하게만 생각했던 '동해 바다'가 강원도 각 지역마다 어떤 색을 띠고 또 어떻게 다른지 등등. 강원도를 떠올렸을 때 그저 '감자, 바다'가 아니라 어떤 지역의 어떤 장소를 떠올릴 수 있도록 그 경험과 감동까지 전하고 싶었다.

그래서 1년이 넘는 시간 동안 수십 번 태백산맥과 구불구불한 산길을 넘나들며 그럼에도 행복했던 이야기를 이 책에 꾹꾹 눌러 담았다. 1년 52주 동안 너무나도 다양한 장소 중 어디를 가야 이 기쁨을 함께 전할 수 있을지 말이다. 몇 번을 다시 방문한 지역도 있고 잠깐을 머문 곳도 있다. 평소에 가보고 싶었던 곳을 방문하기도 했으며, 생소하고 낯선 곳을 찾아가기도 했다. 누군가 이 책의 모든 장소를 여행한다면, 몇몇 곳에서는 더할 수 없이 깊은 감동을 느끼겠지만 어쩌면 몇몇 곳에서는 실망을 할지도 모르겠다. 하루에 3~5회만 운영하는 시내버스에 혹은 그해의 개화 시기, 여행일자의 날씨 등에 따라 책 속의 풍경과는 다를 수 있기 때문이다. 여행지, 여행 코스마다 최대한 상세하게 기재하려 노력했으나 변동가능성이 있는 부분들은 SNS를 통해 최근 후기 등을 필수로 확인하고 방문하는 것을 추천한다.

끝으로 52주 강원도 여행의 동반자에 대해 이야기하려 한다. 만 18세에 운전면허를 취득했으나 '장롱면허'인 나에게는 운전 필수인 여행지가 많아 어려운 점이 있었는데 이를 비롯해 거의 대부분의 강원도 여행을 함께해준 분들이 바로 부모님이다. 장거리 운전도 항상 힘든 내색 없이 동행해주었던 아빠, 그리고 어쩌면 나보다 여행지 정보를 더 잘 체크하고 안내해준 엄마. 두 분 덕분에 여행을 시작했고 또 사랑하게 되었고 이렇게 함께할 수 있음에 감사하다. 그리고 이제는 하늘에 계신 아주 아주 많이 사랑하는 우리 할머니, 응원해준 가족들, 소중한 기회를 준 출판사 책밥, 남자친구를 비롯해 이 여정을 함께한 모든 분들께 감사의 인사를 전한다.

2022년 1월부터 2023년 7월까지

김수린

이 책의 구성

52주 동안의 여행을 시작하기 전에 이 책의 구성을 상세히 소개합니다.

1주~52주까지 한 주를 표시한다. 매 주는 최소 2~3개의 볼거리 스팟과 먹거리 스팟, 함께 가면 좋은 여행 코스 1개로 구성된다. 각 스팟은 주소, 가는 법, 운영 시간, 전화번호, 홈페이지 등의 정보와 함께 소개글, 사진을 수록했다. 더불어 주의할 점과 작가가 개인적으로 강조하고 싶은 여행 포인트 등을 팁으로 구성했다.

반곡역폐역

37week

효석달빛언덕

각 스팟마다 함께 즐기면 좋을 주변 볼거리와 먹거리를 사진 및 정보와 함께 간단히 소개했다. 따라서 스팟 하나만 골라서 떠나도 당일 여행 코스로 손색없다. 단, 다른 주의 스팟에서 소개한 주변 볼거리·먹거리와 중복될 경우 장소 이름과 해당 장소가 소개된 페이지, 간략한 정보만 기재했다. 처음 등장하는 새로운 곳일 경우 소개글과 함께 정보를 기입했다.

추천 코스는 해당 주의 스팟 중 하나를 골라 효율적으로 테마 여행을 떠날 수 있도록 소개했다. 1코스에서 2코스로, 2코스에서 3코스로 이동하는 교통편(대중교통 또는 자동차 이용 시 거리) 정보를 기입했다. 또한 추천 코스 중 새로 등장하는 장소일 경우에는 간단한 소개글과 정보를 기입하고, 다른 페이지에서 소개해 중복되는 곳일 경우 소개글 없이 정보와 해당 페이지만 기입했다.

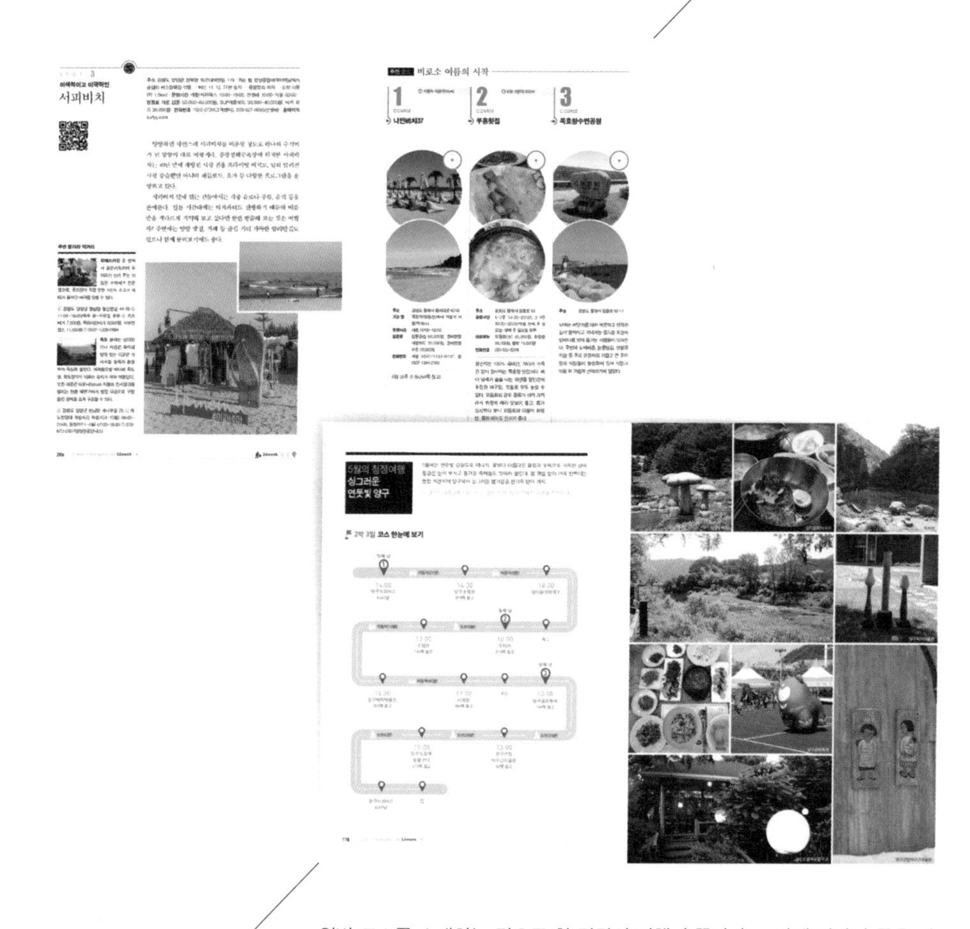

월별 코스를 소개하는 것으로 한 달간의 여행이 끝난다. 그달에 떠나면 좋을 지역별 최적의 여행지를 2박 3일 또는 1박 2일 코스로 도식화하여 한눈에 보여주고, 오른쪽에는 해당 코스에 포함된 여행지의 모습을 사진으로 소개한다.

| 일러두기 |

이 책에 수록한 모든 여행지는 2023년 6월 기준의 정보로 작성되었습니다. 따라서 추후 변동 여부에 따라 대중교통 노선, 여행지의 입장료, 음식 가격 등의 실제 정보는 책의 내용과 다를 수 있음을 밝힙니다.

TRAVEL IN GANGWON-DO 52WEEK

취향 따라 골라 떠나는, 테마별 추천 여행지

강원도 일출 명소

추암해수욕장
30p

속초해수욕장
32p

정동진
34p

영금정
76p

비밀의정원
358p

청정 자연 속으로

선자령
40p

강원특별자치
도립화목원 100p

죽서루
104p

수타사농촌테마공원
106p

숲체원
108p

오죽헌
126p

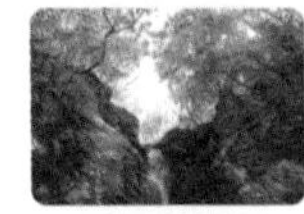
매월대폭포
134p

삼부연폭포
136p

고석정
137p

무건리이끼폭포
166p

경포생태저류지
170p

동서강정원 연당원
177p

치악산
194p

두타연
218p

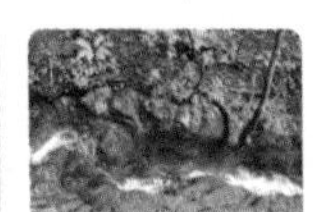
검룡소
224p

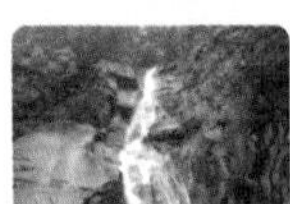
가령폭포
226p

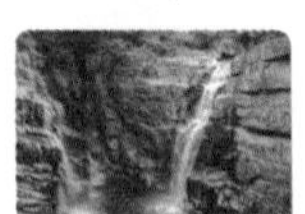
무릉계곡
228p

서봉사계곡
234p

송대소
252p

직탕폭포
253p

청령포
260p

선교장
264p

곰배령
278p

남이섬
280p

매바위인공폭포
281p

딴산
292p

해신당공원
294p

검봉자연휴양림
299p

교가리 느티나무
305p

홍천은행나무숲
310p

대관령자연휴양림
320p

소금산
329p

속삭이는자작나무숲
359p

양구수목원
379p

팔봉산
385p

강원도자연환경연구공원 385p

스릴 만점 액티비티

삼척해상케이블카
130p

강촌레일파크
200p

루지월드
236p

오션월드
236p

삼척해양레일바이크
276p

발왕산관광케이블카
360p

요즘 뜨는 SNS 핫플

속초아이
32p

도째비골
42p

젊은달Y파크
48p

이상원미술관
50p

해피초원목장
69p

향호해변
78p

아야진해수욕장
80p

아르떼뮤지엄 강릉
102p

능파대
128p

덕봉산해안생태탐방로 202p

나인비치37
204p

서피비치
206p

무릉별유천지
248p

장호항
254p

안반데기
258p

신선대&화암사숲길
312p

하슬라아트월드
321p

반계리 은행나무
328p

산너미목장
340p

뮤지엄 산
342p

나만 알고 싶은 한적한 바닷가

어달해변&대진해변
47p

영진해변
79p

백도해수욕장
197p

사천진해수욕장
250p

대진1리해수욕장
271p

동호해변
357p

시원한 강과 호수

아우라지
58p

송지호
60p

파로호
64p

경포호
87p

청초호
94p

영랑호
96p

순담계곡
307p

걷기 좋은 산책길

횡성호수길
66p

소양강댐정상길
68p

의암호
198p

물위야생화길
293p

초곡용굴촛대바위길
299p

신선대&화암사숲길
312p

월정사전나무숲길
314p

외옹치항둘레길 바다향기로 374p

바우길 5구간
376p

펀치볼
378p

당장 달려가야 할 강원도 축제

대관령눈꽃축제
36p

화천산천어축제
38p

평창송어축제
40p

양구곰취축제
148p

대관령음악제
230p

아이와 함께 체험 여행

하이원추추파크
45p

삼양목장
154p

토이로봇박물관
156p

365세이프타운
158p

도계유리나라
167p

테디베어팜
256p

민물고기전시관
288p

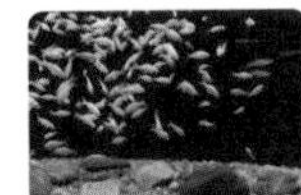
토속어류생태체험관
292p

아기자기한 소품숍 투어

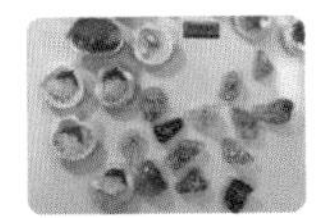
유리알유희
86p

무용담예술상점
88p

세렌디온
90p

포스트카드오피스
165p

다희마켓
333p

깊은 동굴 속으로

고씨동굴
177p

대금굴
212p

화암동굴
214p

천곡황금박쥐동굴
216p

고즈넉한 사찰의 매력

삼장사
105p

수타사
153p

백담사
190p

청평사
192p

구룡사
194p

신흥사
330p

정암사
332p

낙산사
352p

강원도의 맛

단천식당
46p

칠형제곰치국
47p

함흥냉면옥
95p

갓냉이국수
136p

남북면옥
138p

전씨네막국수
139p

유명찐빵
141p

백촌막국수
142p

한림정
150p

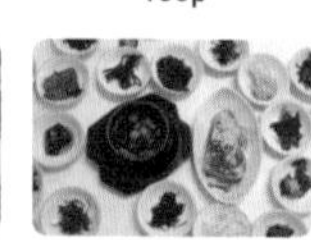
부일식당
152p

원조죽서뚜구리집
171p

현대장칼국수
172p

작가가 PICK한 추천 카페

구봉산전망대
카페거리 162p

마더커피
164p

카페더피플
199p

사계절
229p

설악젤라또
242p

강냉이소쿠리
244p

착한팥쥐네
246p

do it 192
268p

감탄카페
309p

함스베이커리
324p

cafe de 220volt
368p

도깨비젤라또
381p

스톤크릭
388p

작가가 PICK한 꽃 여행지

허균허난설헌
기념공원 120p

반곡역폐역
122p

원주천
123p

삼척맹방유채꽃축제
124p

삼척장미공원
168p

상도문돌담마을
181p

영랑호
181p

청평사
192p

하늬라벤더팜
196p

효석달빛언덕
282p

붉은메밀꽃축제
284p

나릿골감성마을
304p

고석정꽃밭
306p

민둥산억새
308p

백담마을
336p

무궁화수목원
336p

작가가 PICK한 로컬 맛집

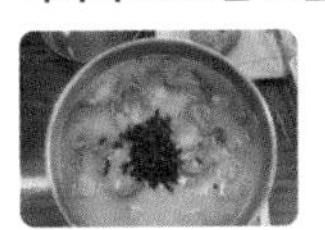

풍물옹심이칼국수
70p

납작식당
74p

카페폴앤메리
125p

방림메밀막국수
140p

정현도토리임자탕
174p

쌍둥이네식당
269p

어향
344p

매자식당
346p

원조강릉교동반점
본점 348p

스위스램
354p

대굴령민들레동산
380p

장가네더덕밥
386p

1 새로운 한 해의 시작 월의 강원도

| C O N T E N T S |

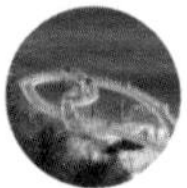
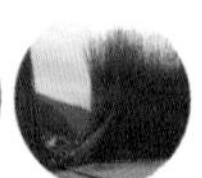

2 채우고 또 비우기 월의 강원도

5 week

물과 어우러지는

6 week

겨울에도 소홀하지 않고

7 week

속부터 든든하게

8 week

겨울 바다 포토존을 접수한다!

3 봄기운이 스멀스멀 월의 강원도

4 꽃내음의 향연
월의 강원도

5 건강하고 신선하게 월의 강원도

6 자연이 주는 싱그러움 월의 강원도

23 week

문학을 만나러 가는 길

24 week

강원도 사찰의 매력

25 week

알록달록 채워나가는

26 week

SNS에서 인기 있는

7 더위 탈출
월의 강원도

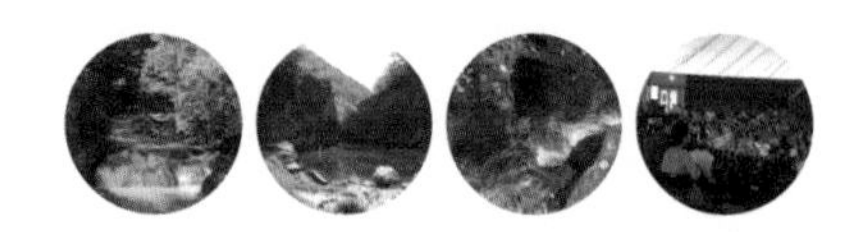

8 뜨거운 햇살이 내리쬐는 월의 강원도

9월의 강원도
가을이 들려주는 이야기

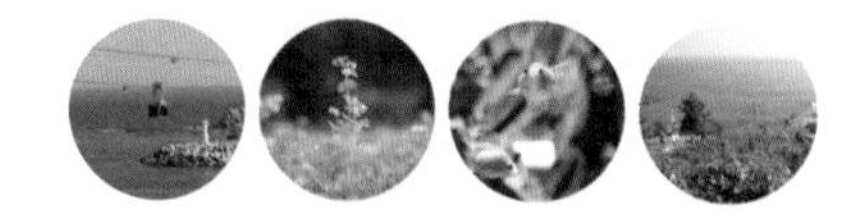

10 유독 짧지만 그래서 더 소중한 월의 강원도

11 늦가을의 묘미 월의 강원도

12 유난히 반짝이는 월의 강원도

새해 첫날, 해돋이를 보러 모인 수많은 사람들과 함께 강원도의 1월이 시작된다. 검푸른 겨울바다의 수평선 위로 그 어느 때보다도 선명한 태양이 떠오른다. 매서운 추위도 꿋꿋이 버티며 저마다의 소망을 기도하는 사람들의 모습을 바라보자면 사방에 퍼진 붉은빛만큼이나 마음이 따뜻해진다. 동해의 거센 파도처럼 강원도의 1월은 힘찬 기운으로 가득하다. 마치 겨울왕국 속에 들어온 듯 눈꽃으로 단장한 강원도 곳곳은 다양한 축제로 떠들썩하다. 눈 쌓인 강원도를 만끽하고 싶다면 지금 당장 떠나자. 언 몸을 녹여 주는 강원도의 음식까지 맛본다면 완벽한 겨울여행이 될 것이다.

1월의 강원도

새로운 한 해의 시작

1월 첫째 주

올해도 기분 좋게

1 week

SPOT 1

산책로 따라 걷기 좋은

추암해수욕장

주소 강원도 동해시 촛대바위길 28(추암해수욕장)/강원도 동해시 촛대바위길 31(추암촛대바위)/강원도 동해시 촛대바위길 28(추암출렁다리) · **가는 법** 동해역(강릉선 고속철도)에서 버스 21-1번 승차 → 군부대앞 하차 → 도보 이동(약 2km) · **입장료** 무료 · etc 추암관광지 주변 공용주차장 이용(무료)

'강원도 동해' 하면 가장 먼저 떠오르는 수식어가 바로 추암이다. 넓은 주차장 내부에 식당가, 편의시설 등이 잘 갖추어져 있어 여행하기 편리하다. 그중에서도 추암해수욕장은 일출명소로 자리매김하며 1월 1일뿐만 1년 365일 인기가 많다.

추암해수욕장에서 해파랑길을 따라 조금만 걸으면 추암촛대바위, 추암출렁다리가 나온다. 해수욕장과는 또 다른 분위기가 펼쳐지는 곳이니 두 장소 모두 함께 방문해 보는 것을 추천한다. 추암촛대바위는 주변 기암괴석과 바다의 물결이 어우러져 장관을 이루는 곳으로, 이름 그대로 우두커니 솟아있는 촛대의 모습이 매력적이라 인증사진도 빼놓을 수 없다.

바다 위에 지어진 출렁다리를 건너는 경험을 할 수 있는 곳은 바로 추암출렁다리다. 다리의 일부 구간에서는 밑을 내려다볼 수 있어 약간의 스릴도 느껴볼 수 있다. 넘실대는 파도, 푸르른 바다를 보며 해안산책로를 따라 걸어보는 것은 어떨까?

주변 볼거리·먹거리

러시아대게마을 추암해수욕장 바로 맞은편에 위치한 킹크랩&대게 맛집이다. 동해시 안심식당으로도 지정된 곳으로, 1층에서 원하는 종류를 골라 무게를 확인하고 포장하거나 2층에 올라가 식사를 할 수 있다.

Ⓐ 강원도 동해시 추암택지길 2 Ⓞ 매일 10:00~22:00 Ⓣ 033-522-4774 Ⓔ 주차 가능

SPOT 2

신상 여행지! 포토존 가득한

속초해수욕장

주소 강원도 속초시 해오름로 190(속초해수욕장)/강원도 속초시 청호해안길 2(속초아이) · **가는 법** 속초고속버스터미널에서 도보 이동(약 300m) · **입장료** 속초아이 대인 12,000원, 소인(만 7세 미만) 6,000원, 속초시민 6,000원 · etc 속초해수욕장 주변 공용주차장 이용(유료)

속초고속버스터미널에서 도보로 이동할 수 있는 거리에 있어 뚜벅이 여행자에게도 추천하는 곳이다. 입구에 들어서자마자 곳곳에 설치된 조형물이 눈에 띈다. 다양한 조형물 중 취향에 따라 사진에 담아봐도 좋겠다. 특히 일출과 함께라면 더욱 이색적인 풍경을 촬영할 수 있다. 주변에는 사계절 내내 푸른 소나무숲과 작은 공원이 조성되어 있어 산책하기에 제격이다.

최근 속초해수욕장 바로 옆에 속초아이 대관람차가 들어서면서 속초의 새로운 핫플레이스로 떠오르고 있다. 대관람차는 최대 216명이 한 번에 이용할 수 있으며, 푸른 동해와 설악산을 함께 조망할 수 있다. 이에 속초에서 가볼만한 곳 중 하나로 자리 잡으며 많은 사람이 찾는 곳이다. 주말 방문을 계획하고 있다면 오픈 시간보다 30분 이상 서둘러 방문하는 것을 추천한다.

주변 볼거리·먹거리

엑스포타워 1999년 강원국제관광엑스포를 기념해 만들어진 전망대다. 매표 후 15층으로 올라가면 360도 속초 시티뷰, 오션뷰를 조망할 수 있다. 설악산, 대청봉, 울산바위, 청초호 등 속초를 대표하는 장소들이 한눈에 내려다보이며, 야경도 아름다워 이를 보기 위해 찾는 사람도 많다.

Ⓐ 강원도 속초시 엑스포로 72 Ⓞ 매일 09:00~22:00 Ⓒ 성인 2,500원, 청소년·군경 2,000원, 어린이 1,500원 Ⓣ 033-637-5083

SPOT 3

모두가 인정하는 일출 스팟

정동진

주소 강원도 강릉시 강동면 정동진리 303-1(정동진해변) · **가는 법** 강릉시외고속버스터미널에서 버스 202-1, 234번 승차 → 강릉역 하차 → 강릉역(누리로) 환승 → 정동진역 하차 → 도보 이동(약 100m) · **전화번호** 033-660-3598 · **홈페이지** jdjmuseum.com(정동진시간박물관)

매년 해맞이 축제가 열리는 강릉의 일출 명소에서 맞이하는 새해! 하루 머물며 여행하고 싶다면 정동진은 어떨까? 일출로 하루를 시작해 주변 식당에서 아침을 먹고, 관광지들을 둘러보기 좋다. 기차 모양의 시간박물관부터 정동진 해시계, 모래시계, 정동진역 레일바이크 등이 근처에 위치해 멀리 가지 않아도 풍성한 여행을 즐길 수 있는 곳이다. 특히 레일바이크는 바다 가까이서 즐길 수 있어 365일 내내 인기가 좋다.

주변 볼거리·먹거리

썬크루즈호텔 정동진에서 조금만 걸으면 보이는 해발 60m 위에 세워진 유람선 썬크루즈 리조트도 볼 수 있다. 썬크루즈 호텔은 호화 유람선을 테마로 조성되었으며 CNN이 선정한 세계에서 가장 특이한 호텔 13 중 하나다.

Ⓐ 강원도 강릉시 강동면 헌화로 950-39 Ⓣ 033-610-7000 Ⓗ esuncruise.com

추천 코스 불타듯 뜨겁게 또 푸르게

1 COURSE ▶ **추암해수욕장**
도보 3분(약 213m)

2 COURSE ▶ **추암촛대바위&출렁다리**
도보 11분(약 700m)

3 COURSE ▶ **이사부사자공원**

주소	강원도 동해시 촛대바위길 28
가는 법	동해역(강릉선 고속철도)에서 버스 21-1번 승차 → 군부대앞 하차 → 도보 이동(약 2km)
입장료	무료
etc	추암관광지 주변 공용주차장 이용(무료)

1월 1주 소개(30쪽 참고)

주소	**추암촛대바위** 강원도 동해시 촛대바위길 31/**추암출렁다리** 강원도 동해시 촛대바위길 28
입장료	무료
etc	추암관광지 주변 공용주차장 이용(무료)

1월 1주 소개(30쪽 참고)

주소	강원도 삼척시 수로부인길 343
입장료	무료
전화번호	033-570-4616

삼척에 있는 쏠비치에서도 가까워 인기가 많은 여행지다. 말 그대로 신라의 장군 이사부를 주제로 조성하였으며, 계단을 따라 오르면 어린이 놀이터, 그림책나라, 대나무숲, 바다가 훤히 내려다 보이는 전망대도 있어 둘러보기 좋다.

1월 둘째 주

눈과 함께 더욱 로맨틱한

2 week

SPOT 1

겨울의 매력에 퐁당

대관령 눈꽃축제

주소 강원도 평창군 대관령면 대관령로 135-5 · **가는 법** 횡계시외버스공용정류장에서 도보 이동(약 800m) · **운영시간** 1~2월 중(축제 일자는 매년 다름) · **입장료** 눈글루공원 입장 8,000원, 지르메 눈썰매장 6회권 10,000원 · **전화번호** 033-335-3995(대관령면축제위원회) · **홈페이지** snowfestival.net

강원도의 대표적인 눈꽃축제는 태백과 평창에서 열린다. 태백산눈축제는 태백산도립공원 일대에서 펼쳐지므로 규모가 매우 크다. 한편 평창 대관령눈꽃축제는 접근성이 좋은 것이 강점이다. 횡계시외버스공용정류장에서 조금만 걸어가면 축제장이다.

축제장에 들어가면 이집트의 피라미드, 중국의 만리장성과 용, 어린왕자와 별 등이 2~3m 높이의 눈조각으로 펼쳐진다. 얼음미끄럼틀에서 포대를 깔고 앉아 내려오며 동심으로 돌아갈 수도 있다. 눈밭에서 한참 뛰놀았다면 횡계의 유명한 먹거리를 판매하는 천막에 들어가 언 손을 녹이며 따끈한 어묵이라도 맛보자. 축제 기간 중에는 국제알몸마라톤대회, 초대형눈조각전, 대관령눈꽃등반 등의 행사가 개최되며, 눈썰매, 얼음미끄럼틀, 스노래프팅 등 다양한 놀이시설이 있어 아이들도 좋아한다.

용평스키장과 알펜시아스키장이 위치한 횡계는 12월에는 영서와 더불어 눈이 많이 오고 1, 2월에는 영동과 더불어 눈이 많이 내린다. 즉 겨울 내내 눈으로 뒤덮이는 곳으로, 결국 동계올림픽 개최 도시까지 되었다. 따라서 한겨울 눈을 만끽하고 싶은 여행자라면 반드시 가봐야 할 곳이다. 눈꽃축제가 아니더라도 온통 눈으로 가득해서 마치 겨울왕국에 와 있는 듯한 기분이 든다.

TIP

- 눈꽃축제의 특성상 축제가 시작될 때 방문해야 더 예쁜 모습을 볼 수 있다.
- 산악지대이므로 해가 짧은 데다가 별도로 조명을 비추면 눈이 녹을 수 있어 저녁에는 축제를 운영하지 않으므로 참고하자.
- 겨울에 강원도의 산악지대를 차량으로 방문할 경우 제설 장비를 반드시 챙기자. 눈이 내리면 고속도로보다 골목길이 위험하다. 제설 작업은 큰길 중심으로 이루어질 뿐만 아니라 제설 작업으로도 감당할 수 없을 만큼 눈이 내리는 곳이 많다.

주변 볼거리·먹거리

용평리조트 횡계에서 용평리조트, 알펜시아리조트, 대관령 양떼목장을 순환하는 버스가 하루 4회 운행하며, 이 버스를 타면 용평리조트까지 10분 정도 소요된다. 용평리조트는 자연 눈이 많은 것으로 유명하고 슬로프도 다양하다. 또한 드라마 〈겨울연가〉 촬영지, 워터파크 등이 조성되어 있다.

Ⓐ 강원도 평창군 대관령면 올림픽로 715 Ⓒ 스키 이용 요금은 시즌별로 상이 Ⓣ 033-335-5757 Ⓗ yongpyong.co.kr

알펜시아리조트 강원도에서 2018 평창 동계올림픽을 준비하며 조성한 리조트로, 용평리조트와 5분 거리에 있다. 국제 규격 슬로프를 갖춘 스키장 외에도 오션700, 골프장, 알파인코스터 등이 조성되어 있다. 특히 우리나라 유일의 스키점프대가 있어 더욱 유명하다.

Ⓐ 강원도 평창군 대관령면 솔봉로 325 Ⓒ 스키장 이용 요금은 시즌별로 상이 Ⓣ 033-339-0000 Ⓗ alpensia.com

SPOT 2

명불허전 강원도 대표 겨울축제

화천 산천어축제

주소 강원도 화천군 화천읍 산천어길 137 · **가는 법** 화천공영버스터미널에서 도보 이동(약 1km) · **운영시간** 1~2월 중(축제 일자는 매년 다름) · **입장료** 무료(그 외 체험 프로그램 참가비 유료) · **전화번호** 1688-3005(재단법인 나라) · **홈페이지** narafestival.com

강원도에서 얼음낚시를 하는 모습은 이제 매우 익숙한 풍경이 되었다. 그러나 화천산천어축제에 처음 방문한다면 그 규모에 놀라게 될 것이다. 인구 2만 7천 명의 화천에 축제 기간 동안 100만 명이 넘는 관광객이 다녀간다고 한다. 2003년부터 시작된 화천산천어축제는 세계 4대 겨울축제, 문화체육관광부가 선정한 대한민국을 대표하는 문화관광축제로 자리매김했다.

축제장에서는 다양한 체험을 할 수 있다. 산천어 얼음낚시, 맨손잡기는 어른들에게 인기 있고, 아이들과 동반했다면 얼곰이성, 얼곰이자전거, 눈썰매장 등을 이용해 보자. 두껍게 얼어붙은 화천천 위로 수많은 얼음구멍을 뚫고 마음을 다해 집중하는 사람들의 모습을 구경하는 것도 재밌다. 날이 저물면 읍내의 5km 거리를 형형색색의 산천어등이 가득 메운다. 겨울밤을 수놓는 이 아기자기한 풍경을 마주하는 순간 토끼를 쫓아 이상한 나라로 간 앨리스의 기분을 느끼게 될 것이다.

TIP

- 낚시하는 동안 앉을 수 있는 의자는 필수품이다. 낚시용품은 행사장에서 판매하기도 한다.
- 수질오염을 막기 위해 인조 미끼만 사용 가능한 점 참고하자.
- 주말 방문 시 현장 낚시터도 사용 가능하지만 예약 낚시터 사용을 추천한다. 행사장에서는 조금 외곽에 위치하지만 사람이 상대적으로 많지 않다.
- 산천어를 잡았다면 회센터에서 회로 먹거나 구이터에서 구이로 먹을 수 있다. 회센터, 구이터의 이용료는 한 마리당 2,000원.

주변 볼거리·먹거리

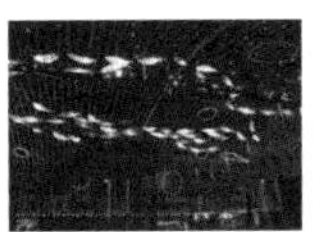

선등거리

Ⓐ 강원도 화천군 화천읍 시가지 일대 5km Ⓞ 12월 중순~화천산천어축제 기간 18:00~23:00 Ⓣ 033-440-2543(화천군청 관광정책과)

12월 52주 소개(391쪽 참고)

SPOT 3

겨울 이야기

평창송어축제

주소 강원도 평창군 진부면 경강로 3562 · **가는 법** 진부공용버스정류장에서 도보 이동(약 400m) · **운영시간** 12~2월 중(축제 일자는 매년 다름) · **입장료** 텐트낚시(종합) 49,000원, 얼음낚시(종합) 43,000원, 놀이종합 28,000원(텐트낚시는 온라인 예약만 가능) · **전화번호** 033-336-4000(평창송어축제위원회) · **홈페이지** festival700.or.kr

국내 최대 규모의 송어 양식지인 평창에서는 매년 겨울 평창송어축제가 열린다. 산 위의 고지대 마을이기에 여름에도 수온이 낮게 유지되는 덕분에 송어 양식이 가능한 이곳은 오대천이 꽁꽁 얼어붙는 겨울이 오면 송어를 잡으려는 강태공들로 가득 찬다. 아직 축제 규모가 그리 크지는 않아 가족 또는 친구와 함께 오붓하게 겨울을 즐길 수 있다. 낚시 외에 눈썰매, 전통썰매, 스케이트, 얼음미끄럼틀 등의 놀이시설도 이용할 수 있어 아이들이 좋아한다.

주변 볼거리·먹거리

선자령 선자령은 산이라 부르기 어색할 만큼 펑퍼짐한 형상을 하고 있어 눈이 쌓여도 산행이 가능하 다. 가벼운 산책 코스 정도이므로 부담 없이 다녀올 수 있다. 최근에는 백패킹 장소로도 각광받고 있다.

Ⓐ 강원도 평창군 대관령면 횡계리 Ⓣ 033-330-2771(평창군 종합관광안내소)

추천 코스 눈 축제와 함께 즐기는

1 COURSE

정동진

자동차 이용(약 67km)

2 COURSE

대관령눈꽃축제

도보 7분(약 423m)

3 COURSE

금천회관

주소 강원도 강릉시 강동면 정동진리 303-1(정동진해변)
전화번호 033-660-3598
홈페이지 jdjmuseum.com(정동진시간박물관)

1월 1주 소개(34쪽 참고)

주소 강원도 평창군 대관령면 대관령로 135-5
운영시간 1~2월 중(축제 일자는 매년 다름)
입장료 눈글루공원 입장 8,000원, 지르메 눈썰매장 6회권 10,000원
전화번호 033-335-3995(대관령면축제위원회)
홈페이지 snowfestival.net

1월 2주 소개(36쪽 참고)

주소 강원도 평창군 대관령면 대관령로 92 2층
운영시간 매일 10:00~21:00
대표메뉴 물갈비·오삼불고기 15,000원, 황태구이정식 15,000원
전화번호 033-335-5103

금천회관은 물갈비로 유명한 곳이다. 물갈비는 양념갈비와 갈비찜의 중간쯤으로 볼 수 있다. 갈비찜보다 묽은 국물에 갈비를 끓여 먹는 것으로, 양념갈비보다는 고기에 양념이 적게 밴다. 당면 등을 넣어 국물을 졸여 가며 먹으면 맛있다. 본래 전라도에서 유명한 물갈비를 강원도 횡계에서 맛볼 수 있는 곳이다.

1월 셋째 주

과거로 또 그리고 현재로

3 week

SPOT 1

정겨움이 가득한

논골담길과 도째비골

주소 강원도 동해시 일출로 97(논골담길)/강원도 동해시 묵호지동 2-109(도째비골) · **가는 법** 동해시종합버스터미널에서 버스 101번 승차 → 논골입구 하차 → 도보 이동(약 200m) · **운영시간** 도째비골 스카이밸리 하절기(4~10월) 10:00~18:00, 동절기(11~3월) 10:00~17:00/매주 월요일 휴무 · **입장료** 도째비골 스카이밸리 어른 2,000원, 청소년 · 어린이 1,600원, 미취학 아동 무료/자이언트 슬라이드 3,000원, 스카이사이클(하늘자전거) 15,000원

묵호항 주변, 어촌 마을만의 특색 있는 이야기가 벽화로 그려져 있어 보는 재미가 있는 곳이다. 실제로 주민이 거주하고 있는 곳이기에 조용히 구경하는 매너는 필수다. 마을 위쪽으로 오르다 보면 포토존과 알록달록한 마을 풍경이 눈길을 사로잡는다. 바다뷰 카페거리와 소품숍도 조성되어 있으니 함께 둘러보아도 좋다.

반짝이는 윤슬을 바라보며 조금만 걷다 보면 도째비골에 다다른다. 도째비란 도깨비의 방언으로 곳곳에서 도깨비 모양의 조형물도 만날 수 있다. 조성된 지 얼마 되지 않아 최근 많은 방문객들이 찾는 이곳은 바닥이 투명한 유리로 되어 있는 스카이워크뿐만 아니라 자이언트 슬라이드, 스카이사이클 등 액티비티도 가능하며, 출구 주변에는 해랑전망대도 있으니 함께 둘러보자.

주변 볼거리·먹거리

연필뮤지엄 국내 최초의 연필박물관으로 작가들의 연필에 대한 애정도를 느낄 수 있는 공간이다. 내부에 들어서면 직접 수집한 수많은 연필 패키지가 끝도 없이 펼쳐진다. 실제 사용한 연필을 모아놓거나 다른 작가들의 연필 사용법, 연필 그림 등을 전시해 놓고 있으며 포스트잇에 나만의 연필 그림을 공유하는 체험형 공간도 있다.

Ⓐ 강원도 동해시 발한로 183-6 Ⓞ 10:00~17:30/매주 화요일 휴관 Ⓒ 7,000원, 어린이 4,500원 Ⓣ 033-532-1010

SPOT 2

어서 와! 너와집은 처음이지?

신리 너와마을

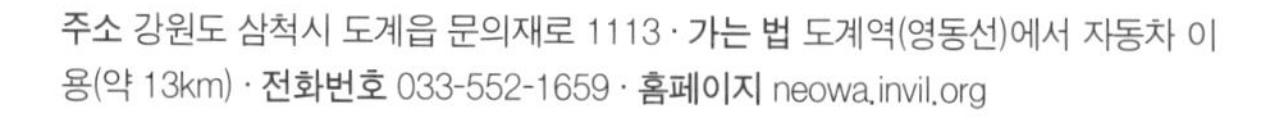

주소 강원도 삼척시 도계읍 문의재로 1113 · **가는 법** 도계역(영동선)에서 자동차 이용(약 13km) · **전화번호** 033-552-1659 · **홈페이지** neowa.invil.org

강원도 산골에서만 볼 수 있다는 화전민의 전통 가옥, 기와나 짚 대신 나무를 이용해 만든 너와집이다. 안타깝게도 너와집은 점차 사라져가는 추세인데 다행히도 삼척 신리에서는 너와집과 너와마을을 만나볼 수 있어 특별하다. 서로 다른 크기의 너와가 한데 어우러져 더욱 자연스럽고 조화롭다. 주변에는 생활 도구 전시장, 머루 발사믹 식초 가공 공장, 시음 판매장 등 구경거리도 다양하다. 예능 프로그램 〈1박2일〉 촬영지로도 잘 알려진 이곳은 숙박과 체험을 진행하고 있으니 이를 통해 강원도를 더욱 특별하게 기억해 보아도 좋겠다.

자동차로 조금만 이동하면 주변에 국가민속문화재 김진호 가옥도 볼 수 있다. 김진호 가옥은 약 150년 정도 된 것으로 추정

되며 토속적이고 전통적인 분위기가 멋스러운 곳이다. 집 내부 관람은 불가능하지만 외관과 집터를 살펴보며 마치 과거로 시간 여행을 온 듯한 기분을 느껴볼 수 있다.

주변 볼거리·먹거리

하이원추추파크 국내 유일의 산악철도와 영동선을 활용한 기차테마파크다. 입구에서부터 보이는 옛 기차 모양 조형물에 스위치백트레인, 레일바이크, 미니트레인, 회전목마, 관람차 등 놀이시설뿐만 아니라 실제 기차 모양이지만 내부는 숙소로 꾸며진 트레인빌도 있다. 합리적인 가격에 이색적인 경험을 할 수 있어 방문하기 좋은 곳이다.

Ⓐ 강원도 삼척시 도계읍 심포남길 99 Ⓣ 033-550-7788 Ⓗ choochoopark.com

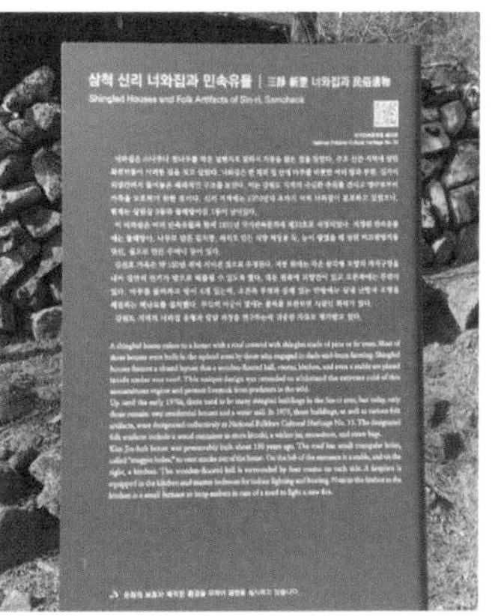

SPOT 3

실향민의 사연과 먹거리가 있는

아바이마을 단천식당

주소 강원도 속초시 아바이마을길 17 · **가는 법** 속초시외버스터미널에서 도보 이동(약 1.2km) · **운영시간** 매일 08:30~19:00 · **대표메뉴** 모듬순대 28,000원, 오징어순대(小) 14,000원, 아바이순대국밥 9,000원, 명태회냉면 9,000원 · **전화번호** 033-632-7828

단천식당은 3대째 이어지는 40년 이상의 전통을 자랑하는 곳으로, 방송에 수차례 소개된 맛집이라 줄을 서야 먹을 수 있는 곳이다. 명태회냉면, 아바이순대국밥, 아바이순대, 오징어순대 등이 대표메뉴이며, 모듬순대 주문 시 아바이순대와 오징어순대를 함께 맛볼 수 있다.

단천식당은 속초 아바이마을(청호동)에 자리 잡고 있는데, 청호동은 한국전쟁 이전만 해도 사람이 거의 살지 않는 곳이었지만 전쟁 중 내려온 피난민들이 고향으로 돌아가기 위해 38선 가까이에 정착하며 집단촌이 형성되었다. 함경도 사람들이 많이 자리 잡으며, 자연스레 함경도 음식을 판매하는 음식점이 골목이 생겨난 것이다. 단천식당 외에도 주변에 함경도 음식을 판매하는 맛집이 많으니 아바이마을을 방문한다면 맛있는 식사도 즐겨보자.

주변 볼거리·먹거리

속초중앙시장 다양한 수산물과 먹거리로 속초 여행의 주요 코스가 되었다. 닭강정, 순댓국, 오징어순대, 씨앗호떡 등이 유명하다.

Ⓐ 강원도 속초시 중앙로 147번길 12 Ⓞ 08:00~24:00(매장별 영업시간이 상이해 방문 전 확인/대개 20:00~22:00 사이 종료) Ⓣ 033-635-8433

추천 코스 바다를 듬뿍 머금은

1 COURSE
도째비골
도보 1분(약 50m)

2 COURSE
칠형제곰치국
도보 22분(약 1.5km)

3 COURSE
어달해변&대진해변

주소 강원도 동해시 묵호진동 2-109
가는 법 동해시종합버스터미널에서 버스 101번 승차 → 논골입구 하차 → 도보 이동(약 200m)
운영시간 도째비골 스카이밸리 하절기(4~10월) 10:00~18:00, 동절기(11~3월) 10:00~17:00/매주 월요일 휴무
입장료 도째비골 스카이밸리 어른 2,000원, 청소년·어린이 1,600원, 미취학 아동 무료/자이언트 슬라이드 3,000원, 스카이사이클(하늘자전거) 15,000원

1월 3주 소개(42쪽 참고)

주소 강원도 동해시 일출로 131-1
운영시간 08:00~15:00/매월 첫째, 셋째 주 월요일 휴무
대표메뉴 곰치국 변동, 곰치순두부국 18,000원, 생선구이 15,000원, 가자미조림 15,000원
전화번호 033-533-1544

묵호항에 있는 칠형제곰치국은 곰치국과 바다에서 난 재료로 만든 반찬이 매우 잘 어울리는 조그만 음식점이다. 반찬으로 나오는 멸치젓과 가자미식해를 다시마에 싸서 먹으면 그 맛이 일품이다. 곰치는 지방이 적어 담백한 맛이 좋지만 흐물흐물한 고유의 식감 때문에 호불호가 나뉠 수 있으니 참고하자.

어달해변
대진해변

주소 **어달해변** 강원도 동해시 일출로 217/**대진해변** 강원도 동해시 망상동 1-3

묵호항부터 대진해변까지의 해안선을 따라 일출로라는 길이 이어진다. 이 길에서 아담하고 조용한 해변과 항구들을 만날 수 있다. 까막바위를 지나 망상해수욕장 방면으로 가다 보면 어달해변, 그 위쪽으로 대진해변이 나온다. 에메랄드빛의 바다를 옆에 두고 예쁜 해안선을 따라 산책해도 좋다. 탁 트인 바다 전망을 자랑하는 카페가 하나둘 늘어나면서 이곳을 더욱 명소로 만들고 있다.

1월 넷째 주

추우니 도망가자, 실내로!

4 week

SPOT 1

영월 복합문화공간

젊은달Y파크

주소 강원도 영월군 주천면 송학주천로 1467-9 · **가는 법** 영월버스터미널에서 자동차 이용(약 28km) · **입장료** 성인 · 청소년 15,000원, 어린이 10,000원, 특별관 관람권 5,000원 · **전화번호** 033-372-9411 · **홈페이지** ypark.kr

젊은달 Y파크의 색은 RED! 들어서자마자 붉은색 입구이자 포토존이 눈에 띈다. 젊은달 Y파크가 SNS에서 인기몰이를 한 바로 그곳이 이 붉은색 대나무 포토존이다. 안쪽으로 들어서면 실내에서 야외로 그리고 야외에서 실내로 전시가 이어진다. 실제 젊은달 Y파크를 걷다 보면 볼거리가 계속 이어져 다채로움에 감탄을 자아낸다. 대부분 사진 촬영이 자유로우며 특히 꽃과 함께 설치한 작품은 남녀노소 인기가 좋다. 이 외에도 맥주 뮤지엄, 술샘 박물관 등 다양한 테마가 있어 취향 따라 혹은 전부 다 함께 즐겨보기에도 좋다.

주변 볼거리·먹거리

영화 〈라디오스타〉 촬영지 영월 시내 곳곳에 영화 〈라디오스타〉의 촬영지가 있다. 영화를 테마로 조성된 '이야기가 있어 걷고 싶은 거리'를 산책하다가 청록다방에 들러 옛날 커피 한 잔을 맛봐도 좋을 것이다.

Ⓐ 강원도 영월군 영월읍 중앙로 58(청록다방) Ⓣ 033-373-2126(청록다방)

SPOT 2

도심에서 벗어나 힐링여행

이상원미술관

주소 강원도 춘천시 사북면 화악지암길 99 · **가는 법** 춘천역 환승센터에서 버스 사북2(사북201)번 승차 → 이상원미술관 하차 · **운영시간** 매일 10:00~18:00 · **입장료** 성인 6,000원, 65세 이상 · 청소년 4,000원 · **전화번호** 033-255-9001 · etc 주차비 무료

미술관 관람부터 공예 공방 체험, 맛있는 식사, 자연 속 스테이까지 가능한 곳이 바로 춘천 이상원미술관이다. 화악산 자락에 위치한 이상원미술관은 인상적인 동그란 모양의 외관과 더불어 안쪽으로 들어가면 카페와 쉴 수 있는 공간, 2층 위쪽으로는 전시가 이어져 있다. 미술관 내에 채광이 예쁘게 들고, 대부분 유리창으로 되어 있어 작품을 보다가 고개를 돌리면 자연이 보인다. 덕분에 자연 속에 파묻혀 전시를 감상하는 듯한 기분도 든다. 이상원 화백의 작품 외에 다른 작가들의 작품도 함께 전시해 더욱 풍요롭다. 전시는 기간에 따라 변경되니 문화생활을 즐기고 싶다면 언제든 편히 찾아 전시도 보고 자연 속에서 마음의 안정도 찾아보자.

주변 볼거리·먹거리

춘천알프스밸리 사계절썰매장 겨울철에 빠질 수 없는 액티비티는? 바로 눈썰매! 통통한 튜브 모양 썰매를 타고 눈밭을 가로지르면 나도 모르게 어린아이가 된 듯하다. 내부 공간에서는 어묵, 라면 등 간식을 판매하고 고즈넉한 분위기에 앉을 자리도 많다.

Ⓐ 강원도 춘천시 사북면 지암리 456 Ⓞ 매일 10:00~16:00 Ⓒ 1인당 10,000원 Ⓣ 080-3030-2580

SPOT 3

한국의 밀레,
박수근의 소박한 시선

양구군립 박수근미술관

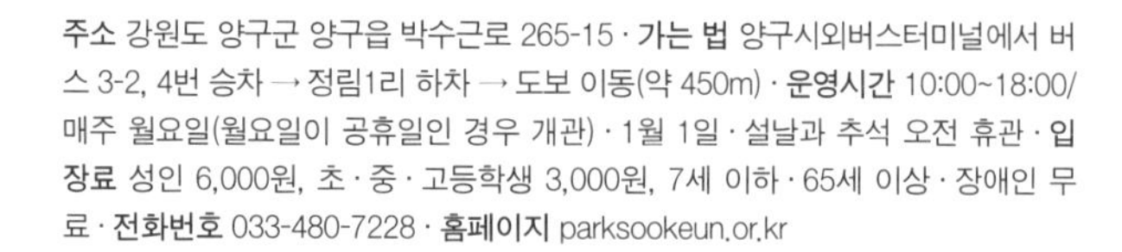

주소 강원도 양구군 양구읍 박수근로 265-15 · **가는 법** 양구시외버스터미널에서 버스 3-2, 4번 승차 → 정림1리 하차 → 도보 이동(약 450m) · **운영시간** 10:00~18:00/매주 월요일(월요일이 공휴일인 경우 개관) · 1월 1일 · 설날과 추석 오전 휴관 · **입장료** 성인 6,000원, 초 · 중 · 고등학생 3,000원, 7세 이하 · 65세 이상 · 장애인 무료 · **전화번호** 033-480-7228 · **홈페이지** parksookeun.or.kr

마치 화가 박수근의 그림 안으로 들어가는 느낌이 드는 곳이다. 그의 소박한 그림이 양구의 풍광과 닮았기 때문인지 아니면 10년에 걸쳐 미술관을 다듬고 구축한 고 이종호 건축가의 의도가 담긴 것인지는 모르겠지만 잠시 박수근의 시선을 느낄 수 있었다. 미술관 전체가 마치 하나의 작품처럼 양구의 자연과 어울려 또 하나의 그림을 만들어 낸다. 겨울에 이곳을 찾으면 조용한 자작나무숲과 함께 박수근의 작품 〈빨래터〉를 재현해 놓은 미술관 마당, 각기 다른 건축물들이 하나의 붓으로 그려진 것처럼 어우러져 방문자의 마음을 포근하게 감싸 준다.

박수근은 양구 출신 화가로, 가장 한국적이면서도 가장 서민적인 화가로 평가받는다. 양구군이 그의 예술혼을 기념하기 위해 2002년 박수근의 생가 터에 미술관을 건립하였다. 기념전시실과 기획전시실 외에도 공원과 어린이미술관, 파빌리온 등이 조성되어 있어 커다란 공원을 산책하듯 방문해도 좋다.

TIP

- 2014년에 완공된 파빌리온에는 박수근의 서울 창신동 집 마루를 재현한 화실이 있으니 꼭 방문해 보자.
- 박수근 화백이 보통학교 시절 자주 그렸다는 느티나무가 양구교육지원청 뒤편에 있다. 따뜻한 계절에 방문했다면 300년 수령의 이 느티나무도 둘러보고 오자.

주변 볼거리·먹거리

양구공예공방 공예가 육성과 공예품 제작을 지원하기 위해 양구군에서 설립한 시설로, 전화로 미리 문의한 후 방문하면 다양한 체험이 가능하다. 방짜 수저 및 목공예, 생활공예 작가가 상주하며 작품활동을 하고 있으며, 공예품도 판매하니 한번 들러 보자.

Ⓐ 강원도 양구군 양구읍 박수근로 257번길 10 Ⓞ 공예가들의 일정에 따라 탄력적으로 운영 Ⓣ 033-480-7268

추천 코스 따뜻한 실내에서 즐기는

1 COURSE 자동차 이용(약 6.5km)

동강의아침

주소 강원도 영월군 영월읍 동강로 100
운영시간 매일 11:00~21:00
대표메뉴 오리훈제 45,000원, 곤드레정식 12,000원, 동강정식(삼겹훈제) 17,000원, 영월정식(오리훈제) 17,000원
전화번호 0507-1408-0335

고즈넉한 내부에 정감 가는 분위기의 식당이다. 정식 메뉴는 1~2만 원으로 2인 이상 주문이 가능하다. 주문 시에 제육볶음, 된장찌개, 각종 반찬 등과 함께 곤드레나물밥이 나와 곁들이기 좋다. 실내와 야외 모두 좌석이 준비되어 있어 날씨나 선호도에 따라 착석할 수 있다.

2 COURSE 자동차 이용(약 28km)

세심다원

주소 강원도 영월군 영월읍 보덕사길 34
운영시간 11:00~18:00/매주 월요일 휴무
대표메뉴 아메리카노 3,000원, 쌍화차 6,000원, 대추차 5,000원
전화번호 0507-1494-1524

보덕사 안에 위치한 작은 찻집으로 몇백 년이 된 보호수들이 주변에 위치해 마치 비밀의 공간에 초대받은 듯한 느낌이 드는 곳이다. 추운 겨울에 따뜻한 차 한잔을 시켜 몸을 녹이고 주변을 거닐며 산책해 보아도 좋다. 봄, 가을에는 야외 테라스에서 선선한 바람과 그 정취를 느껴보고, 여름에는 바로 앞 연못에서 연꽃들을 볼 수 있어 사계절 내내 방문하기 좋다.

3 COURSE

젊은달Y파크

주소 강원도 영월군 주천면 송학주천로 1467-9
입장료 성인·청소년 15,000원, 어린이 10,000원, 특별관 관람권 5,000원
전화번호 033-372-9411
홈페이지 ypark.kr

1월 4주 소개(48쪽 참고)

1월의 동해&삼척여행

먹고 맛보고 즐기고!

바닷길을 따라 동해로, 삼척으로! 겨울에는 여름과는 또 다른 매력이 가득한 동해로 떠나보자. 특유의 푸르른 바다를 보며 쉬어가거나 액티비티를 즐기고, 그 바다가 내어주는 따뜻한 음식을 먹으면 세상에 부러운 것이 없는 듯하다.

※ 이번 일정은 대중교통 배차간격 및 거리가 멀어 자동차 이용을 추천한다.

2박 3일 코스 한눈에 보기

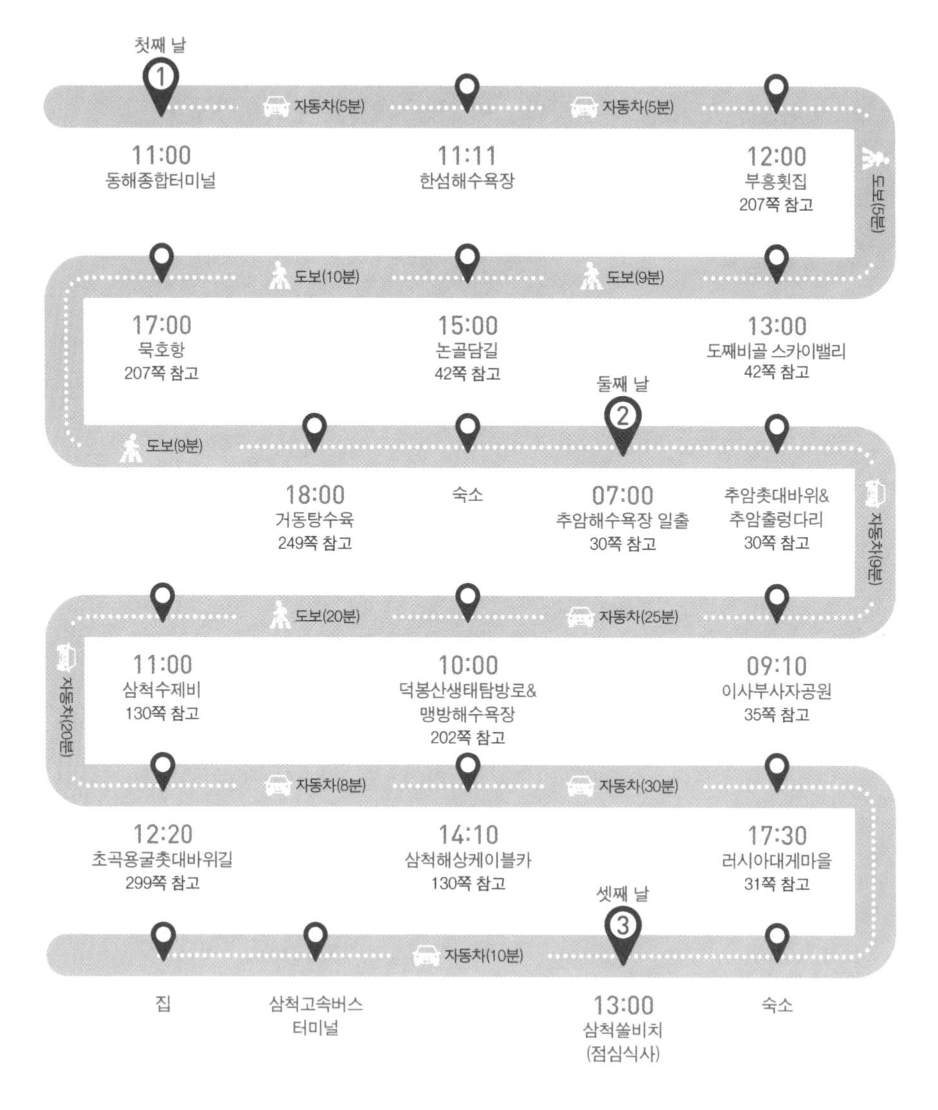

한섬해수욕장
부흥횟집
도째비골 스카이밸
논골담길
묵호항
거동탕수
추암해수욕장
추암촛대바위&
추암출렁다리
이사부사자공
덕봉산생태탐방로&
맹방해수욕장
삼척수제비
초곡용굴촛대바우
삼척해상케이블카
러시아대게마을
삼척쏠비

비움의 미학을 실천할 계절이다. 겨울의 끝으로 향하는 시기이지만 2월의 강원도는 봄을 준비하려는 시도를 아직은 허락하지 않는다. 산은 여전히 속살을 훤히 드러낸 모습이고 텅 빈 들판에는 바람만이 지나간다. 연말연시에 비해 강원도를 찾는 여행자도 눈에 띄게 줄어든다. 그렇게 모든 것이 비어 있지만 그 대신 평화로운 분위기로 충만하다. 2월에는 화려하고 요란한 여행지보다는 조용한 곳에서 그곳을 온전히 느끼며 나를 돌아보는 시간을 가져 보는 것은 어떨까. 만물이 소생하기 전, 황량할 정도로 모든 것을 비워 낸 자연처럼 우리도 손에 쥐고 있는 것들과 마음의 짐들을 조금쯤 내려놓을 시간이 필요하다. 가는 겨울을 한껏 느끼며 어지러운 마음속도 깨끗이 비워 낼 수 있는 여행을 준비해 보자.

2월의 강원도

채우고 또 비우기

2월 첫째 주

물과 어우러지는

5 week

SPOT 1

정선아리랑의 발상지

아우라지

주소 강원도 정선군 여량면 여량리 201-2 · **가는 법** 아우라지역에서 도보 이동(약 400m) · **입장료** 무료 · **전화번호** 1544-9053(정선군 관광안내전화) · **홈페이지** jeong seon.go.kr/tour

평창에서 흘러온 송천과 삼척에서 시작된 골지천이 합류해 아우러지는 곳이라 하여 아우라지라고 부른다. 산으로 둘러싸여 있고 물이 맑은 이곳은 조용한 겨울날에 방문하기 좋다. 오래전 뗏목에 목재를 실어 보내던 곳으로, 지금도 여전히 나룻배가 다녀 운치를 더한다. 양쪽의 물길 위로는 각각 다리가 놓여 나룻배를 타지 않고도 건너다니며 경치를 감상할 수 있다. 흐르는 물도 아름답지만 강변에 자리한 정자 여송정과 초승달 모양의 조형물이 있는 다리는 아우라지를 상징하는 풍경이 되었다. 강물 위로 보이는 징검다리의 모습도 정겹다.

아우라지는 강원도 무형문화재 제1호인 정선아리랑의 가사에도 등장하며 정선아리랑의 발상지로도 유명하다. 뗏목을 타고 떠나는 이와 이별하는 장소에서 그들의 애환이 고스란히 담긴 정선아리랑이 탄생한 것이다. 또한 아우라지를 사이에 두고 마주한 여량리와 유천리에 서로를 연모하는 처녀 총각이 있었는데, 싸릿골 동백을 따러 간다는 핑계로 강을 건너 만나다가 폭우로 강물이 불어 총각을 만날 수 없게 되자 처녀가 이를 원망하며 부른 것이 "아우라지 뱃사공아 배 좀 건너 주게/ 싸릿골 올 동백이 다 떨어진다/ 떨어진 동백은 낙엽에나 쌓이지/ 사시사철 님 그리워 나는 못 살겠네"라는 정선아리랑의 가사라고 전해지기도 한다. 이 전설을 기념하기 위해 세운 것이 바로 여송정이며, 아직도 강 건너의 서로를 그리워하는 처녀상과 총각상도 만나 볼 수 있다.

주변 볼거리·먹거리

백석폭포 해발 1,170m의 백석봉에서 오대천으로 떨어져 내리는 116m 높이의 인공폭포다. 59번 국도에서 바로 내다볼 수 있어 좋다.

Ⓐ 강원도 정선군 북평면 오대천로 412 Ⓒ 무료 Ⓣ 1544-9053(정선군 관광안내전화)

TIP

- 나룻배는 사공이 있을 때 무료로 탑승할 수 있으나 겨울에는 결빙으로 인해 운행이 중단되며, 봄가을에도 날이 가물면 운행하지 않으니 참고하자(나룻배 운영시간 : 10:00~17:00/매주 화요일 휴무, 5일장인 경우 익일 휴무, 이용요금 : 무료).
- 아우라지는 구절리역에서 출발하는 정선레일바이크의 종점이기도 하므로 레일바이크와 연계하여 여행하기 좋다(정선레일바이크 운영시간 : 1회차(08:40), 2회차(10:30), 3회차(13:00), 4회차(14:50), 5회차(16:40)/동절기(11~2월)의 경우 5회차 미운영, 이용 요금 : 2인승 일반 30,000원, 단체 27,000원/4인승 일반 40,000원, 단체 36,000원).

SPOT 2

철새 도래지

송지호

주소 강원도 고성군 죽왕면 동해대로 6021 · **가는 법** 간성버스터미널에서 버스 1, 1-1번 승차 → 송지호공원 하차 → 도보 이동(약 350m) · **입장료** 무료 · **전화번호** 033-680-3362

송지호는 바다에서 분리되어 형성된 석호로, 호수의 둘레는 6.5km다. 호수 주변의 자연이 잘 보존되어 겨울 철새들의 도래지로도 유명하다. 겨울이면 천연기념물인 고니(백조)를 비롯해 기러기, 청둥오리 등이 떼를 지어 이곳을 찾아온다고 한다. 송지호 둘레를 따라 조성된 산소길을 걷다 보면 철새를 쉽게 목격할 수 있다. 작은 발소리에도 화들짝 놀라 날아오르는 철새들의 모습과 짧은 겨울 햇살에 반짝이는 송지호의 잔잔한 물결이 아름답다. 호수 위를 떠다니며 휴식을 취하고 있는 철새들을 멀리서 바라보는 일도 즐겁다.

솔숲으로 이어지는 산소길을 걸으면 호수도, 건너편의 바다도 볼 수 있다. 솔방울이 가득 달린 솔숲을 거닐다 만나는 고요

한 호수는 감동적이기까지 하다. 인적이 드물기 때문에 오롯이 혼자만의 시간을 가질 수 있다. 멀리 보이는 산등성이와 반짝반짝 빛나는 호수 그리고 이곳을 찾아든 철새까지, 고즈넉한 풍경 속에서 위로를 얻고 싶다면 이곳으로 오자.

TIP

- 송지호 산소길은 왕곡마을(63쪽 참고)로도 이어지므로 함께 둘러보기 좋다.
- 송지호 산소길은 약 5.2km의 산책로로, 송지호철새관망타워부터 왕곡마을과 송호정 등을 지난다. 도보로 약 2시간 정도 소요된다.

주변 볼거리·먹거리

송지호철새관망타워

송지호로 들어가는 도로변에 위치한 이곳에서는 커다란 석호에 날아든 철새들을 관찰할 수 있다. 송지호 전체를 굽어볼 수 있을 뿐만 아니라 반대편 송지호해수욕장까지 한눈에 내려다보인다.

Ⓐ 강원도 고성군 죽왕면 동해대로 6021 Ⓞ 매일 09:00~18:00 Ⓒ 무료 Ⓣ 033-680-3556

SPOT 3

동해의 미항

남애항

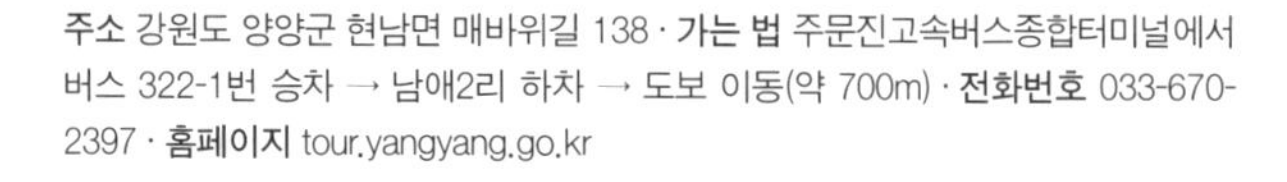
주소 강원도 양양군 현남면 매바위길 138 · **가는 법** 주문진고속버스종합터미널에서 버스 322-1번 승차 → 남애2리 하차 → 도보 이동(약 700m) · **전화번호** 033-670-2397 · **홈페이지** tour.yangyang.go.kr

주변 볼거리·먹거리

향호 양양과 가까운 강릉의 북쪽 끝자락에 위치한 석호로, 고려시대 때 이곳에 향나무를 묻었다 하여 향호라 부른다. 향호 주변에는 나무 데크로 산책로가 조성되어 있으며, 낚시터로도 유명하다. 특히 낙조의 풍경이 멋지다고 하니 해가 질 무렵 방문해 보자.

Ⓐ 강원도 강릉시 주문진읍 향호리 Ⓣ 033-662-2106(주문리어촌계)

318.1km의 해안선을 따라 펼쳐지는 동해안의 모습은 어디에서 보든 장관이지만 그중에서도 특히 아름답다고 꼽히는 동해 3대 미항이 있다. 강릉의 심곡항, 삼척의 초곡항, 그리고 양양 남애항이다. 누가 어떤 기준으로 선정했는지는 몰라도 세 곳 모두 참 예쁜 바다를 가지고 있음은 분명하다.

겨울의 남애항은 활기찬 여느 항구들과 달리 한적하고 고즈넉하다. 작고 아담한 항구를 채우는 작은 어선들, 투명한 수면 위로 보이는 다양한 모양의 바위들, 시선을 사로잡는 빨간 등대와 이따금씩 날아드는 새들까지 흐뭇한 미소를 짓게 하는 풍경이다. 항구를 따라 남애해변을 걷다 보면 전망대가 나오는데, 꼭 대기에 있는 스카이워크에 올라 에메랄드빛 바다를 한참 동안 바라보자. 사람 없는 겨울바다의 매력에 푹 빠지게 될 것이다.

추천 코스 예로부터 내려온

1 COURSE
송지호

자동차 이용(약 2.2km)

2 COURSE
송지호재첩칼국수

도보 16분(약 990m)

3 COURSE
왕곡마을

주소 강원도 고성군 죽왕면 동해대로 6021
입장료 무료
전화번호 033-680-3362
홈페이지 gwgs.go.kr/tour

2월 5주 소개(60쪽 참고)

주소 강원도 고성군 죽왕면 송지호로 580
운영시간 매주 일요일 휴무
대표메뉴 재첩칼국수 7,000원, 재첩장칼국수 7,000원, 김치국물칼국수 9,000원, 감자전 10,000원
전화번호 033-631-3817

왕곡마을로 향하는 길목에 위치한 송지호재첩칼국수는 송지호에서 직접 채취한 재첩으로 요리하는 집이다. 청정 호수에서 자란 품질 좋은 재첩을 사용해 맑은국과 장국 두 가지 형태로 칼국수를 만들어 낸다. 재첩이 푸짐하게 들어간 이 집의 칼국수는 국물이 시원하고 달다. 특히 재첩장칼국수는 칼칼한 맛에 재첩에서 우러난 단맛이 더해져 그야말로 진국이다.

주소 강원도 고성군 죽왕면 왕곡마을길 36-13
입장료 무료
전화번호 033-631-2120(왕곡마을보존회)
홈페이지 wanggok.kr

산봉우리 다섯 개에 둘러싸인 고성 죽왕면 오봉리에 19세기 북방식 한옥과 초가집이 옹기종기 모여 있는 왕곡마을이 있다. 대부분 함경도 지방의 겹집 구조로, 추위에 대비하기 위해 방과 마루, 부엌, 그리고 외양간까지 덧붙인 'ㄱ' 자 형태다. 앞마당은 폭설에도 고립되지 않도록 개방적인 구조를 보인다.

2월 둘째 주

겨울에도 소홀하지 않고

6 week

SPOT 1

대한민국 최북단 인공호수

파로호

주소 강원도 화천군 간동면 배터길 36-8 · **가는 법** 화천공영버스터미널에서 시내버스터미널 버스정류장 이동 → 버스 5-1번 승차 → 구만리뱃터 하차 → 도보 이동(약 700m) · **전화번호** 033-440-2557 · **홈페이지** tour.ihc.go.kr

파로호는 1944년 화천댐이 생기며 만들어진 곳으로 대한민국 최북단에 위치한 인공호수다. 잔잔한 호수 뒤로 산에 둘러싸여 있어 바라보며 힐링하기 좋다. 특히 눈이 펑펑 내리는 강원도의 겨울이면 하얗게 변신한 산 풍경이 더할 나위 없이 예쁘다. 또한 파로호비, 파로호 전망대 등 주변에 가볼만한 곳도 많다. 만약 파로호에서 특별한 경험을 해보고 싶다면 장소별 설명을 들으며 유람선 물빛누리호를 타고 돌아보는 것도 추천한다. 주말, 휴일에만 운영하는 유람선은 파로호, 수달연구센터, 동촌리, 비수구미, 평화의 댐을 지나는 코스로 약 90분이 소요되니 여행에 참고해 보자!

주변 볼거리·먹거리

국제평화아트파크

탱크와 함께 있는 놀이터? 화려한 색의 탱크와 지구 모양 조형물. 어딘가 낯선, 기존에 알고 있던 탱크와는 전혀 다른 모습에 잠시 생각에 빠진다. 상반되는 구조물을 통해 '평화'라는 의미를 더 잘 인지할 수 있었던 공간이다.

Ⓐ 강원도 화천군 화천읍 평화로 3518 Ⓣ 033-440-2361

SPOT 2

숨겨진 비경

횡성호수길

주소 강원도 횡성군 갑천면 태기로 구방5길 40(망향의동산 일원) · **가는 법** 횡성시외버스터미널에서 자동차 이용(약 11km) · **운영시간** 매일 09:00~18:00 · **입장료** 일반 2,000원 · **전화번호** 033-343-3432(횡성호수길 관광안내소) · etc 망향의동산 주차장 이용(무료)

횡성호를 빙 둘러싸고 이어지는 횡성호수길은 총 27km 길이에 6개 구간으로 조성된 트레킹 코스다. 횡성호는 횡성댐이 들어서면서 5개의 리(里)가 수몰되어 형성된 호수로, 고향을 잃은 사람들의 아픔이 서려 있는 곳이지만 아이러니하게도 그림처럼 아름다운 풍경을 담고 있는 강원도의 숨은 명소다. 특히 물안개가 피어오르면 마치 신비로운 꿈속을 걷는 듯하다. 사람들의 발길이 뜸한 곳이기에 더욱 운치 있다.

여섯 구간 중 제5구간인 가족길, 망향의동산 코스가 가장 풍광이 좋은 곳으로 꼽히는데, 코앞에 탁 트인 호수를 두고 걷는 흙길이 낭만적이다. 가족길은 A, B코스로 나뉘며 각 4.5km씩 1시간에서 1시간 30분 정도 소요된다. 평지로 되어 있어 아이,

가족과 함께 걷기 좋은 길로 수목이 우거진 호숫가의 숲길을 걸으며 모처럼의 여유를 만끽해 보자.

TIP

- 사람이 많지 않아 좋지만 그렇기 때문에 혼자 걷는 것은 위험할 수 있으니 동행자와 함께하자.
- 각 구간마다 거리와 소요시간이 다르므로 원하는 구간을 선택하여 걷자.
  제1구간 횡성댐길 : 횡성댐~대관대리(3km/1시간 소요)
  제2구간 능선길 : 대관대리~횡성온천(4km/2시간 소요)
  제3구간 치유길 : 횡성온천~화전리(1.5km/1시간 소요)
  제4구간 사색길 : 화전리~망향의동산(7km/2시간 30분 소요)
  제5구간 가족길 : 망향의동산~망향의동산(9km/3시간 소요)
  제6구간 회상길 : 망향의동산~횡성댐(7km/2시간 30분 소요)
- 횡성호까지는 대중교통 이용이 어렵다. 횡성호 근처를 지나는 버스 노선들이 있지만 1일 1~2회 운행이 대부분이라 시간을 맞추기 어렵고, 시간을 맞춰 타고 간다 해도 다시 시내로 돌아오는 교통편을 찾기 힘들다. 횡성호 주변에서는 택시를 잡기도 어려우니 이곳은 자동차 여행을 추천한다.

주변 볼거리·먹거리

횡성댐물문화관 한국수자원공사에서 운영하는 횡성댐물문화관은 횡성댐 관련 전시는 물론 물의 소중함을 일깨워 주는 작은 전시관이다.

Ⓐ 강원도 횡성군 갑천면 섬강로 1055 Ⓞ 10:00~17:00/매주 월요일 휴관 Ⓒ 무료 Ⓣ 033-340-0255

SPOT 3

눈오는 날

소양강 댐정상길

주소 강원도 춘천시 신북읍 신샘밭로 1128(소양강 물문화관) · 가는 법 춘천역(경춘선)에서 춘천역환승센터 버스정류장 이동 → 버스 12번 승차 → 소양강댐정상 하차 → 도보 이동(약 300m) · 운영시간 10:00~17:00/홍수, 폭설, 결빙 등 안전이 우려되는 경우 개방 제한 · 전화번호 033-242-2455

아침에 눈을 뜨니 소복하게 눈이 내려앉은 날, 이런 날은 어린 아이처럼 신이나 밖에 나가고 싶어진다. 춘천, 양구, 인제에 걸쳐 흐르는 큰 규모의 인공호수 소양강댐은 봄에 벚꽃길로 잘 알려져 있지만 겨울의 설경 역시도 아름다운 곳이다. 그중에서도 소양강댐 댐정상길은 우리나라 최대 다목적댐인 소양강댐 정상을 걸어 올라 팔각정 전망대까지 왕복하는 산책길이다. 전망대로 향하는 길은 오르막길로 되어 있으니 미끄럼방지 신발 착용을 추천한다. 산 능선의 설경과 호수를 보며 약 2.5km의 산책길을 걷다 보면 약 40분 정도가 소요된다.

도착지점인 전망대에 다다르면 댐보다도 더 높은 곳에서 춘천의 산 지형을 볼 수 있어 잠시 숨을 고르며 전망을 구경하기 좋다. 소양강댐에서 20분 정도 자동차를 타고 이동하면 나오는 소양강스카이워크 역시도 춘천의 유명 관광명소 중 하나이니 소양강처녀상과 함께 둘러보자!

주변 볼거리·먹거리

풀내음 시골에서 먹는 맛있는 집밥 느낌의 한식당. 아직 많이 알려지지 않아 아는 사람만 가는 로컬 맛집이다. 저녁 시간은 영업하지 않아 점심 식사만 가능하다.

Ⓐ 강원도 춘천시 신북읍 상천3길 36 Ⓓ 09:00~14:30/매주 화요일 휴무 Ⓜ 청국장 10,000원, 감자전 10,000원, 매실주 동동주 6,000원 Ⓣ 033-241-0049

추천 코스 힐링이 필요할 때는

1 COURSE
자동차 이용(약 13km)

소양강댐정상길

주소	강원도 춘천시 신북읍 신샘밭로 1128(소양강 물문화관)
가는 법	춘천역(경춘선)에서 춘천역환승센터 버스정류장 이동 → 버스 12번 승차 → 소양강댐정상 하차 → 도보 이동(약 300m)
운영시간	10:00~17:00/홍수, 폭설, 결빙 등 안전이 우려되는 경우 개방 제한
전화번호	033-242-2455

2월 6주 소개(68쪽 참고)

2 COURSE
자동차 이용(약 9km)

쉬러와

주소	강원도 춘천시 신북읍 지내고탄로 246 1, 2층
운영시간	월~금요일 11:00~19:00/토~일요일 11:00~22:00
대표메뉴	말차라테 6,800원, 춘천쌀티라미수 7,500원, 미숫가루라테 6,500원, 아몬드아이스크림라테 7,000원
전화번호	0507-1452-1120
홈페이지	instagram.com/cafeshiruwa

신북읍에 위치한 이곳은 전원주택 느낌이 가득한 2층 카페다. 옥수수 등 각종 곡물쌀케이크, 단호박찹쌀타르트 등 다른 곳에서는 쉽게 볼 수 없는 쌀로 만든 디저트를 판매한다. 일반 케이크에 비해 부담이 없으면서도 너무 달지 않아 좋다. 카페 내부는 채광이 좋아 초록빛 플랜테리어와 잘 어우러진다. 홀케이크 예약, 택배 주문 등도 가능하니 참고해 보자.

3 COURSE

해피초원목장

주소	강원도 춘천시 사북면 춘화로 330-48
운영시간	매일 10:00~18:00
입장료	성인 7,000원(동물 먹이 포함), 경로 및 장애인 3,000원, 소형견(평일만 입장) 5,000원, 춘천시민 5,000원
전화번호	033-244-2122
홈페이지	happy-chowon.imweb.me

작은 호수를 둘러싸고 있는 산 능선이 아름다운 곳. SNS에서 한국의 스위스로 불리며 춘천 핫플레이스로 자리 잡은 곳이다. 외곽에 위치해 대중교통보다 승용차, 택시 이용을 추천한다. 토끼, 당나귀, 소, 돼지, 염소, 양 등 다양한 종류의 동물이 있으며 먹이 주기 프로그램도 있어 아이와 함께 방문하기에 좋다.

2월 셋째 주

속부터 든든하게

7 week

SPOT 1

줄 서서 먹는

풍물옹심이 칼국수

주소 강원도 춘천시 닥나무길9번길 5 · **가는 법** 남춘천역에서 도보 이동(약 1km) · **운영시간** 월~금요일 11:00~16:00, 토~일요일 11:00~19:00/매주 화요일 휴무 · **대표메뉴** 옹심이칼국수 9,000원, 옹심이만 13,000원, 메밀칼국수 8,000원, 메밀비빔국수 8,000원 · **전화번호** 033-241-1192

동그랗다기에는 투박하고, 잘게 썰린 당근이 콕콕 박혀 있는 모양새. 하지만 입에 넣어 보면 쫄깃한 식감에 깊은 국물 맛까지! 사랑에 빠질 수밖에 없는 맛집이 있다. TV 프로그램에 출연해 인기가 높아지면서 점심 시간에는 언제나 대기를 해야 한다. 자리에 앉자마자 나오는 보리밥에 열무, 무생채 그리고 취향껏 고추장을 섞으면 한국식 에피타이저 완성. 그런 다음 고소하고 쫀득한 옹심이칼국수로 든든하게 배를 채워 보자.

대표메뉴 옹심이칼국수는 옹심이와 칼국수가 함께 나오는 메뉴이며, 칼국수와 옹심이 단품을 판매하는 메뉴도 따로 있으니 참고해 보자. 여기에 추가로 메밀전병, 수수부꾸미 등 곁들여 먹을 수 있는 음식과 함께라면 더욱 풍성하게 옹심이칼국수를 즐길 수 있다. 강원도 대표음식 30선에도 해당하는 감자옹심이와 함께 색다른 강원도 여행을 기억해 보면 어떨까.

주변 볼거리·먹거리

스퀴즈맥주 대한민국 주류 대상 수상 경험이 있는 춘천 수제 맥주집. 남춘천역 주변에 있어 접근성이 좋다. 내부에는 주황색, 빨간색 느낌의 조명이 있어 펍 분위기가 가득 느껴지고 실제 맥주 양조장도 한눈에 보여 이색적이다.

Ⓐ 강원도 춘천시 공지로 353 Ⓓ 월~목요일 18:00~24:00, 금요일 18:00~01:00, 토요일 12:00~01:00/매주 일요일 휴무 Ⓜ 춘천IPA 8,000원, 355라거 7,000원, 소양강에일 7,000원, 양념치킨 25,000원, 콰트로피자 17,000원 Ⓣ 033-818-1663

SPOT 2

물회와 함께 즐기는

연화마을 꼬막비빔밥

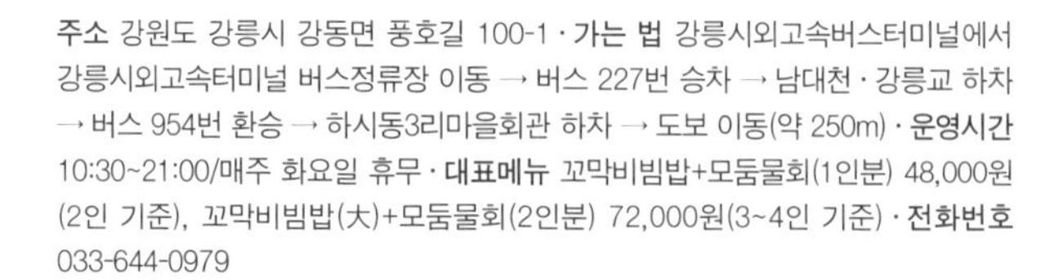

주소 강원도 강릉시 강동면 풍호길 100-1 · **가는 법** 강릉시외고속버스터미널에서 강릉시외고속터미널 버스정류장 이동 → 버스 227번 승차 → 남대천·강릉교 하차 → 버스 954번 환승 → 하시동3리마을회관 하차 → 도보 이동(약 250m) · **운영시간** 10:30~21:00/매주 화요일 휴무 · **대표메뉴** 꼬막비빔밥+모둠물회(1인분) 48,000원(2인 기준), 꼬막비빔밥(大)+모둠물회(2인분) 72,000원(3~4인 기준) · **전화번호** 033-644-0979

언젠가부터 강릉 하면 떠오르는 음식이 되어버린 꼬막비빔밥. 세트 메뉴로 더욱 푸짐하게 즐길 수 있는 강릉 맛집을 소개한다. 연화마을에 위치한 이곳은 '꼬막비빔밥+물회세트'로 유명하다. 세트 메뉴에는 꼬막비빔밥, 물회 외에도 여러 가지 반찬, 미역국, 물회용 소면도 함께 구성되어 있다. 따뜻한 미역국과 함께, 때로는 김 또는 깻잎에 싸서 먹으면 더욱 맛있는 꼬막비빔밥. 새콤달콤한 물회에 소면까지 더해 제대로 즐겨보자.

주변 볼거리·먹거리

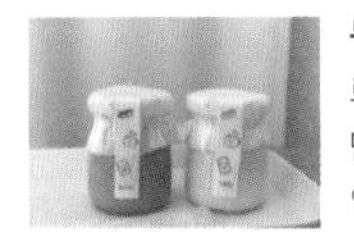

두딩 강릉하면 떠오르는 음식 넘버원은 단연 초당두부. 강릉역과 강릉시외버스터미널 사이에 위치해 어디서든 도보로 방문할 수 있는 이색 푸딩 맛집이다. 재료 소진이 빠르니 사전 확인 후 방문해 보자.

Ⓐ 강원도 강릉시 강릉대로 197 1층 Ⓞ 10:30~19:00/매주 월요일 휴무 Ⓜ 두부, 초코, 녹차, 커피맛 푸딩 각 4,500원 Ⓣ 0507-1353-3680 Ⓗ instagram.com/gn_duding

SPOT 3

구워 먹는 오삼불고기

납작식당

주소 강원도 평창군 대관령면 올림픽로 35 · **가는 법** 횡계시외버스터미널에서 도보 이동(약 650m) · **운영시간** 10:30~21:00/매주 화요일 휴무 · **대표메뉴** 오삼불고기 16,000원, 생삼겹살 16,000원 · **전화번호** 033-335-5477

여행지에 가면 실제 그 지역에 거주하는 사람들이 추천해 주는 음식을 시도해 본다. 납작식당은 택시기사의 추천을 받아 방문한 곳 중 하나이다.

납작식당에서는 철판 위에 포일을 올리고 오삼불고기를 굽는다. 양념은 타기 쉬우니 눈여겨보며 열심히 뒤집다 보면 매콤하고 쫄깃한 오징어와 감칠맛 나는 고기의 만남, 맛있는 오삼불고기를 맛볼 수 있다. 여기에 불맛이 더해지니 자꾸만 손이 가는 맛, 특히 오징어는 큼지막하게 썰어서 한입에 넣고 오물오물 씹는 재미가 있다.

평창 하면 보통 한우나 황태를 재료로 한 요리를 떠올리지만, 실제 약 40년 전부터 오삼불고기를 판매했을 정도로 오삼불고기도 인기 메뉴이다. 평창, 횡계지역 여행을 계획하고 있다면 오삼불고기 거리를 방문해 보자.

주변 볼거리·먹거리

평창 라마다 호텔&스위트 탁 트인 자연이 한눈에 내려다보이는 곳. 평창 숙소로 추천하는 평창 라마다 호텔&스위트다. 호텔 내부 층고가 높고 테라스도 있어 바깥 풍경을 감상하기 좋다. 반려견 동반 객실도 있어 반려견과 함께 방문하는 사람도 많다. 횡계시외버스터미널, 진부 KTX역의 경우 무료 셔틀버스도 운영한다.

Ⓐ 강원도 평창군 대관령면 오목길 107 Ⓞ 체크인 15:00/체크아웃 11:00 Ⓣ 033-333-1000

1 COURSE
▶ 알펜시아리조트

자동차 이용(약 5km)

2 COURSE
▶ 납작식당

자동차 이용(약 30km)

3 COURSE
▶ 커피볶는계방산장

주소 강원도 평창군 대관령면 솔봉로 325
입장료 스키장 이용 요금은 시즌별로 상이
전화번호 033-339-0000
홈페이지 alpensia.co.kr

1월 2주 소개(37쪽 참고)

주소 강원도 평창군 대관령면 올림픽로 35
운영시간 10:30~21:00/매주 화요일 휴무
대표메뉴 오삼불고기 16,000원, 생삼겹살 16,000원
전화번호 033-335-5477

2월 7주 소개(74쪽 참고)

주소 강원도 평창군 용평면 운두령로 728-3
운영시간 매일 09:00~21:00
대표메뉴 산장하우스블랜딩 5,000원, 스페셜티커피 6,000~6,500원
전화번호 033-332-5782
홈페이지 gbean.co.kr

운두령횟집에서 장평 방향으로 조금 내려오다 보면 만날 수 있는 카페다. 직접 로스팅하여 정성껏 내린 스페셜티커피를 제공하는 이곳은 운두령횟집을 방문하는 여행자들에게 마치 다음 코스 같은 곳이다. 카페 앞 계곡을 바라보며 커피 한잔의 시간을 누리자.

2월 넷째 주

겨울 바다 포토존을 접수한다!

8 week

SPOT 1

눈 덮인 풍경
영금정

주소 강원도 속초시 영금정로 43 · **가는 법** 속초시외버스터미널에서 도보 이동(약 1km) · **전화번호** 033-639-2690

큰 바위 위에 설치된 해상 정자. 영금정은 파도가 바위에 부딪치면서 마치 거문고와 같은 소리가 들린다고 하여 붙여진 이름이다. 안타깝게도 그 신비한 소리는 일제강점기에 속초항의 개발로 파괴되며 더 이상 들을 수 없게 되었지만, 다리를 건너가 바다를 바라보고 있으면 마치 바다 한가운데에 서 있는 듯한 기분과 여전히 아름다운 풍경을 볼 수 있다. 정자 뒤쪽으로는 울산바위, 동명항이 펼쳐져 속초 시내가 한눈에 내려다보이고, 속초시외버스터미널 주변에 위치해 접근성도 좋다. 속초 영금정은 해돋이 명소로 잘 알려져 있지만 야간 관광을 하기에도 손색없을 만큼 멋진 경관을 볼 수 있으니 속초 여행 코스에 영금정을 추가해 보는 것은 어떨까.

주변 볼거리·먹거리

동명항 일출 명소로 유명한 속초 동명항은 규모가 제법 큰 항으로, 활어판매장과 튀김골목을 찾는 여행자들의 발길이 끊이지 않는다.

Ⓐ 강원도 속초시 동명동 Ⓣ 033-639-2690

TIP

영금정은 별도로 주차장이 없어 동명항 활어 직판장 유료 주차장 이용을 추천한다(30분 1,000원, 30분 초과 시 10분당 300원).

SPOT 2

BTS 투어

향호해변

주소 강원도 강릉시 주문진읍 주문북로 210(주문진해수욕장) · **가는 법** 주문진시외버스종합터미널에서 주문진시외버스터미널 버스정류장 이동 → 버스 300번 승차 → 주문진해변 하차 → 도보 이동(약 400m) · **전화번호** 033-640-4535(주문진관광안내소)

국내 BTS 촬영지 중 가장 많이 알려진 곳으로 BTS 버스정류장이 있는 향호해변이다. 해당 버스정류장은 〈You Never Walk Alone〉 뮤직비디오 촬영 당시 임시로 만들었다가 철거 후 관광 목적으로 재현해 놓은 곳으로 현재까지도 꾸준히 인기몰이하며 주문진의 대표 여행 코스로 자리 잡은 장소이다. 또한 향호해변은 주문진해수욕장 바로 옆에 있어 바닷길을 따라 걸으며 사진을 찍기 좋은데 대표적인 예로 하얀 그네 포토존이 있다. 동해는 노을과 거리가 멀다고 생각할 수 있지만, 노을이 질 무렵이면 이곳의 하늘도 더욱 환상적인 색깔로 물드니 시간을 맞춰 방문해

주변 볼거리·먹거리

영진해변 한국인부터 외국인 관광객까지 모두가 즐겨 찾는 바다다. 멀리서부터 〈도깨비〉 촬영지임을 알리는 표지판들이 여기저기 보인다. 인기있는 드라마 촬영지라 메인 포토존에서 사진을 찍기 위해서는 조금 기다려야 할 수도 있다.

Ⓐ 강원도 강릉시 연곡면 영진리 357-155 Ⓣ 033-660-3682

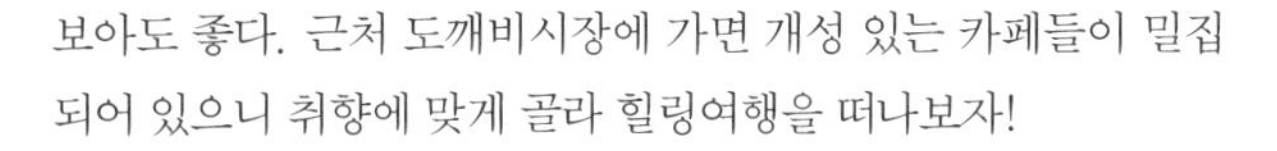

보아도 좋다. 근처 도깨비시장에 가면 개성 있는 카페들이 밀집되어 있으니 취향에 맞게 골라 힐링여행을 떠나보자!

SPOT 3

알록달록 고성 구암마을

아야진 해수욕장

주소 강원도 고성군 토성면 아야진해변길 157 · **가는 법** 간성터미널에서 신안리 버스정류장 이동 → 버스 1(속초)번 승차 → 아야진해변 하차 → 도보 이동(약 200m) · **전화번호** 033-680-3356 · **홈페이지** ayajinbeach.co.kr · **etc** 해수욕장 반려동물 출입 제한

겨울 바다도 보고 특별한 여행 사진도 남기고 싶다면? 크고 작은 바위와 무지개 해안도로가 펼쳐져 있는 아야진해수욕장으로 떠나 보자. 깨끗하게 정비된 산책로를 따라 걸으며 무지개 해안도로에서 사진을 찍는 것은 아야진해수욕장의 필수 코스다. 더불어 해수욕장으로 내려와 깨끗한 백사장을 따라 걷다 보면 거북이 조형물이 하나 나온다. 이는 과거 아야진 등대 주변 마을에 복을 가져온다고 신성시했던 거북이 모양 바위와 관련이 있다. 아야진 일대의 구암마을 역시 거북이 바위에서 따온 이름인데, 안타깝게도 일제강점기에 철거되었으며 현재는 거북 조형물로 복원하여 남아 있다.

주변 볼거리·먹거리

능파대

Ⓐ 강원도 고성군 죽왕면 괘진길 65 Ⓣ 033-249-3881(강원도청 환경과) Ⓗ koreadmz.kr
4월 15주 소개(128쪽 참고)

추천 코스 속초를 즐기는 또 다른 방법

1 COURSE 영금정 — 도보 3분(약 230m)

2 COURSE 속초등대전망대 — 도보 17분(약 1.1km)

3 COURSE 흰다정

주소 강원도 속초시 영금정로 43
가는 법 속초시외버스터미널에서 도보 이동(약 1km)
전화번호 033-639-2690

2월 8주 소개(76쪽 참고)

주소 강원도 속초시 영금정로5길 8-28
운영시간 하절기 06:00~20:00, 동절기 07:00~18:00
전화번호 033-633-3406

과거에는 등대로만 사용했으나 이제는 전망대로 개방해 속초 전망을 내려다 볼 수 있는 속초 8경 중 1경이다. 새하얀 등대가 매력적인 이곳은 등대 스탬프 투어 장소이기도 하다.

주소 강원도 속초시 수복로 248
운영시간 11:00~19:00/매주 수요일 휴무
대표메뉴 호지차블랑 6,500원, 말차블랑 6,500원, 커스터드푸딩 5,000원
전화번호 070-8830-9322

일본식 분위기를 머금고 있는 수복로 카페 흰다정은 찻잎을 볶아서 만든 호지티에 우유, 솔티 밀크크림을 더해 시그니처 메뉴로 판매하고 있다. 내부는 다다미 느낌의 좌석과 도자기 인테리어로 꾸며져 있다. 카운터 주변 자리에 앉는 경우 직접 차를 만드는 과정을 볼 수 있어 좋다. 이외에도 푸딩 등 디저트 메뉴도 준비되어 있으니 취향 따라 주문해 보자.

2월의 속초여행
겨울의 속초 즐기기

관광지 간의 거리가 그리 멀지 않아 뚜벅이라도 부담 없이 다녀올 수 있는 곳! 말하지 않아도 아는 유명한 속초 대표 여행지부터 요즘 MZ세대에게 사랑받는 신상 여행지까지. 봄이 찾아오기 전 마지막 겨울을 즐기러 속초로 떠나 보자.

2박 3일 **코스 한눈에 보기**

단천식당

갯배체험&
속초청년몰 갯배st

영금정

속초등대전망대

엄지네포장마차 속초점

속초아이

속초해수욕장

외옹치항둘레길 바다향기로

속초중앙시장

매자식당

흰다정

아직은 봄 인사를 건네기 어색한 강원도의 3월이다. 여전히 바람은 차갑고, 녹지 않고 쌓여 있는 눈도 보이지만 그래도 조금씩 봄기운을 느낄 수 있다. 눈 밑에서도 싹을 틔우는 생명력 강한 나무들과 망울을 터뜨리는 이름 모를 꽃을 우연히 발견하면 수줍게 숨어 있던 봄이 어느새 성큼 다가왔음을 실감한다. 모락모락 연기가 솟아오르는 어느 농가에서는 씨감자를 다듬고 있을 것이고, 비료를 뿌린 밭은 구석구석 시골 내음으로 뒤덮인다. 겨울인 듯 봄인 듯 갈팡질팡하는 3월은 그래서 더욱 짧게 느껴지는데, 그 짧은 시간에도 새싹과 봄꽃들은 여물어 강원도의 봄을 채운다. 숨어 있는 봄기운을 찾아 3월의 강원도로 떠나 보자.

3월의 강원도

봄기운이 스멀스멀

3월 첫째 주

봄을 맞이하며

9 week

SPOT 1

유리공예품을 판매하는

유리알유희

주소 강원도 강릉시 창해로 351-2 · **가는 법** 강릉시외고속터미널에서 강릉시외고속버스터미널 버스정류장 이동 → 버스 202-1번 승차 → 강문해변입구 하차 → 도보 이동(약 400m) · **운영시간** 매일 09:00~21:00 · **전화번호** 0507-1307-3188 · **홈페이지** instagram.com/the_glass_bead

강문해변을 걷다가 마주한 노란색 건물. 자체 제작한 유리공예품을 판매하는 유리알 유희다. 이곳에서는 조개껍데기나 스테인드글라스 등을 이용해 거울, 선캐쳐 등의 기념품을 만든다. 지역 특색을 살려 강릉 느낌이 물씬 풍기는 기념품은 여행 선물로 제격이다. 이 외에도 아기자기한 장신구가 많아 친구와 우정 아이템을 맞춰보기에도 좋다. 최근 유리알 유희에서는 폐그물을 재활용해 업사이클링 프로젝트를 진행하기도 했다. 소품숍 내에서 원데이클래스도 운영하나 시즌에 따라 진행 여부가 다를 수 있으니 인스타그램 DM 등을 통해 사전 문의 후 방문해 보자.

주변 볼거리·먹거리

경포호 경포해변에서 조금만 걸으면 경포호가 있다. 경포호는 동해안의 대표적인 석호로, 경포대에서 바라보는 경포호의 모습은 관동팔경으로 꼽힐 만큼 경관이 수려하다. 겨울이면 철새들이 날아오고 봄에는 벚꽃 명소로도 유명하다.

Ⓐ 강원도 강릉시 경포로 365

옛태광식당 우럭미역국은 동해의 별미 중 하나다. 우럭으로 국물을 낸 진한 미역국은 마음을 위로하는 맛이다.

Ⓐ 강원도 강릉시 난설헌로 105 Ⓞ 매일 07:30~15:00/매주 화요일 휴무 Ⓜ 우럭미역국 10,000원, 가자미물회 15,000원, 곰치국 싯가 Ⓣ 033-653-9612

SPOT 2

미로예술시장 뚜벅뚜벅

무용담예술상점

주소 강원도 원주시 중앙시장길 6 2층 미로예술시장 가동 3, 4, 13호 · **가는 법** 원주 시외고속버스터미널에서 시외고속버스터미널 정류장 이동 → 버스 3, 3-1, 6, 34-1, 51-1, 55, 100-2번 승차 → 강원감영 하차 → 도보 이동(약 150m) · **운영시간** 14:00~18:00/매주 월요일 휴무 · **전화번호** 010-9158-1590 · **홈페이지** instagram.com/myd_official

말 그대로 꼬불꼬불 미로 안에 들어온 듯한 원주 미로예술시장. 원주중앙시장 2층에 개장한 청년 사업가 기반의 문화예술시장으로 디저트 카페, 공방, 맛집 등 다양한 볼거리가 있다. 또한 플리마켓과 많은 체험을 운영해 복합문화공간으로 자리매김하는 곳이다. 그중에서도 오늘은 감성 가득한 소품숍으로 발걸음을 옮긴다. 상점 안에는 친환경 제품부터 귀여운 스티커, 그립톡, 파우치, 인센스 등이 있다. 다꾸(다이어리 꾸미기), 폴꾸(폴라로이드 사진 꾸미기), 폰꾸(휴대폰 꾸미기) 등 꾸미기에 진심인 요즘 MZ세대 감성이 가득한 공간이니 한 번 방문해 보자.

주변 볼거리·먹거리

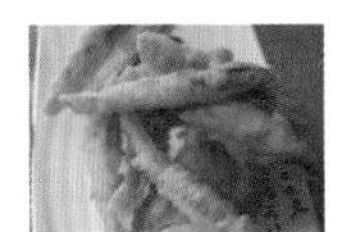

원주복추어탕 원주 사람들에게 원주의 유명한 음식을 물어보면 십중팔구 추어탕이라고 답한다. 그중에서도 원주복추어탕은 요리가 끝난 추어탕이 담겨 나오는 것이 아니라 직접 솥에 끓여 먹는 방식이다. 온갖 재료가 푹 고아진 일반적인 추어탕의 맛과는 달리 각 재료의 맛이 좀 더 살아 있는, 개운하면서도 가벼운 맛이다.

Ⓐ 강원도 원주시 치악로 1748 Ⓞ 09:00~21:00/매월 넷째 주 수요일 휴무 Ⓜ 한우추어탕(2인 이상) 14,000원, 자연산추어탕 13,000원, 갈·통추어탕 12,000원, 튀김 10,000원 Ⓣ 033-763-7987

원주역사박물관 원주는 삼국시대 당시부터 주요 지역이었으며, 조선시대에 강원도에 편입되면서 강원감영이 설립되었다. 이러한 역사적 배경 덕분에 원주에서는 다양한 문화유산이 발굴되고 있다. 일제강점기까지 원주시 학성동 들판에 방치되어 있었다는 철조약사여래좌상을 비롯하여 특히 고려의 석조 유물이 많이 남아 있다. 원주역사박물관에 가면 유서 깊은 원주의 문화유산을 직접 살펴볼 수 있다. 까마득한 과거에서부터 현재까지 원주의 역사를 체험하고 싶다면 들러보자.

Ⓐ 강원도 원주시 봉산로 134 Ⓞ 09:00~18:00/매주 월요일·1월 1일·설날·추석·공휴일 다음 날 휴관 Ⓒ 무료 Ⓣ 033-737-4371 Ⓗ whm.wonju.go.kr

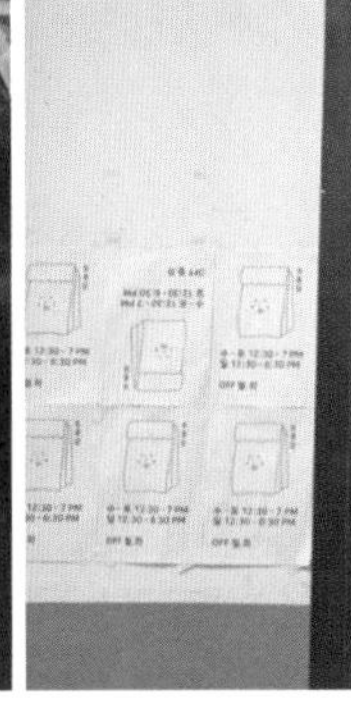

SPOT 3

향기로운 소품숍

세렌디온

주소 강원도 춘천시 중앙로77번길 39-1 · **가는 법** 춘천시외버스터미널에서 시외버스터미널 버스정류장 이동 → 버스 3, 4, 5번 승차 → 육림고개 하차 → 도보 이동(약 150m) 육림극장 옆 골목 언덕 정상 · **운영시간** 화~토요일 11:00~19:30, 일요일 12:00~18:00/매주 월요일 휴무 · **전화번호** 0507-1429-8858 · **홈페이지** instagram.com/serendion95

육림고개 청년몰 사업에 선정된 청년 상점 10곳 중 하나다. 수제 캔들과 디퓨저, 석고 방향제, 알록달록한 드라이플라워 소품과 아기자기한 장신구를 판매한다. 내부는 아담하지만, 다양한 제품으로 가득 차 지나가던 행인도 어느새 손님이 되곤 한다. 이곳에서는 원데이클래스도 체험해 볼 수 있는데 평일은 최소 1일 전, 주말은 최소 3일 전 예약은 필수다. 평소 향을 좋아하거나 인테리어, 오브제 등에 관심 있는 사람이라면 좋아할만한 공간이다.

주변 볼거리·먹거리

니 생각 춘천역에서 도보 이동이 가능해 접근성이 좋은 곳이다. 건물 외관과 내부 모두 온통 하얀 세상. 자칫 밋밋해 보일 수 있으나 카페 곳곳에 엽서나 전구 등 감성적인 소품이 더해져 따뜻한 느낌을 자아낸다. 니 생각의 시그니처 메뉴는 쑥 음료와 쑥 디저트인데, 만약 쑥 특유의 텁텁함이나 향 때문에 고민되는 사람이라도 쑥 초코칩 프라페나 케이크 등 쑥과 다른 재료가 합쳐진 음료와 디저트가 다양하게 준비되어 있어 걱정 없다.

Ⓐ 강원도 춘천시 학당길 32-1 1층 Ⓞ 화~금요일 10:30~17:00, 토요일 11:00~17:00/매주 일~월요일 휴무 Ⓜ 쑥라테 4,500원, 아인쑥페너 5,000원, 시그니처쑥큐브 6,500원 Ⓣ 0507-1424-1793 Ⓗ instagram.com/ni_sangak

추천 코스 강문해변 한 바퀴

1 COURSE 강문해변

도보 7분(약 480m)

주소 강원도 강릉시 강문동 159-43
전화번호 033-640-4920

경포해변에서 강문솟대다리를 건너면 바로 강문해변이다. 액자 안에 바다를 담을 수 있는 포토존 등이 조성된 아담하고 예쁜 해변이다.

2 COURSE 유리알유희

도보 5분(약 370m)

주소 강원도 강릉시 창해로 351-2
운영시간 매일 09:00~21:00
전화번호 0507-1307-3188
홈페이지 instagram.com/the_glass_bead

3월 9주 소개(86쪽 참고)

3 COURSE 커피커퍼박물관

주소 강원도 강릉시 해안로 341
운영시간 09:00~18:00
전화번호 0507-1361-5604
홈페이지 cupper.kr

커피의 도시 강릉에서 만나는 이색 박물관. 강문해변에서 도보 5분 거리에 있는 커피커퍼박물관이다. 1층에는 카페, 2~4층에는 깜짝 놀랄 만큼 많은 커피 관련 기계(로스터, 그라인더, 커피 추출 도구 등)가 있어 구경하는 재미가 있다. 커피를 좋아하고 그 문화에 대해 관심이 있다면 이곳에 방문해 보자.

3월 둘째 주

호수를 둘러싸고

10 week

SPOT 1

옛 낭만을 간직한 공지천유원지

주소 강원도 춘천시 이디오피아길 25 · **가는 법** 춘천시외버스터미널에서 버스 3, 4, 7번 승차 → 공지천사거리 하차 → 도보 이동(약 500m) · **입장료** 무료 · **전화번호** 033-250-4312(춘천역관광안내소)

지금은 춘천을 가까운 교외 정도로 생각하지만 과거의 춘천은 그 위상이 전혀 달랐다. 기차를 타고 가야 만날 수 있었던 춘천은 깊은 산으로 둘러싸인 채 자욱한 안개가 감도는 신비로운 호수의 도시였다. 그중에서도 연인들의 데이트 장소로 유명했던 공지천은 여전히 예전의 운치를 간직하고 있다. 알록달록한 오리배가 떠 있는 공지천 옆에는 산책로가 조성되어 있어 천천히 거닐기에도 좋다. 또한 소설가 이외수의 작품 속 배경으로 등장한 이곳에 '황금비늘테마거리'가 조성되어 그의 작품 세계를 둘러보며 산책할 수도 있다. 조명이 켜지는 밤에는 또 다른 매력을 느낄 수 있으니 참고하자.

TIP
공지천을 중심으로 총 여섯 구간의 호수별빛나라 산책로가 조성되어 있다. 조각공원, 공지천교, 황금비늘테마거리, 야외공연장부터 상상마당, 공지천과 의암호가 만나는 절경 한가운데 위치한 춘천MBC, 중도까지 이어지며, 특히 춘천 호수별빛나라 축제 기간에는 아름다운 불빛이 야경을 수놓는다.

주변 볼거리·먹거리

에티오피아한국전참전기념관 에티오피아 전통 주거 양식으로 지은 기념관은 특이한 외관 덕분에 공지천 주변에서도 눈에 띈다. 한국전쟁 당시 에티오피아의 참전 과정과 그때 사용했던 물품 등이 전시되어 있으며, 야외에는 기념비가 세워져 있다. 근처에는 이디오피아벳이라는 카페가 있는데, 커피를 마시며 공지천의 전경을 내려다볼 수 있어 유명하다.

Ⓐ 강원도 춘천시 이디오피아길 1 Ⓞ 하절기 09:00~18:00, 동절기 09:00~17:00/매주 월요일·법정 공휴일 휴관 Ⓒ 무료 Ⓣ 033-254-5178 Ⓗ epchun.kr

SPOT 2

두 개의 호수

청초호 호수공원

주소 강원도 속초시 엑스포로 140 · **가는 법** 속초시외버스터미널에서 버스 9-1번 승차 → 속초농협 하차 → 도보 이동(약 600m) · **입장료** 무료 · **전화번호** 033-639-2422

강원도의 또 다른 호수 도시는 바로 속초다. 속초에는 석호 청초호와 영랑호가 있다. 그중에서도 청초호는 속초의 중심이 되는 곳이다. 바다와 연결된 수로는 오래전부터 갯배가 건너다니는 속초항의 내항으로 사용되었고, 덕분에 이곳을 중심으로 도시가 형성된 것이다. 그래서인지 청초호 주변으로 엑스포타워와 공원, 철새도래지탐조대, 아바이마을 등 볼거리가 다양해 함께 둘러봐도 좋다. 호수 너머로는 탁 트인 동해가 펼쳐지고 멀리 설악산과 병풍처럼 서 있는 울산바위도 보인다. 철새가 찾아드는 호숫가를 산책하며 강원도의 산과 바다 풍경까지 한꺼번에 눈에 담아 보자.

주변 볼거리·먹거리

함흥냉면옥 이북이 고향인 할아버지와 종종 들렀던 곳이다. 1951년부터 운영해 온 함흥냉면집으로, 명태회무침이 올라가는 회냉면의 맛이 일품이다.

Ⓐ 강원도 속초시 청초호반로 299 Ⓞ 10:30~20:30/매주 수요일 휴무 Ⓜ 함흥냉면·물냉면 11,000원, 손찐만두 8,000원 Ⓣ 033-633-2256

SPOT 3

10분 만에 이런 뷰가?

영랑호범바위

주소 강원도 속초시 영랑호반길 140 · **가는 법** 속초시외버스터미널에서 도보 이동(약 2km) · **입장료** 무료 · **전화번호** 033-639-2690 · etc 영랑호수윗길 주차장 이용(무료)

접근성이 좋아 주차 후 단 10분이면 오를 수 있는 곳, 탁 트인 속초 풍경을 볼 수 있는 속초 영랑호 범바위다. 올라가기 전부터 보이는 범바위의 어마어마한 규모에 헉 소리가 절로 나온다. 산책로 정상에 다다르면 정자가 하나 있어 잠시 숨을 고를 수 있다. 범바위는 속초 8경 중에 하나로 호랑이가 웅크리고 앉아있는 듯한 모양을 하고 있다. 영랑호와 설악산 울산바위가 잘 보이기 때문에 경치를 감상하러 방문하기에도 좋다. 주변에는 영랑호수윗길이 있어 함께 둘러보기 좋다. 이는 영랑호를 가로지르는 부교로 2021년에 개통했으며, 호수 위에 데크길이 조성되어 있어 마치 물 위를 걷는 듯한 기분이 든다. 봄에는 산책로를 따라 벚꽃, 영산홍, 갈대 등을 볼 수 있으니 다가온 봄을 마중 나가 보는 것은 어떨까.

주변 볼거리·먹거리

영랑호 동명항과 장사항 사이에 위치한 호수로, 청초호와는 달리 바다와 구분되어 있다. 청초호가 도시 속의 호수라면 영랑호는 자연 속의 호수다. 특히 수변의 드라이브 코스가 유명하니 이곳을 찾는다면 차를 타고 시원하게 달려 볼 것을 추천한다.

Ⓐ 강원도 속초시 장사동 산313-1 Ⓣ 033-639-2690

추천 코스 속초를 대표하는 곳

1 COURSE 속초중앙시장

도보 20분(약 1.3km)

주소 강원도 속초시 중앙로 147번길 12
전화번호 033-635-8433
홈페이지 sokcho-central.co.kr

1월 3주 소개(46쪽 참고)

2 COURSE 청초호

자동차 이용(약 3.5km)

주소 강원도 속초시 엑스포로 140
전화번호 033-639-2422

3월 10주 소개(94쪽 참고)

3 COURSE 영랑호범바위

주소 강원도 속초시 영랑호반길 140
입장료 무료
전화번호 033-639-2690

3월 10주 소개(96쪽 참고)

3월 셋째 주

시간이 머무는 곳

11 week

SPOT 1

시간 순삭

독립서점 시홍서가

주소 강원도 원주시 이화1길 41-12 · **가는 법** 원주종합버스터미널에서 도보 이동(약 800m) · **운영시간** 월~토요일 12:00~21:00, 일요일 13:00~21:00/매주 화~수요일 휴무 · **전화번호** 0507-1423-5624 · **홈페이지** instagram.com/sihong_books

아담한 공간, 원하는 자리에 골라 앉는다. 그리고 다시 일어나 내 마음에 쏙 드는 책 한 권을 고른다. 오롯이 나를 위한 독서와 힐링의 시간. 이것이 바로 독립서점만의 장점이 아닐까? 시홍서가는 원주 단계동에 위치한 작은 서점이다. 로컬문화를 사랑하는 사장님의 특징이 아주 잘 나타나는데, 서가만 보아도 그러하다. 다양한 출판물 중에서도 특히 원주에 대한 책이 많기 때문이다. 독서 모임이나 북 콘서트, 강연이나 원데이클래스도 꾸준히 진행하며 복합문화공간의 역할도 맡아 하는 시홍서가. 이곳에서 사장님의 애정이 듬뿍 담긴 진짜 원주를 느껴보자.

주변 볼거리·먹거리

봉산동당간지주 당간지주는 주로 사찰의 입구나 뜰에 세우는 기둥으로, 원주 봉산동에 위치한 당간지주는 고려시대 때 지방 사찰에서 사용되었던 것으로 추정된다고 한다.

Ⓐ 강원도 원주시 개봉교길 41 Ⓣ 033-737-2792(원주시청 문화관광과)

SPOT 2

가족과 함께

강원특별자치 도립화목원

주소 강원도 춘천시 화목원길 24 · **가는 법** 춘천시외버스터미널에서 시외버스터미널 버스정류장 이동 → 버스 2번 승차 → 인성병원 하차 → 버스 12번 환승 → 화목원 하차 → 도보 이동(약 200m) · **운영시간** 3~10월 09:00~18:00, 11~2월 09:00~17:00/매월 첫째 주 월요일 · 1월 1일 · 설날 · 추석 휴원 · **입장료** 어른 1,000원, 청소년 700원, 어린이 500원/3D 영상요금 어른 2,000원, 청소년 · 군인 1,500원, 어린이 1,000원 · **전화번호** 033-248-6685 · **홈페이지** gwpa.kr · **etc** 주차 무료, 반려동물 출입금지

춘천에는 강원도에서 운영하는 공립 수목원, 강원특별자치도립화목원이 있다. 입장료도 저렴하고 어린이를 위한 놀이시설도 잘 갖춰져 있어 가족 단위 방문객이 많다. 봄에는 다채로운 꽃을, 여름에는 분수 광장에서 시원한 물놀이를, 가을에는 단풍 구경, 그리고 겨울에는 따뜻한 유리온실을 둘러볼 수 있어 사계절 내내 방문하기가 좋다. 내부에는 산림박물관, 잔디원, 어린이정원, 사계 식물원이 있는데 이정표가 잘되어 있어 찾기가 수월하

다. 강원특별자치도립화목원 내에는 판매점이 있는데 음료를 마시고 일회용 컵을 반납하면 스위트 바질 허브 씨앗을 심어 준다. 식물이 주는 소소한 행복을 느껴보며, 꽃과 함께 지친 일상 속 재충전의 시간을 가져보자.

주변 볼거리·먹거리

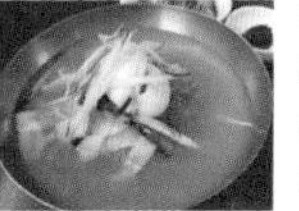

평양냉면 기존에 알던 함흥냉면과 달리 깔끔하고 삼삼한 매력이 있는 평양냉면. 이름도 딱 평양냉면 네 글자인 춘천 맛집이다. 평안도 맹산에서 내려와 3대째 운영하는 곳으로 처음 먹어보면 다소 생소하고 밍밍한 느낌이 들지만 먹다 보면 자꾸만 생각이 난다. 자리에 겨자, 식초 등의 소스류나 다진 양념도 준비되어 있어서 입맛에 맞게 넣을 수 있고, 빈대떡도 함께 판매해 곁들여 먹기 좋다.

Ⓐ 강원도 춘천시 영서로 3036 Ⓞ 11:00~18:00/매월 둘째, 넷째 주 화요일 휴무 Ⓜ 물·비빔냉면 10,000원, 육개장 10,000원, 설렁탕 10,000원 Ⓣ 033-254-3778

TIP

- 아이와 함께 방문했다면 산림박물관에 있는 3D 영상관에 방문해 3D 특수 입체 영상을 관람해 보는 것도 추천한다.
- 상영시간 : 10:00, 11:00, 13:30, 14:00, 15:00, 16:00, 17:00

SPOT 3

MZ세대가 열광하는

아르떼뮤지엄 강릉

주소 강원도 강릉시 난설헌로 131 · **가는 법** 강릉시외고속터미널에서 강릉시외고속터미널 버스정류장 이동 → 버스 202-1, 207번 승차 → 허균·허난설헌기념공원 하차 → 도보 이동(약 400m) · **운영시간** 매일 10:00~20:00 · **입장료** 성인 17,000원, 청소년 13,000원, 어린이 10,000원, 유아(36개월 이하) 무료 · **전화번호** 1899-5008 · **홈페이지** artemuseum.com · etc 주차 무료

'강릉 와서 바다도 보고 맛있는 음식도 먹었는데 이제는 뭐하지?'라는 생각이 든다면 이곳을 주목해 보자. 저녁에도 데이트하기 좋은 곳, 아르떼뮤지엄 강릉이다. 개관 한 달 만에 방문객 10만 명을 돌파한 이곳은 대형 주차장에 거대한 미술관 건물을 자랑한다. 발권을 마치고 내부에 들어서면 꽃, 폭포, 동굴 등 다양한 테마와 반짝반짝 알록달록한 수천, 수만 개의 불빛 향연으로 마치 또 하나의 세계가 펼쳐지는 듯하다. 아이들을 위한 체험 공간도 별도로 마련되어 있고, 전시회 곳곳에는 포토존이 가득하다. 아르떼뮤지엄 강릉에서 문화생활을 즐기며 인생사진도 남기고 미디어아트의 매력에 빠져보는 것은 어떨까. 둘러보는 데에 1시간 이상이 소요되기 때문에 여유 있게 방문하는 것을 추천한다.

주변 볼거리·먹거리

프롬강릉커피사탕 커피로 유명한 강릉에서 만나는 커피사탕 가게. 카페라테, 아메리카노, 에스프레소, 시나몬라테, 코코넛프레소, 말차라테, 헤이즐넛맛 사탕을 판매한다. 강릉역, 강릉시외버스터미널 주변에 있어 도보로 이동하기에도 좋다. 최근 초당동에도 매장을 운영하기 시작했다.

Ⓐ 강원도 강릉시 강릉대로 207-1 Ⓞ 11:00~소진 시까지/매주 월요일 휴무 Ⓜ 아메리카노캔디 6,000원, 카페라테캔디 6,000원, 시나몬카푸치노캔디 6,000원, 말차캔디 10,000원, 초콜릿캔디 12,000원 Ⓣ 010-4434-7154

추천 코스 로컬이 전하는 원주여행

1 COURSE 어머니손칼국수

도보 5분(약 330m)

주소 강원도 원주시 중앙시장길 6
운영시간 11:00~18:30/매주 월요일 휴무
대표메뉴 손칼국수 5,000원, 냉검은콩물국수 8,000원, 팥죽 7,000원
전화번호 033-742-6989

고물가시대에 흔치 않은 가성비 맛집. 국내산 재료를 사용한 손칼국수를 단돈 오천 원에 맛볼 수 있다. 손칼국수 외에 냉검은콩물국수, 팥죽도 판매하는데 모두 후기가 좋은 편이다. 유명 TV 프로그램에 방영되면서 손님들에게 인기가 많다.

2 COURSE 강원감영

자동차 이용(약 2.2km)

주소 강원도 원주시 원일로 77
운영시간 매일 09:00~22:00
입장료 무료
전화번호 033-747-2416

원주에서 조선시대의 감성을 그대로 느낄 수 있는 곳이다. 조선시대 건축물인 선화당, 포정루, 청운당이 옛 위치 그대로 남아 있고 보존 역시 잘되어 있는 편이라 의의가 있다.

3 COURSE 시홍서가

주소 강원도 원주시 이화1길 41-12
운영시간 월~토요일 12:00~21:00, 일요일 13:00~21:00/매주 화~수요일 휴무
전화번호 0507-1423-5624
홈페이지 instagram.com/sihong_books

3월 11주 소개(98쪽 참고)

3월 넷째 주

휴식을 위한 숲

12 week

SPOT 1

관동별곡 속 바로 그곳

죽서루

주소 강원도 삼척시 죽서루길 37 · **가는 법** 삼척종합버스터미널에서 도보 이동(약 850m) · **운영시간** 3~10월 09:00~18:00, 11~2월 09:00~17:00/연중무휴 · **입장료** 무료 · **전화번호** 033-570-3722

관동팔경 중 가장 크고 오래된 누정인 죽서루는 삼척의 오십천을 내려다보는 곳에 자리하고 있다. 강가의 절벽 위에서 위엄 있는 자태를 뽐내고 있는 이 누정은 예로부터 관동의 으뜸가는 풍경으로 꼽혔다. 바다와 접해 있는 관동팔경의 다른 곳들과 달리 유일하게 내륙에 위치한다는 점도 특별하다. 망망대해를 마주한 풍경에도 뒤지지 않는 절경을 볼 수 있다는 뜻일 것이다.

보물 제213호로 지정된 죽서루의 내부에는 송강 정철과 율곡의 시를 비롯한 수많은 현판이 걸려 있으며, 기둥 사이로 사방의 경치를 바라볼 수 있다. 사시사철 시인 묵객의 발길이 끊이지 않았다는 이유를 알 만하다. 죽서루는 다듬지 않은 자연석 위에 세워져 기둥의 길이가 전부 다른데, 자연과 더불어 조화를 이루려 했던 우리 조상의 마음이 전해지는 듯하다. 죽서루 주변으로는 아담한 대나무숲과 함께 공원이 조성되어 있으므로 천천히 거닐며 운치를 즐겨보자. 바로 옆에 있는 용문바위도 볼거리다.

죽서루에서 내려다보는 푸른 오십천의 풍경도 멋지지만 이곳에 온다면 놓쳐서는 안 될 장면이 있다. 바로 죽서루 건너편에서 바라보는 절벽 위 죽서루의 모습이다. 이 모습을 눈에 담으려는 여행자가 많아 건너편에도 정자를 하나 세워 두었다. 굽이쳐 흐르는 오십천과 그 위로 솟은 절벽, 그곳에 자리한 오래된 누정까지 흠잡을 데 없는 봄날의 여행지다.

주변 볼거리·먹거리

삼장사 죽서루에서 조금만 올라가면 월정사의 말사인 삼장사가 나온다. 규모는 작지만 죽서루와 담을 같이한 만큼 죽서루의 절경도 함께 공유하고 있어 잠시 들르기 좋다.

Ⓐ 강원도 삼척시 죽서루길 61 Ⓒ 무료 Ⓣ 033-573-2487

SPOT 2

농촌체험과 관광을 한번에

수타사 농촌테마공원

주소 강원도 홍천군 영귀미면 수타사로 303 · **가는 법** 홍천종합버스터미널에서 자동차 이용(약 9.3km) · **운영시간** 하절기(4~10월) 09:00~20:00, 동절기(11~3월) 09:00~18:00 · **입장료** 무료 · **전화번호** 033-436-6611(수타사), 033-430-2494(수타사 생태숲공원)

공작산에 자리한 천년고찰 수타사. 수타사 농촌테마공원은 주변 풍광이 아름답고 산책로가 잘 조성되어 있는 수타사 주변에 새로운 공간이다. 생긴 지 얼마 되지 않아 더욱 깨끗하고 쾌적한 데다 입장료도 무료라 더욱 좋다. 입구에는 '물과 흐름'이라는 주제로 돌로 만든 조형물과 한옥으로 된 정자, 분수 등의 휴식 공간이 있고 더 안쪽으로 들어가다 보면 농촌 마을을 잠시나마 체험해 볼 수 있도록 생활상이 전시되어 있다. 여름에는 연꽃, 목수국 등이 피어나 꽃놀이하며 산책하기에도 좋은 곳이니 한적한 야외 공간에서 쉬어가고 싶다면 이곳에 방문해 보면 어떨까.

주변 볼거리·먹거리

수타사생태숲공원 수타사를 제대로 경험하고 싶다면 수타사 산소길을 걸어보는 것은 어떨까? 이는 생태숲 교육관, 수타사, 생태숲, 출렁다리, 귕소, 용담을 지나는 코스로 주로 평지로 되어 있어 누구나 산책하기 좋다.

Ⓐ 강원도 홍천군 영귀미면 수타사로 473 Ⓞ 09:00~18:00 Ⓒ 무료 Ⓣ 033-430-2494

SPOT 3

자연에서의 치유

숲체원

주소 강원도 횡성군 둔내면 청태산로 777 · **가는 법** 횡성시외버스터미널에서 자동차 이용(약 35km) · **운영시간** 09:00~17:00 · **입장료** 무료 · **전화번호** 033-340-6300 · **홈페이지** sooperang.or.kr · **etc** 숙박은 사전 방문 예약자에 한해 입장 가능하므로 방문 전 예약 필수

숲체원이라는 이름은 '숲을 체험할 수 있는 넘버원 시설'이라는 뜻을 가지고 있다는데, 그 의미가 무색하지 않을 만큼 자연 그대로의 숲을 온전히 간직한 곳이다. 청태산 자락에 위치한 이곳은 숲탐방로, 테라피코스 등의 산책로와 수생식물원, 고사리원, 버섯원 등의 생태체험장, 오감체험장 등으로 구성되어 있다. 등산로를 한없이 걸어도 좋고 숲치유센터를 이용해도 좋다.

숲체원에는 숙박시설도 마련되어 있으므로 하루쯤 머물러도 좋다. 깔끔한 시설에서 창문만 열어도 보이는 아름다운 주변 환경을 만끽할 수 있다.

주변 볼거리·먹거리

윤가이가 횡성은 한우뿐만 아니라 더덕도 유명하다는 사실. 윤가이가는 더덕마을에서 직접 재배한 더덕으로 농가의 밥상을 차려 낸다. 횡성더덕영양밥은 하루 전 2인 이상 예약해야만 맛볼 수 있는데, 단호박죽부터 더덕샐러드, 더덕장떡, 더덕잡채, 더덕튀김, 더덕영양돌솥밥, 된장찌개 등과 후식까지 떡 벌어진 상차림을 대접받을 수 있다.

Ⓐ 강원도 횡성군 청일면 큰고시길 41 Ⓞ 11:30~19:00/매주 화요일 휴무 Ⓜ 더덕영양솥밥 코스요리 30,000원, 횡성한우 더덕바싹불고기 30,000원 Ⓣ 033-343-1208

추천 코스 바다와는 또 다른 매력

1 COURSE
삼척시립박물관

도보 9분(약 620m)

2 COURSE
죽서루

도보 7분(약 400m)

3 COURSE
삼척중앙시장

주소 강원도 삼척시 엑스포로 54
운영시간 09:00~18:00/매주 월요일 휴무
입장료 무료
전화번호 033-575-0768

무료로 입장할 수 있는 실내 여행지로 강원 남부 지역의 과거 생활상을 전시하고 있다. 우리 지역의 특별한 문화나 역사에 대해 알아보고 문화생활을 즐겨보면 어떨까. 기획전의 경우 상시로 주제가 변경되어 재방문하기에도 좋다.

주소 강원도 삼척시 죽서루길 37
운영시간 3~10월 09:00~18:00, 11~2월 09:00~17:00/연중무휴
입장료 무료
전화번호 033-570-3722

3월 12주 소개(104쪽 참고)

주소 강원도 삼척시 진주로 12-21
전화번호 033-572-0909

삼척의 신선한 농수산물을 한번에 모아 볼 수 있는 곳. 일정 기간에는 주말마다 야시장도 열리고 다양한 행사도 진행해 가볼만하다. 특히 삼척중앙시장에 있는 청년몰은 내부가 깔끔하게 조성되어 있고 작품 전시나 스튜디오 등 다양한 볼거리가 있다.

3월 다섯째 주

레트로부터 뉴트로까지

13 week

SPOT 1

대통령상 받은 춘천카페

감자밭

주소 강원도 춘천시 신북읍 신샘밭로 674 · **가는 법** 춘천시외버스터미널에서 춘천우체국까지 도보 이동(약 400m) → 버스 11번 승차 → 상천초등학교 하차 → 도보 이동(약 90m) · **운영시간** 매일 10:00~20:00 · **대표메뉴** 감자빵 3,300원, 치즈감자빵 3,800원, 감자밭 아메리카노 4,300원, 감자라테 6,000원 · **전화번호** 1566-3756 · **홈페이지** batt-corp.com · **etc** 주차 무료

강원도하면 떠오르는 수식어 감자, 감자, 감자다. 춘천의 카페 감자밭에서는 이러한 점을 적극 활용해 감자빵을 만들었다. 싱크로율 100% 비주얼에 패키지까지 섬세하게 신경 써 2021년에는 대한민국 관광공모전 대통령상까지 수상했다. 카페 감자밭은 감자빵 외에도 옥수수, 대파 등 강원도 특산물을 이용해 새로운 디저트를 개발하고 있다. 방문할 때마다 새로운 메뉴가 추가된다고 해도 과언이 아닐 정도로 직원들의 애정이 돋보인다. 카페는 내부뿐만 아니라 외부에도 자리가 많이 있어 포토존과 함

께 이용하기 좋다. 꽃 시즌에 맞춰 방문하면 더욱 예쁘게 인증사진을 남길 수 있으며, 최근 이곳에서는 MZ세대에게 인기있는 네컷사진도 찍을 수 있어 감자밭 사진 프레임에서 인증사진을 남겨 보아도 좋다. 대부분의 시간에 사람으로 붐비는 곳이니 주문하는 동안 일행 중 한 명은 미리 자리 잡는 것을 추천한다.

주변 볼거리·먹거리

복순이아구찜 오만 원으로 푸짐한 아구찜을 즐길 수 있는 곳. 아구찜의 맵기 조절은 가능하지만, 단일 사이즈라 양 선택은 불가하다. 아구와 조개, 콩나물, 낙지, 떡 등 재료에 양념이 잘 배어 자꾸만 손이 가는 맛이다. 현지인에게도 사랑받는 지역 맛집이라 언제나 사람이 많으니 사전 예약 후 방문하는 것을 추천한다.

Ⓐ 강원도 춘천시 동면 춘천로449번길 15-2 1층 Ⓞ 11:00~21:00/매주 일요일 휴무 Ⓜ 아구찜 50,000원 Ⓣ 033-251-3330

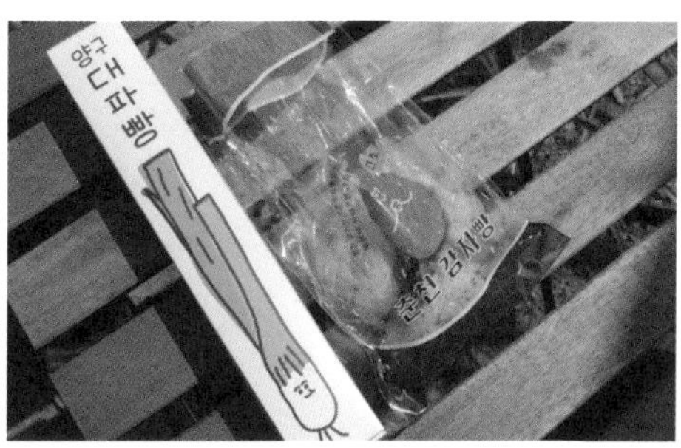

SPOT 2

줄 서서 먹는 꽈배기 맛집

문화제과

주소 강원도 삼척시 근덕면 교가길 14 · **가는 법** 삼척종합버스터미널에서 터미널앞 버스정류장 이동 → 버스 21-4, 24, 24-1, 24-2, 30번 승차 → 교가2리 하차 → 도보 이동(약 250m) · **운영시간** 09:00~24:00/매주 월요일 휴무 · **대표메뉴** 도너츠 10개 한 봉지 5,000원 · **전화번호** 033-572-3100

옛스러움, 고즈넉함이 가득 배어 있는 골목길을 따라 걷는다. 강원도 기념물 14호로 지정된 느티나무, 딱 봐도 나이가 정말 많아 보이는 보호수도 모두 이 골목에 있다. 그리고 이곳 교가리에는 1일 한정 30봉지만 판매하는 꽈배기 맛집 문화제과가 있다. 인기 TV 프로그램에도 등장한 이곳은 가게 외관과 내부에서도 세월의 흔적이 느껴진다. 메뉴는 단 하나. 찹쌀도넛 다섯 개, 꽈배기 네 개, 생도넛 한 개 이렇게 총 열 개를 오천 원에 판매한다. 엄청나게 특별하거나 또 색다른 맛은 아니지만 단단하고 쫄깃한 맛이 이곳의 특징이다. 가족이나 친구 또는 연인과 동네 한 바퀴를 거닐며 맛보기 좋은 간식으로 추천한다.

주변 볼거리·먹거리

이모네분식 학교 앞 분식집 느낌. 돈까스, 김치볶음밥, 떡볶이, 쫄면, 우동 등을 판매하는 이모네분식이다. 가성비가 좋아 여러 가지 메뉴를 함께 주문해 나눠 먹기 좋으며, 이곳만의 특별한 시그니처 메뉴는 감태새우김밥이다. 꼬마김밥 사이즈인데 작지만 알차고 간이 세지 않아 떡볶이와 찰떡 궁합이다. 에그버거는 일일 한정으로 판매하는데 케요네즈, 양배추, 패티, 계란프라이 등 익숙하지만 맛있는 조합이다.

Ⓐ 강원도 삼척시 근덕면 삼척로 3652 1층 Ⓞ 화~일요일 09:00~20:00/매주 월요일 휴무 Ⓜ 이모김밥 3,000원, 감태새우김밥 7,000원, 참치김밥 5,000원, 에그버거 3,500원, 떡볶이 4,500원 Ⓣ 033-575-1009

SPOT 3

추억은 방울방울

바로방

주소 강원도 강릉시 경강로 2092 · **가는 법** 강릉시외고속터미널에서 강릉시외고속터미널 버스정류장 이동 → 버스 202-1, 206, 207번 승차 → 신영극장 하차 → 도보 이동(약 50m) · **운영시간** 10:30~20:00/매주 일요일 휴무 · **대표메뉴** 팥도너츠 1,500원, 고로케 1,800원, 야채빵 2,000원, 단팥빵 1,500원 · **전화번호** 033-646-4621

지방으로 여행을 가면 그 지역의 오래된 빵집은 꼭 들르게 된다. 강릉에는 바로방이 있다. 1987년에 문을 연 바로방에 가면 고로케와 야채빵, 도넛 등 옛 맛을 간직한 빵들이 가득하다. 분주히 빵을 만들어 내도 금세 팔리고 마는 이곳에서 감자를 넣은 고로케는 그중 특히 인기가 있다. 옛 맛을 기억하는 어른들과 옛 맛을 새롭게 발견하는 젊은이들의 발길이 끊이지 않는 이 오래된 빵집은 오늘도 여전히 추억을 판매하고 있다.

주변 볼거리·먹거리

형제칼국수 서해에 바지락칼국수가 있다면 강원도에는 국물에 고추장을 풀어 끓이는 장칼국수가 있다. 강원도의 칼국수는 거의 장칼국수라고 보면 된다. 교동반점 건너편에 위치한 형제칼국수는 장칼국수 하나만 판매하는 집으로, 다섯 단계의 매운맛 중 선택해 주문할 수 있다.

Ⓐ 강원도 강릉시 강릉대로 204번길 2 Ⓞ 10:00~20:00/매월 첫째, 셋째 주 화요일 휴무 Ⓜ 장칼국수 8,000원 Ⓣ 033-647-1358

벌집 옛 여인숙을 음식점으로 개조한 이곳은 장칼국수에 고기 고명이 올라가는 것이 특징이다. 차림표에 써 있는 손칼국수가 장칼국수이니 의아해하지 말자. 여름철에는 비빔국수, 11월부터는 만두칼국수도 판매한다.

Ⓐ 강원도 강릉시 경강로 2069번길 15 Ⓞ 10:30~18:20/매주 화요일 휴무 Ⓜ 장·손칼국수 9,000원 Ⓣ 033-648-0866

추천 코스 먹부림 in 춘천

1 COURSE
책방마실

자동차 이용(약 11km)

주소 강원도 춘천시 옥천길 27 2층
운영시간 08:00~19:00/매주 수요일 휴무
대표메뉴 아메리카노 4,000원, 연유라테 5,000원, 카페라테 4,500원
전화번호 010-9948-3205

춘천시청 주변에 있는 새하얀 서점. 책과 커피를 함께 즐길 수 있도록 카페도 운영하고 있다. 서점 내부에 큰 창이 있어 차 한잔 마시며 창밖 풍경도 보고 여유롭게 책 읽기에도 좋다. 독립 출판물을 살펴보고, 추천 도서나 감성에 맞는 책을 찾아보며 온전히 나만을 위한 시간을 가져보자.

2 COURSE
감자밭

자동차 이용(약 16km)

주소 강원도 춘천시 신북읍 신샘밭로 674
운영시간 매일 10:00~20:00
대표메뉴 감자빵 3,300원, 치즈감자빵 3,800원, 감자밭 아메리카노 4,300원, 감자라테 6,000원
전화번호 1566-3756
홈페이지 batt-corp.com

3월 13주 소개(110쪽 참고)

3 COURSE
보영이네해물칼국수(별관)

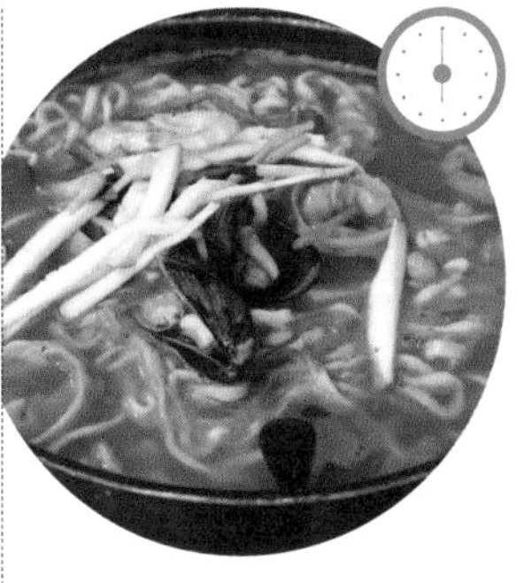

주소 강원도 춘천시 효자로 42
운영시간 매일 10:00~22:00
대표메뉴 해물칼국수 9,000원, 낙지해물칼국수 10,000원, 만두해물칼국수 10,000원
전화번호 033-243-5883

저렴한 가격에 푸짐한 칼국수를 즐길 수 있는 곳. 춘천 사람이라면 무조건 한 번 이상은 방문했을 정도로 유명한 맛집으로 춘천에 3곳, 강릉에는 1곳의 지점이 있다. 그중에서도 별관은 남춘천역에서 도보로 이동할 수 있어 접근성이 좋다.

3월의 춘천여행 **경춘선 봄나들이**

살랑거리는 봄바람을 맞으며 춘천으로 떠나자. 경춘선이 전철로 바뀌면서 춘천 가는 기차의 풍경은 추억 속으로 사라졌지만 그래도 춘천으로 향하는 길은 언제나 설렌다. 여전히 낭만적인 호수의 도시에서 나만의 작은 여행을 시작해 볼까?

※ 이번 일정은 대중교통 배차간격이 길어 자동차 이용을 추천한다.

1박 2일 코스 한눈에 보기

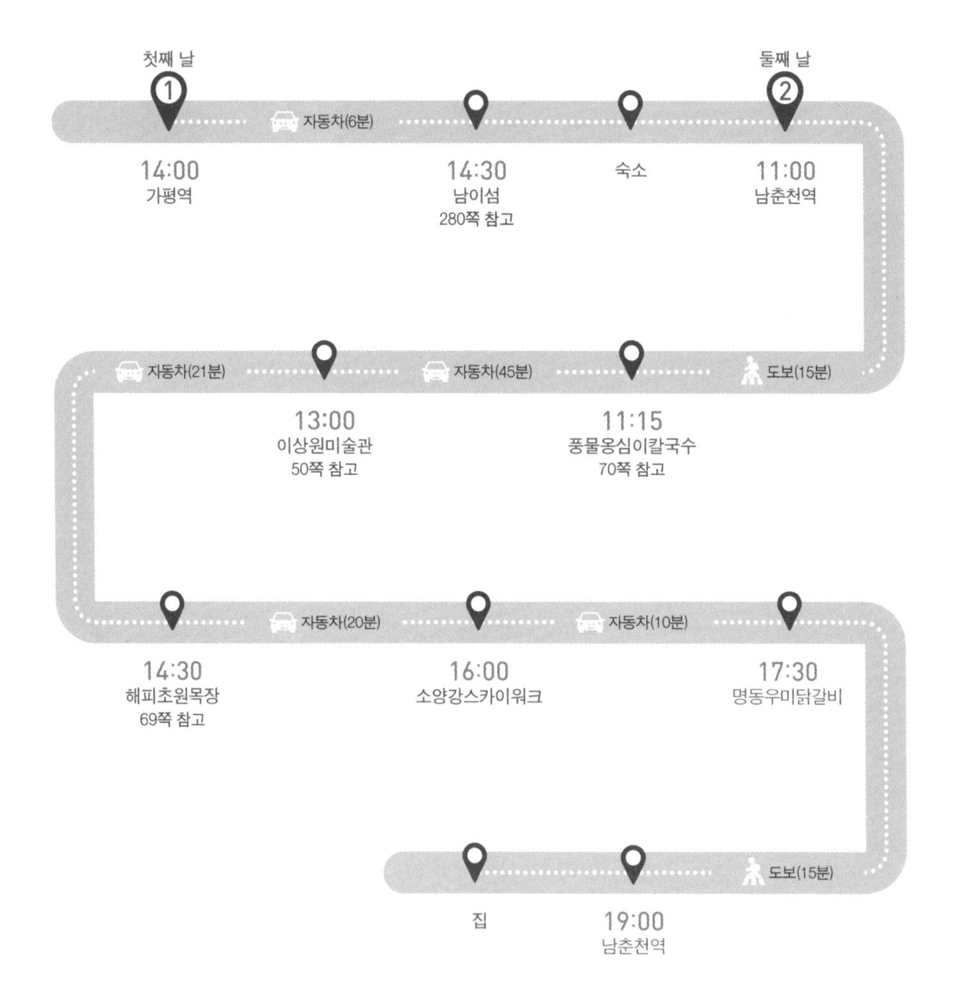

남이섬

풍물옹심이칼국

해피초원목장

이상원미술

소양강스카이워크

명동우미닭갈

강원도의 봄은 느리게 시작된다. 봄꽃들이 힘겹게 피어나면 조금씩 봄소식에 귀를 기울이지만 여지없이 노란 꽃 위로 하얀 눈이 소복이 쌓인다. 그래도 봄눈은 봄눈인지라 금세 녹는다. 놀란 꽃들을 위로하는 햇살 덕인지도 모른다. 그렇게 얼었던 땅이 녹기 시작하면 강원도에서는 다른 작물보다 이르게 감자를 파종한다. 너른 감자밭에 씨감자들의 싹이 움트면 비로소 강원도의 봄도 무르익는다. 이곳저곳에서 꽃망울이 터지면 꽃들의 잔치가 시작된다. 4월이 절정에 이르면 마치 봄눈 같은 꽃잎이 유유히 흩날리며 봄날을 수놓는다.

4월의 강원도

꽃내음의 향연

걸어서 봄꽃여행

14 week

SPOT 1

봄꽃들의 향연

허균허난설헌 기념공원

주소 강원도 강릉시 난설헌로193번길 1-16 · **가는 법** 강릉시외고속터미널에서 강릉시외고속터미널 버스정류장 이동 → 버스 207, 202-1번 승차 → 허균허난설헌기념공원 하차 · **운영시간** 허균허난설헌기념관 09:00~18:00/매주 월요일 · 1월 1일 · 설날 · 추석 당일 휴무 · **입장료** 무료 · etc 주차 무료

순두부로 유명한 초당동 방면으로 향하다 보면 저 멀리 한옥이 눈에 띈다. 허균, 허난설헌 남매를 기념하기 위한 공원이다. 이곳에는 허난설헌 생가터, 동상, 시비 그리고 소나무숲 등이 있으며, 4월부터는 벚꽃을 비롯해 명자나무, 겹황매화, 겹수선화, 겹벚꽃 등 다양한 꽃이 피어난다. 덕분에 봄을 연상하게 하는 알록달록한 풍경을 발견할 수 있다. 기념공원 바로 옆에는 초당달빛산책로도 조성되어 있어 공원을 둘러보고 난 뒤, 물가를 따라 걸어보는 것은 어떨까.

주변 볼거리·먹거리

카페 툇마루 허균허난설헌기념공원 맞은편에 있는 카페 툇마루. 우유와 에스프레소, 흑임자 크림이 더해진 시그니처 메뉴 툇마루커피를 판매한다. 주말에는 오픈 한 시간 전부터 대기 인원 줄이 건물을 둘러싸고 있지만 그만한 가치가 있다. 고소한 풍미가 느껴지는 이색 커피를 만나러 떠나 보자.

Ⓐ 강원도 강릉시 난설헌로 232 Ⓞ 11:00~19:00/매주 화요일 휴무 Ⓜ 툇마루커피 6,000원 Ⓣ 0507-1349-7175 Ⓗ instagram.com/cafe_toenmaru

SPOT 2

원주 벚꽃 명소

반곡역폐역

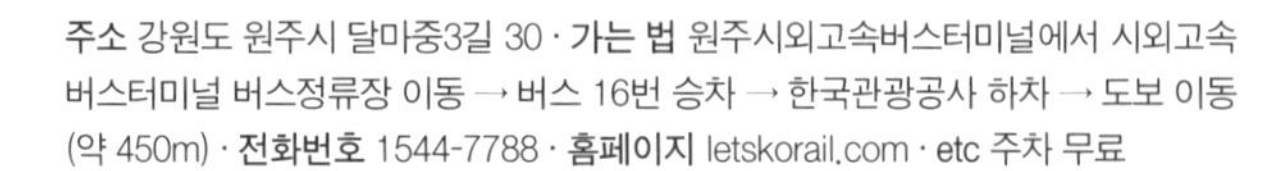

주소 강원도 원주시 달마중3길 30 · **가는 법** 원주시외고속버스터미널에서 시외고속버스터미널 버스정류장 이동 → 버스 16번 승차 → 한국관광공사 하차 → 도보 이동(약 450m) · **전화번호** 1544-7788 · **홈페이지** letskorail.com · **etc** 주차 무료

반곡역은 원주 벚꽃 명소이자 등록문화재로 지정된 곳이다. 1941년 영업을 시작해서 현재는 폐역이지만, 역 주변에 큰 벚꽃나무 두 그루가 우거져 있어 매년 벚꽃 시즌이면 나무 사이에서 사진을 남기려는 사람들로 붐빈다. 원주에 있는 다른 벚꽃 명소들에 비해 벚꽃 개화가 늦어 마지막까지 꽃구경 하기 좋은 곳이다. 옆으로 가면 앉을 수 있는 공간도 조성되어 있어 휴식을 취할 수 있고, 안쪽으로 들어가면 철도길이 이어져 길을 따라 걸으면서 산책도 할 수 있다. 현재 파빌리온 스퀘어 관광열차 기반 시설을 설치하고 있어 조만간 더욱 예쁜 모습이 기대되는 곳이다.

주변 볼거리·먹거리

원주천 원주천에는 하천을 따라 줄지어 벚꽃길이 있다. 그중에서도 단구동 주변 원주천은 개화가 가장 빠르고 벚꽃과 개나리가 함께 피어 있어 다채로운 꽃놀이를 할 수 있다. 많이 알려지지 않아 비교적 한적하게 꽃구경을 할 수 있으며, 가족 단위로 소풍을 즐기기에도 좋다.

Ⓐ 강원도 원주시 단구동 일대

SPOT 3

노란 물결 일렁이는

삼척맹방 유채꽃축제

주소 강원도 삼척시 근덕면 상맹방리 215-8 · **가는 법** 삼척종합버스정류장에서 터미널 앞 버스정류장 이동 → 버스 24번 승차 → 상맹방리 하차 · **운영시간** 4월 중(축제 일자는 매년 다름) · **전화번호** 033-570-3844(삼척시 관광정책과) · **홈페이지** samcheok.go.kr/tour.web

4월 초순과 중순 사이 7번 국도를 지나다 보면 창밖으로 샛노란 꽃들로 장관이 펼쳐진다. 상맹방해수욕장 앞 7.2헥타르의 유채밭에서 매년 이맘때쯤 유채꽃축제가 열리기 때문이다. 봄이 왔음을 온몸으로 실감케 하는 축제로, 사방이 온통 선명한 노란빛이다. 겨우내 무채색 풍경에 익숙해진 눈이 이제야 봄의 색감으로 물든다. 유채밭 가장자리를 수놓는 것은 벚꽃이다. 활짝 핀 벚꽃과 유채꽃이 사람들의 발길과 눈길을 붙잡아 둔다.

사실 유채꽃 하면 제주도가 가장 먼저 떠오른다. 그래서인지 강원도에서 만나는 유채밭의 풍경이 낯설기도 하지만 그래서 더욱 아름답다. 유채밭 옆쪽 맹방해수욕장부터 덕산해수욕장까지 해안가 산책을 즐겨도 좋다.

TIP

- 가능하면 축제 기간 초반 평일에 방문하는 것을 추천한다. 축제가 끝날 즈음에는 유채꽃이 이미 졌거나 시들었을 수 있다. 인파를 피해 만개한 유채꽃을 즐기려면 축제 초반의 평일이 가장 좋다.
- 주차장은 별도로 마련되어 있지 않으므로 축제장 옆 구도로에 주차하자.

주변 볼거리·먹거리

덕산바다횟집 덕봉산을 사이에 두고 맹방해수욕장과 덕산해수욕장이 구분되는데, 덕산해변 쪽에 위치한 이곳은 특히 물회로 유명한 집이다. 살얼음 뜬 육수를 회에 부어 먹으면 새콤달콤 시원한 맛이 일품이다. 반찬으로 나오는 간장에 졸인 달걀과 함께 먹으면 더욱 맛있다.

Ⓐ 강원도 삼척시 근덕면 덕산해안로 88 Ⓞ 10:00~19:30/매주 화요일 휴무 Ⓜ 잡어물회 15,000원, 회덮밥 15,000원 Ⓣ 033-572-8208

추천 코스 봄날의 데이트

1 COURSE 허균허난설헌기념공원 → 도보 13분(약 900m)

2 COURSE 카페폴앤메리 → 자동차 이용(약 6.7km)

3 COURSE 바로방

주소	강원도 강릉시 난설헌로193번길 1-16
가는 법	강릉시외고속터미널에서 강릉시외고속터미널 버스정류장 이동 → 버스 207, 202-1번 승차 → 허균허난설헌기념공원 하차
운영시간	허균허난설헌기념관 09:00~18:00/매주 월요일·1월 1일·설날·추석 당일 휴무
입장료	무료
etc	주차 무료

4월 14주 소개(120쪽 참고)

주소	강원도 강릉시 창해로350번길 33
운영시간	매일 10:00~21:30
대표메뉴	폴버거 8,500원, 체다딥치즈버거 9,000원, 에그버거 9,500원
전화번호	033-653-2354

강릉에 오면 꼭 방문하는 수제버거 맛집이다. 강문해변 바로 앞에 있어 창가 자리에 앉는다면 바다가 보이는 전망을 감상할 수 있다. 특히 폴버거, 에그버거가 인기 있으며, 감자튀김은 양이 많으니 두 명이 방문한다면 하나만 주문해도 충분하다. 밀크쉐이크와 수제버거의 조합은 강력히 추천하는 구성이다.

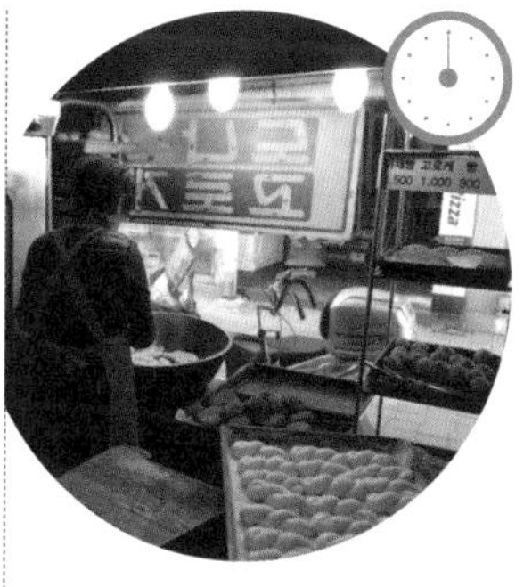

주소	강원도 강릉시 경강로 2092
운영시간	10:30~20:00/매주 일요일 휴무
대표메뉴	고로케 1,800원, 야채빵 2,000원, 단팥빵 1,500원, 팥도너츠 1,500원
전화번호	033-646-4621

3월 13주 소개(114쪽 참고)

4월 둘째 주

따뜻한 날씨와 그에 걸맞은

15 week

SPOT 1

검은 대나무의 매력

오죽헌

주소 강원도 강릉시 율곡로 3139번길 24 · **가는 법** 강릉고속버스터미널에서 버스 302번 승차 → 오죽헌 하차 → 도보 이동(약 500m) · **운영시간** 매일 09:00~18:00/1월 1일 · 설날 · 추석 당일 실내 전시관 휴관 · **입장료** 일반 3,000원, 청소년 2,000원, 어린이 1,000원 · **전화번호** 033-660-3301 · **홈페이지** gn.go.kr/museum

우리나라의 민가 가운데 현존하는 가장 오래된 건축물인 오죽헌은 신사임당과 율곡 이이의 생가로 유명하다. 신사임당은 홀로 계시는 어머니를 위해 친정인 이곳에서 지내다가 율곡 이이를 낳게 되었다고 한다. 또한 오죽헌이라는 이름에도 담겨 있듯 주변에 검은 대나무(烏竹)가 어우러져 있어 더욱 아름다운 한옥이다. 옛날 오천 원권에 들어 있는 오죽헌의 모습을 그대로 찍을 수 있는 포토존도 있으니 기념사진을 꼭 남겨 보자. 지폐 속 모습과 다른 부분을 찾아보는 재미는 덤이다.

오죽헌에서는 빼먹지 말고 꼭 봐야 할 것은 바로 수령 600년이 넘은 배롱나무와 소나무 율곡송, 천연기념물로 지정된 매화나무 율곡매다. 율곡매는 봄이면 연분홍의 아름다운 매화를 피운다. 그 외에도 정조대왕의 어명으로 지어진 어제각, 율곡기념관, 향토민속관, 오죽헌시립박물관 등을 함께 관람할 수 있다. 어제각에는 율곡이 어린 시절 사용하던 벼루가 보관되어 있는데, 율곡의 친필을 본 정조가 그의 벼루를 보관하라고 명했다고 한다. 주말에는 중요무형문화재로 지정된 강릉농악 공연이 열리니 신나는 풍물놀이도 함께 즐겨보자.

주변 볼거리·먹거리

강릉자수박물관 오죽헌과 담을 두고 바로 옆에 자리한 꿈꾸는 사임당예술터에 위치한 강릉자수박물관에서는 우리의 자수뿐만 아니라 중국, 일본 등의 자수도 함께 살펴볼 수 있다.

Ⓐ 강원도 강릉시 죽헌길 140-12 Ⓞ 3~11월 09:00~18:00, 12~2월 10:00~17:00/매주 월요일 휴무 Ⓒ 일반 6,000원, 초·중·고 5,000원, 유치원 4,000원 Ⓣ 033-644-0600 Ⓗ orientalembroidery.org

TIP

- 강릉농악 공연 일정은 오죽헌 홈페이지에서 확인할 수 있다.
- 2016년 3월부터 한복 착용 시 무료 입장 혜택을 주고 있으니 참고하자.

S P O T 2

신비로운 지질 사전

능파대

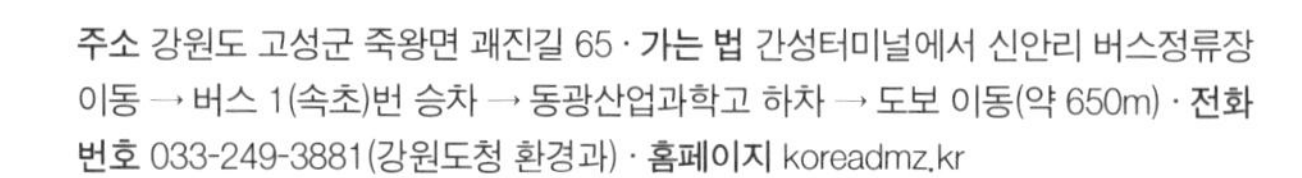
주소 강원도 고성군 죽왕면 괘진길 65 · **가는 법** 간성터미널에서 신안리 버스정류장 이동 → 버스 1(속초)번 승차 → 동광산업과학고 하차 → 도보 이동(약 650m) · **전화번호** 033-249-3881(강원도청 환경과) · **홈페이지** koreadmz.kr

BTS가 2021년 〈Winter Package〉를 촬영하며 더욱 유명해진 곳이 강원도 고성의 능파대이다. 기암괴석을 따라 산책로가 조성되어 있어 바위 위까지도 쉽게 오를 수 있다. 걷다 보면 바위에 구멍이 뚫린 듯한 대규모 타포니 군락에 감탄이 절로 나오는데, 이는 거센 파도와 바람을 막아주는 천연 방파제 역할을 하고 있다. 주변에는 바다 전망의 카페와 스노쿨링을 배울 수 있는 장소들이 있고, 문암항 일대에서는 울산바위도 볼 수 있으니 강원도 여행을 온 기분을 만끽하며 둘러보자.

주변 볼거리·먹거리

천학정 상하천광(上下天光), 즉 바닷물을 거울 삼아 그 모습을 비춘다는 정자다. 관동팔경 중 하나인 청간정과 더불어 고성에서 손꼽히는 절경을 자랑한다. 탁 트인 바다를 향해 있는 정자와 그 옆을 메운 소나무숲이 기운 넘치는 동해의 풍경을 만들어 낸다. 해안도로를 따라 거닐면 문암포구와도 이어진다.

Ⓐ 강원도 고성군 토성면 천학정길 10 Ⓣ 033-680-3368(고성군청 관광문화과)

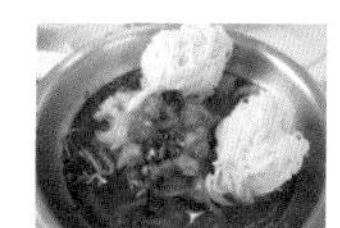

영순네횟집 고성 봉포항 초입에 자리한 영순네횟집은 계절마다 다른 세꼬시와 함께 멍게, 해삼, 성게알 등이 들어간 물회를 판매한다. 지역 주민에게 특히 사랑받는 이곳은 양푼에 물회를 담아내는데, 얼음을 띄워 시원하게 나오는 물회에 소면을 넣어 먹은 후 남은 국물에 따뜻한 밥 한 공기 말아 먹으면 바닷가에서의 특별한 한 끼가 완성된다.

Ⓐ 강원도 고성군 토성면 봉포해변길 99 Ⓞ 매일 10:00~21:30 Ⓜ 물회·특물회 각 17,000~22,000원, 회덮밥·전복죽 각 15,000원 Ⓣ 033-633-8887

SPOT 3

한국의 나폴리 장호항 뷰

삼척 해상케이블카

주소 강원도 삼척시 근덕면 삼척로 2154-31(용화역) · **가는 법** 삼척종합버스정류장에서 자동차 이용(약 23km) · **운영시간** 09:00~18:00/매월 첫째, 셋째 주 화요일 휴무 · **입장료** 대인 왕복 10,000원, 소인 왕복 6,000원 · **전화번호** 1668-4268 · **홈페이지** samcheokcablecar.kr · **etc** 주차 무료

유리 바닥을 통해 바다를 내려보는 짜릿한 경험. 맑다 못해 투명한 바닷물의 색에 여기저기 탄성이 터져 나온다. 특히 용화역에서 장호역 방향으로 케이블카를 발권하면 '한국의 나폴리' 장호항을 둘러볼 수 있다. 2021년 SNS 명소로 자리 잡은 이곳은 투명카약, 스노쿨링 등의 활동도 가능하다. 투명카약의 경우 2인승과 4인승이 따로 있어 가족 단위로도 방문하기 좋다. 투명한 카약 덕분에 아래로 물고기가 지나다니는 모습도 볼 수 있다. 맑디맑은 물을 바라보다 보면 자연스레 우리의 지친 마음이 치유되는 경험을 할 수 있다.

주변 볼거리·먹거리

삼척수제비 해물된장, 해물얼큰고추장, 들깨 총 세 가지 수제비를 판매하는 삼척 가성비 맛집. 수제비가 나오기 전 손님이 직접 만들어 먹는 부침개는 맛도 좋고 재미도 있다. 이외에도 보리강정, 고르곤졸라, 고추장불고기 등 곁들임 메뉴도 있어 함께 즐기기에 좋다. 주차장도 넓어 부담 없이 방문하기 좋은 곳이다.

Ⓐ 강원도 삼척시 근덕면 덕산해안로 126 Ⓞ 09:00~15:00/매주 월요일 휴무 Ⓜ 된장·얼큰해물수제비·칼국수 각 9,000원, 들깨수제비·칼국수 10,000원, 고르곤졸라피자 10,000원 Ⓣ 033-574-4786

추천 코스 우리가 바다를 즐기는 방법

1 COURSE

삼척해수욕장

자동차 이용(약 28km)

2 COURSE

삼척해상케이블카

삼척해상케이블카 장호역에서 도보 13분(약 870m)

3 COURSE

장호항

주소 강원도 삼척시 테마타운길 76
전화번호 033-570-3074(삼척시청 관광정책과)

삼척해수욕장은 넓고 깨끗한 백사장, 옥색 빛깔 바닷물을 자랑하는 곳이다. 해안가를 따라 조형물이 설치되어 있어 인증사진을 찍기에도 좋고, 삼척고속버스터미널에서도 자동차로 10분이면 도착해 접근성도 좋다. 삼척해수욕장과 삼척항을 잇는 4.6km의 해안길, 삼척 이사부길은 '한국의 아름다운 길 100선'에 선정될 정도로 멋진 절경을 감상하기 좋은 곳이니 산책 혹은 드라이브를 떠나 보자.

주소 강원도 삼척시 근덕면 삼척로 2154-31(용화역)
운영시간 09:00~18:00/매월 첫째, 셋째 주 화요일 휴무
입장료 대인 왕복 10,000원, 소인 왕복 6,000원
전화번호 1668-4268
홈페이지 samcheokcablecar.kr
etc 주차 무료

4월 15주 소개(130쪽 참고)

주소 강원도 삼척시 근덕면 장호항길
전화번호 033-572-3011(근덕면사무소)

8월 33주 소개(254쪽 참고)

4월 셋째 주

숨은 이야기를 이곳에!

16 week

SPOT 1

〈양반전〉의 무대

아라리촌

주소 강원도 정선군 정선읍 애산로 37 · **가는 법** 정선공영버스터미널에서 자동차 이용(약 3km) 또는 정선역에서 자동차 이용(약 2km) · **운영시간** 매일 09:00~18:00 · **입장료** 무료 · **전화번호** 033-560-3435

강원도 산골의 옛 주거 문화를 체험할 수 있는 아라리촌은 정선 5일장에서 얼마 멀지 않은 거리에 있다. 볏짚이나 기와가 귀했던 강원도 산골에서는 주로 나무나 나무껍질 등을 덮어 만든 집의 형태가 많았다. 과거 정선 지방의 전통 민가인 너와집과 저릅집, 돌집, 산간지대 원시 주거 형태인 귀틀집, 굴피집 등 나무를 이용한 다양한 가옥의 모습을 이곳에서 살펴볼 수 있다. 가옥뿐만 아니라 방아와 농기구 등 당시 생활용품도 함께 전시하고 있어 정선의 오래전 생활상을 잠시 떠올려 보게 한다.

아라리촌 내부에는 양반전거리가 조성되어 있는데, 바로 연암 박지원의 한문소설 〈양반전〉의 내용을 조형화해 둔 곳이다.

〈양반전〉의 지역적 배경인 정선에서 소설을 되새겨 볼 수 있도록 마련한 장소로, 양반의 무능력과 부패상을 해학적으로 풍자한 작품 속 장면들을 곳곳에서 만날 수 있다. 양반증서를 무료로 받아 볼 수 있는 체험도 인기 있다.

삭막한 도심의 풍경에 지쳤다면 잠시 정선으로 떠나 보자. 자연의 향이 나고 정겨운 온기가 느껴지는 우리 고유의 가옥 사이를 거닐다 보면 선인들의 훌륭한 유산에 깊이 감사하게 될 것이다.

TIP

- 입구 오른쪽에서 양반증서를 받을 수 있으며, 이곳에서 문화관광해설사의 해설도 신청 가능하다.
- 입장 시 정선군아리랑상품권을 구입하면 정선아리랑시장과 정선 군내의 가맹 음식점 등에서 사용할 수 있다.

주변 볼거리·먹거리

정선아리랑시장 강원도에서 가장 유명한 5일장이 열리는 곳으로, 꼭 장날이 아니더라도 상설시장에 먹거리와 구경거리가 넘친다. 정선의 수리취떡을 맛보거나 시장 음식에 곤드레막걸리, 메밀막걸리 등 강원도의 막걸리 한잔을 걸쳐도 좋다. 참고로 2, 7이 들어가는 날 장이 서며, 장날에는 정선아리랑극 공연 등의 볼거리가 더욱 풍부하다. 매주 토요일에는 5일장 못지않은 주말장이 열려 여행자들을 맞이한다.

Ⓐ 강원도 정선군 정선읍 5일장길 36 Ⓞ 평일 09:00~18:00 Ⓣ 033-563-6200(정선아리랑시장 상인회)

SPOT 2

매월당 김시습의 은신처

매월대폭포

주소 강원도 철원군 근남면 잠곡리 222-5(매월대 입구) · **가는 법** 와수시외버스터미널에서 버스 잠곡리, 신철원잠곡사단행 승차 → 매월대폭포 하차 → 도보 이동(약 1.3km) · **입장료** 무료 · **전화번호** 033-450-5365(철원군청 관광문화과)

매월대폭포는 삼부연폭포, 직탕폭포와 함께 철원의 3대 폭포로 꼽힌다. 복계산 자락에 위치한 매월대폭포로 오르는 길에는 이름 모를 꽃들과 짙은 초록의 수풀이 우거져 있어 폭포를 보기도 전에 이미 입이 벌어질 만한 경치를 구경할 수 있다.

매월대라는 이름은 생육신의 한 사람이었던 매월당 김시습이 머물렀던 곳이라 하여 붙여진 것이다. 그는 수양대군의 왕위 찬탈 소식을 듣고 분개한 나머지 이곳으로 들어와 은거했다고 한다. 떨어지는 물 소리와 산새 우는 소리, 바람 스치는 소리만 들리는 이곳은 비통한 그의 마음을 달래기 적합한 곳이었을 것이다. 폭포수가 높은 곳에서 떨어진다거나 웅장한 규모의 폭포는 아니지만 완만한 길에 우거진 숲, 좁지만 굽이굽이 이어져 폭포

와 만나는 계곡 등 작은 산 안에 천혜의 비경이 모두 숨어 있다.

시간 여유가 있다면 복계산 정상을 등반해 보는 건 어떨까. 초반에는 수많은 기암괴석과 급경사 구간이 있어 오르기 쉽지 않지만 나무 데크로 길이 마련되어 있고 어느 정도 올라가면 완만한 등산로가 이어지기 때문에 주변 풍경을 만족스러울 만큼 바라보고 싶다면 적극 추천한다.

TIP

- 매월대폭포는 터미널에서 대중교통을 이용해 갈 수는 있지만 이동 시간이 1시간 30분 이상 소요되며, 버스정류장에서부터 도보로 30여 분 더 올라야 하므로 체력이 약하거나 시간이 부족하다면 자동차를 이용하자. 또한 철원은 구석구석에 절경이 숨어 있으므로 자동차로 여기저기 둘러보는 것이 가장 좋다.
- 주차장 입구에서 폭포까지의 거리는 400m 정도로, 그리 멀지는 않지만 좁은 산길에 돌과 풀이 많이 있으므로 등산화를 착용하자.
- 매월대폭포는 폭포수의 양이 일정하지 않다고 하니 시원스레 떨어지는 폭포가 보고 싶다면 건기(乾期)는 피하자.

주변 볼거리·먹거리

도피안사 도피안이란 해탈에 이르는 상태를 뜻하는 말로, 불교에서는 완성을 의미한다. 이곳은 신라 때 도선국사가 철불(국보 제63호 철조비로자나불좌상)을 만들고 삼층석탑을 세워 창건한 유서 깊은 고찰이다. 한국전쟁 때 불타 폐허가 되었으나 이후 철불이 발견되어 재건한 것이다.

Ⓐ 강원도 철원군 동송읍 도피동길 23 Ⓒ 무료 Ⓣ 033-455-2471

SPOT 3

오묘한 색깔의 동치미

갓냉이국수

주소 강원도 철원군 서면 자등로 611 · **가는 법** 와수리시외버스터미널에서 시외버스터미널 버스정류장 이동 → 버스 자등리병참부행 승차 → 갓냉이국수 하차 · **운영시간** 매일 10:00~20:00 · **대표메뉴** 갓냉이국수+한우버섯전골 30,000원(2인 세트) · **전화번호** 033-458-3178 · **홈페이지** godnoodle.modoo.at

갓냉이는 갓 맛이 나는 냉이로, 철원 동부의 고산지대에서 자생하며 추운 겨울 눈 속에서 채취한다. 《조선왕조실록》에 철원 토산품으로 소개된 기록이 있을 만큼 철원에서만 먹을 수 있어 더욱 특별하다. 갓냉이로는 주로 동치미를 담가 먹는데, 특이하게도 분홍빛 국물이 우러난다. 알싸하게 매운맛이 감돌아 후추풀이라고도 부르며, 특히 고기와 궁합이 좋다.

갓냉이국수는 갓냉이로 만든 동치미 국물에 소면을 넣은 것으로, 국수를 시키면 돼지불고기가 함께 나온다. 국수와 갓냉이에 고기를 싸서 한입 먹고 국물까지 마시면 국수와 갓냉이, 고기의 맛이 입안 가득 조화롭게 퍼진다. 한우버섯전골을 먹으면 코스로 버섯들깨죽이 나오는데, 버섯들깨죽 역시 이 집의 별미이므로 꼭 맛볼 것을 추천한다. 주인장인 젊은 부부는 '철원오대쌀 요리경연대회'에서 1등(최고의 밥상)으로 선정된 실력자들이라고 하니 더욱 믿을 만하다.

주변 볼거리·먹거리

삼부연폭포 높이 20m에 3층으로 이루어진 삼부연폭포는 수량이 풍부한 것으로 유명하다. 큰 가뭄 때도 물이 마르지 않을 정도로 항상 시원한 풍경을 만들어 낸다. 철원 8경 중 하나이며, 겸재 정선은 이곳의 아름다움에 반해 진경산수화를 그렸다고 한다.

Ⓐ 강원도 철원군 갈말읍 삼부연로 216 Ⓣ 033-450-5532(철원군청 관광문화과)

TIP

- 이 집은 반찬에 들어가는 재료를 직접 농사지어 사용한다. 손님이 뜸한 시간에는 농사일로 자리를 비울 수 있으니 미리 연락하고 방문하자.
- 4월 중순부터 5월 초 사이에 방문하면 갓냉이를 날것으로 맛볼 수도 있다.
- 철원은 군부대가 많은 지역인 만큼 장병들의 이동이 편리하도록 세 곳에 시외버스터미널을 두었다. 목적지에 따라 더 가까운 위치의 터미널을 잘 확인하자(동송시외버스공용터미널 : 철원군 동송읍 금학로 215, 신철원시외버스터미널 : 철원군 갈말읍 명성로 154, 와수시외버스터미널 : 철원군 서면 와수로 173번길 21).

추천 코스 자연 속 힐링 쉼터

1 COURSE
매월대폭포

자동차 이용(약 11km)

주소 강원도 철원군 근남면 잠곡리 222-5(매월대 입구)
가는 법 와수시외버스터미널에서 버스 장곡리, 신철원장곡사단행 승차 → 매월대폭포 하차 → 도보 이동(약 1.3km)
입장료 무료
전화번호 033-450-5365(철원군청 관광문화과)

4월 16주 소개(134쪽 참고)

2 COURSE
갓냉이국수

자동차 이용(약 14km)

주소 강원도 철원군 서면 자등로 611
운영시간 매일 10:00~20:00
대표메뉴 갓냉이국수+한우버섯전골 30,000원(2인 세트)
전화번호 033-458-3178
홈페이지 godnoodle.modoo.at

4월 16주 소개(136쪽 참고)

3 COURSE
고석정

주소 강원도 철원군 동송읍 태봉로 1825
입장료 무료
전화번호 033-450-5559(철원관광안내소)

철원은 현무암 분출로 생긴 용암지대로, 고석정에서는 1억 년 전에 형성된 화강암을 볼 수 있다. 보통 강 중앙의 고석과 정자, 그 일대의 계곡을 통틀어 고석정이라 부르는데, 이곳 역시 한탄강 중류에 있는 바위를 오래전부터 고석바위라 불러오다가 신라 때 진평왕이 이 바위 곁에 2층 정자를 지으면서 이곳을 고석정이라 불렀다고 한다.

4월 넷째 주

출출한 배를 달래줄 막국수

17 week

SPOT 1

평양식 막국수

남북면옥

주소 강원도 인제군 인제읍 인제로 178번길 24 · **가는 법** 인제터미널에서 도보 이동(약 400m) · **운영시간** 11:00~20:00/매주 화요일 휴무 · **대표메뉴** 순메밀 동치미물국수 · 순메밀 비빔국수 · 순메밀 잔치국수 각 7,000원, 돼지수육(小) 10,000원, 돼지수육(中) 15,000원, 감자전 7,000원 · **전화번호** 033-461-2219

가격 대비 최고의 막국수를 먹고 싶다면 인제로 가자. 인제에 잠시 살았던 1980년대에도 사람들의 입맛을 사로잡았던 막국수집이 지금도 여전히 영업 중이다. 인제군청 앞 골목에 위치한 남북면옥이 바로 그곳이다. 옛날 그 자리는 아니지만 이사하면서 원래 가게의 문 세 짝을 그대로 가져와 설치해 두어 정겨운 분위기가 느껴진다. 이 집은 순메밀로 막국수를 만든다. 차림표 아래 100% 메밀을 사용한다고 직접 적어 둔 글씨에서 음식에 대한 주인장의 자부심이 느껴진다. 또한 동치미 국물을 넣어 먹는 것이 특징이다. 자극적인 맛 없이 소박한 매력을 가진 평양식 막국수다. 물국수를 시키면 면 위에 무채와 오이, 깻가루가 올려져 나온다. 막국수에 흔히 들어가는 김가루도 양념장도 없어 오히려 본연의 맛을 즐길 수 있다. 여기에 따로 나오는 동치미 국물을 붓고 취향에 따라 설탕이나 식초, 겨자 등을 넣어 먹는다. 잔멋 부리지 않은 깨끗한 맛에 입이 즐겁다. 비빔국수에도 동치미 국물을 조금 부어 먹으면 더욱 맛있다. 잘 삶아 낸 수육의 맛도 일품이다. 막국수는 보통 여름에 많이 찾지만 찬바람이 부는 겨울날 따뜻한 방 안에서 후루룩 먹는 동치미 막국수의 맛 또한 별미다.

주변 볼거리·먹거리

전씨네막국수 인제의 또 다른 막국수 맛집으로, 자가 제면 막국수집으로도 유명하다. 이 집 역시 순메밀로 막국수를 만들며, 메밀 중 일부는 껍질째 사용하여 면발이 투박하다. 물김치 국물을 넣어 먹어도 맛있고 들기름에 비벼 먹어도 깊은 풍미를 느낄 수 있다.

Ⓐ 강원도 인제군 인제읍 광치령로 143 Ⓞ 10:00~19:00/매월 첫째, 셋째 주 월요일 휴무 Ⓜ 물막국수 8,000원, 비빔막국수 9,000원, 수육 15,000원 Ⓣ 033-461-2065

SPOT 2

허영만의 《식객》에 소개된

방림 메밀막국수

주소 강원도 평창군 대관령면 눈마을길 13 · **가는 법** 횡계시외버스터미널에서 도보 이동(약 775m) · **운영시간** 하절기 10:00~19:00, 동절기 10:30~19:00 · **대표메뉴** 물메밀막국수 9,000원, 비빔메밀막국수 10,000원, 메밀묵사발 8,000원, 메밀찐만두 8,000원 · **전화번호** 033-335-1150

보들보들한 국수에 겨자를 톡톡톡, 처음 맛보는 순간 깜짝 놀랐던 막국수 맛집을 소개한다. 허영만의 《식객》에 소개된 평창 방림메밀막국수다. 보통 막국수를 주문하면 달걀의 반을 갈라 노른자와 흰자가 모두 보이게 내어주는 것이 일반적이다. 하지만 이곳은 메뉴가 나오기 전에 삶은 달걀을 통으로 내어준다. 이곳의 막국수는 양념이 적어 물막국수를 좋아하는데, 양념을 좋아하지 않는 사람들에게 특히 추천한다. 또한 평소 겨자를 즐겨 먹지 않음에도 메밀막국수와 겨자의 조합이 참 좋았다. 수육은 특별하지는 않지만, 막국수와 곁들이면 또 하나의 별미가 완

성된다. '막국수 집이 거기서 거기지!'라고 생각했던 고정관념을 깨준 곳, 평창에 간다면 꼭 다시 방문하고 싶은 인생 맛집이다.

TIP

- 방림메밀막국수는 방림면, 대관령면 두 곳이며, 방문한 곳은 대관령면에 있는 매장이다.
- 매장 맞은편에는 대관령 황태덕장마을이 있어서 이 일대에서는 막국수뿐만 아니라 황태음식을 경험해 봐도 좋다.

주변 볼거리·먹거리

유명찐빵 이 집만의 노하우로 밀가루 반죽을 숙성시키고 직접 팥을 쪄서 만드는 찐빵 맛집이다. 휴가철이나 스키 시즌에는 줄을 서서 구입해야 할 정도로 사람이 몰린다.

Ⓐ 강원도 평창군 대관령면 대관령로 113 Ⓞ 매일 09:30~21:00 Ⓜ 찐빵 1팩(5개) 6,000원, 감자고기·감자김치손만두 1팩(10개) 6,000원, 감자떡 1팩(10개) 5,000원 Ⓣ 010-8928-5378

SPOT 3

승승함의 매력

백촌막국수

주소 강원도 고성군 토성면 백촌1길 10 · **가는 법** 간성터미널에서 신안리 버스정류장 이동 → 버스 1, 1-1번 승차 → 동광산업과학고 하차 → 도보 이동(약 300m) · **운영시간** 10:30~17:00/매주 수요일 휴무 · **대표메뉴** 메밀국수 9,000원, 편육 25,000원 · **전화번호** 033-632-5422

막국수의 성지라고도 불리는 백촌막국수는 메밀국수에 담백하고 깊은 맛의 동치미 국물을 넣어 먹는 막국수집이다. 강원도 3대 막국수 중 두 곳은 춘천에 있지만 한 곳은 의외로 고성에 있다고 소개받아 들르게 된 이곳의 막국수는 멋내지 않은 맛이지만 떠올릴 때마다 군침이 도는 특별함이 있다. 이 집의 메뉴는 메밀국수와 편육뿐이다. 메밀국수를 시키면 면과 동치미가 따로 담겨 나오는데, 면에 동치미를 넣고 취향에 따라 양념장을 넣거나 백김치와 명태회무침을 올려 먹는다. 만약 비빔국수가 먹고 싶다면 명태회무침과 양념장 등으로 만들어 먹을 수는 있으나 이 집에서는 동치미 국물을 넣은 본래의 맛으로 즐겨보기를 추천한다. 백촌막국수가 특별한 이유는 바로 이 동치미의 맛 때문일 것이다. 너무 달지도, 인위적인 맛도 아닌 자연스러운 깊이가 느껴지는 동치미다. 면발 자체도 고소하고 맛있다.

사실 강원도의 몇 대 맛집이라고 하는 말들은 그 출처와 근거도 명확하지 않고 언제부터 시작된 이야기인지도 알 수 없다. 맛집이라고 추천을 받아 가 보면 입맛에 맞지 않는 경우도 허다하다. 때문에 동치미 맛으로 막국수계를 평정한 백촌막국수 역시 직접 맛보고 판단해 볼 일이다.

주변 볼거리·먹거리

문암포구 작고 아담한 포구로, 기암괴석이 어우러진 이곳에서는 일출과 일몰 시 장관을 만날 수 있다.

Ⓐ 강원도 고성군 죽왕면 문암2리 Ⓣ 033-680-3411(고성군청 해양수산과)

추천 코스 상류에서 하류로

1 COURSE 방태산자연휴양림 — 자동차 이용(약 41km)

2 COURSE 남북면옥 — 자동차 이용(약 9.7km)

3 COURSE 38coffee

주소 강원도 인제군 기린면 방태산길 241(매표소)
운영시간 09:00~18:00/매주 화요일 휴무
입장료 어른 1,000원, 청소년 600원, 어린이 300원
전화번호 033-463-8590

강원도의 4월은 아직 춥다. 특히 강원도 인제 방태산자연휴양림은 초록함보다는 겨울 느낌이 더하다. 일부 구간은 아직 얼음이 얼어 있기도 하고 5월 중순까지는 산불 조심 기간으로 일부 구간은 산행을 통제한다.

주소 강원도 인제군 인제읍 인제로 178번길 24
운영시간 11:00~20:00/매주 화요일 휴무
대표메뉴 순메밀 동치미물국수·순메밀 비빔국수·순메밀 잔치국수 각 7,000원, 돼지수육(小) 10,000원, 돼지수육(中) 15,000원, 감자전 7,000원
전화번호 033-461-2219

4월 17주 소개(138쪽 참고)

주소 강원도 인제군 남면 설악로 1129
운영시간 월~금요일 09:00~19:00, 토~일요일 09:00~20:00
대표메뉴 아메리카노 4,500원, 카푸치노 5,000원, 카페라테 5,200원
전화번호 033-461-9966

인제에서 서울 가는 방향으로 44번 국도를 타고 가다 보면 만날 수 있는 카페다. 인제 38대교와 소양강의 멋진 풍경을 함께 즐길 수 있어 운전 중 잠시 쉬어가는 사람들에게 인기가 많다. 호수를 둘러싼 경치가 좋아 인증사진을 남기러 찾아오는 사람도 많다. 테라스 자리도 있으니 날씨만 좋다면 햇살 좋은 자리에 앉아 차 한잔의 여유를 즐겨보자.

4월의 원주여행 **책과 벚꽃 가득한 곳으로**

따뜻한 날씨가 지속되면서 벚꽃비가 흩날리는 계절, 춘곤증을 훌훌 털어버리기 위한 이번 여행은 원주로 떠난다. 원주 곳곳에 있는 크고 작은 독립서점에서 오롯이 나만의 시간을 가져보거나 밖으로 나가 나만 아는 숨은 벚꽃 명소를 찾아보는 것은 어떨까?

2박 3일 코스 한눈에 보기

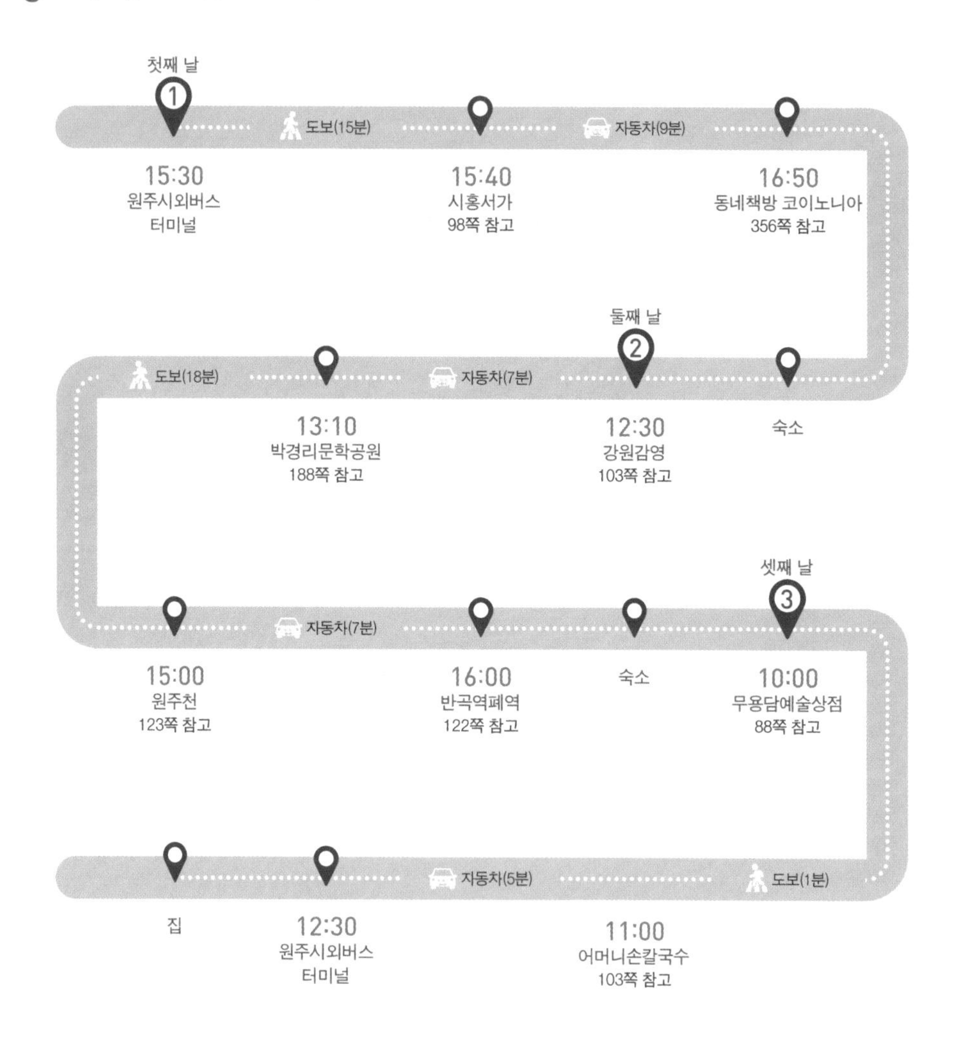

시홍서가

동네책방 코이노니아

강원감영

박경리문학공원

원주천

반곡역폐역

무용담예술상점

어머니손칼국수

산과 들이 많은 강원도 곳곳이 싱그러운 초록빛 옷을 입고 점차 무성해진다. 장에 가면 어디서나 산두릅과 개두릅이 보이고, 사람들은 향긋한 봄나물을 요리해 먹으며 나른한 봄날의 졸음을 쫓는다. 새싹의 씩씩한 기운은 강원도의 5월과 닮았다. 어느새 초록빛으로 여문 이파리들은 봄바람에 살랑살랑 춤을 추고, 연둣빛 숲 사이로 스며드는 햇볕은 눈부시게 아름답다. 모내기가 시작된 논도, 성큼 자란 감자 줄기들도 강원도의 들녘을 연둣빛으로 뒤덮는다. 한 폭의 수채화 같은 강원도의 5월을 만나 보자.

5월의 강원도
건강하고
신선하게

5월 첫째 주

강원도하면 산나물이지

18 week

SPOT 1

자연이 그리울 땐

양구곰취축제

주소 강원도 양구군 양구읍 박수근로 366-33 양구서천레포츠공원 일원 · **가는 법** 양구시외버스터미널에서 도보 이동(약 1.5km) · **운영시간** 5월 중(축제 일자는 매년 다름) · **입장료** 무료 · **전화번호** 033-482-9175

봄나물 곰취에 '곰취'라는 이름이 붙은 이유는 깊은 산속에 사는 곰이 먹기 때문이라고도 하고 잎의 모양이 곰 발바닥을 닮아서라고도 한다. 겨울잠에서 깨어난 곰이 가장 먼저 곰취를 먹고 기운을 차린다고도 하니 축제장 여기저기에 곰 인형이 있는 것도 이해가 된다. 양구에서는 2004년부터 매년 5월에 곰취축제를 개최하여 곰취를 홍보하고 있다. 곰취축제에는 먹거리가 가득하다. 싱싱한 곰취 외에도 곰취찐빵, 곰취쿠키, 곰취전 등을 판매하며, 고기를 구워 곰취에 싸 먹는 곰취쌈도 인기 있다. 양구에 오면 꼭 맛봐야 하는 오골계구이를 곰취에 싸서 먹어도 맛있다. 곰취는 나물 특유의 씁쓸한 맛이 적어 아이들이 먹기도 좋고

비타민 A, C가 풍부해 봄철 춘곤증이나 피로 회복에도 아주 좋다. 먹거리장터에서는 그 밖에도 군부대가 많은 지역적 특징을 활용해 군대리아와 반합라면 등을 판매하는데, 워낙 인기가 좋아 금세 품절된다고 한다.

축제를 즐기다 보면 양구에 대한 인상이 많이 달라진다. '청춘양구'라는 말처럼 젊고 에너지가 넘친다. 축제장에서는 다양한 먹거리를 즐길 수 있을 뿐만 아니라 카누, 수상자전거, 오리배 등의 체험도 가능하다. 양구의 도시 슬로건대로 양구에 들러 10년은 젊어져서 돌아가자.

TIP
행사 일정 및 프로그램은 매년 다르므로 양구문화재단 홈페이지에서 확인하는 것이 좋다.

주변 볼거리·먹거리

두타연

Ⓐ 강원도 양구군 방산면 두타연로 297 Ⓞ10:00~16:30/매주 월요일·1월 1일·설날·추석 당일 오전 휴관 Ⓒ 일반 6,000원, 청소년(만 7~18세) 3,000원 Ⓣ 033-480-7266 Ⓔ 출입 시 신분증과 서약서 필요

7월 28주 소개(218쪽 참고)

수입천 사시사철 물이 많은 수입천은 하천 구간이 길고 물도 맑아 여름철 피서지로 좋다. 장평리 구간에 발달한 기암괴석과 직연폭포가 특히 유명하다.

Ⓐ 강원도 양구군 방산면 건솔리~오미리 Ⓣ 033-480-7204(양구군청 관광문화과)

SPOT 2

옥수수밥 한 끼

한림정

주소 강원도 홍천군 홍천읍 송학로 20 · **가는 법** 홍천종합버스터미널에서 도보 이동(약 550m) · **운영시간** 10:00~22:00/매주 월요일 휴무 · **대표메뉴** 명가정식 35,000원, 한정식 25,000원, 옥수수정식 15,000원 · **전화번호** 033-434-8300

강원도의 대표적인 먹거리인 옥수수를 이용한 음식은 강원도 어느 지역에서나 흔히 만날 수 있다. 특히 홍천은 찰옥수수가 유명하며, 7월 말이면 찰옥수수축제가 열리기도 한다.

한림정은 홍천에 위치한 한정식집으로, 본관에 이어 별관까지 운영할 정도로 제법 규모가 커서 여행자들은 물론 지역 주민들도 각종 행사나 모임 등의 장소로 즐겨찾는 곳이다. 명가정식, 한정식, 무궁화정식 등 다양한 정식 메뉴가 있는데, 아직 옥수수밥을 맛보지 못한 여행자들에게는 옥수수밥정식을 추천하고 싶다. 찰옥수수를 넣고 지은 밥에 간장이나 고추장 양념을 넣어 비벼 먹어도 좋고 한 상 가득 채워지는 반찬을 올려 그냥 먹어도 좋다. 팥이나 콩과는 다르게 쫄깃한 옥수수의 식감 덕분에 입이

즐겁다. 또한 옥수수의 고소한 단맛이 밥맛을 더해 준다. 정갈하게 담긴 반찬들 역시 빼놓지 말고 하나하나 맛보자. 강원도 별미인 찰옥수수범벅과 신선한 나물, 전과 잡채, 생선조림, 불고기까지 흠잡을 데 없다. 제대로 된 한 끼 식사를 원한다면 꼭 한번 들러보자.

주변 볼거리·먹거리

괘석리사사자삼층석탑 홍천군 괘석리의 밭 한가운데 있던 고려시대의 탑을 1969년 현재 위치로 옮겼다. 석탑 아래쪽을 보면 네 마리의 사자 형상이 있어 사사자삼층석탑으로 불린다. 보물 제540호로, 부분적으로는 파손이 있으나 원형을 대체로 잘 간직하고 있다.

Ⓐ 강원도 홍천군 홍천읍 희망리 151-7 Ⓣ 033-430-2471(홍천군청 문화관광과)

SPOT 3

깔끔한 산채 밥상

부일식당

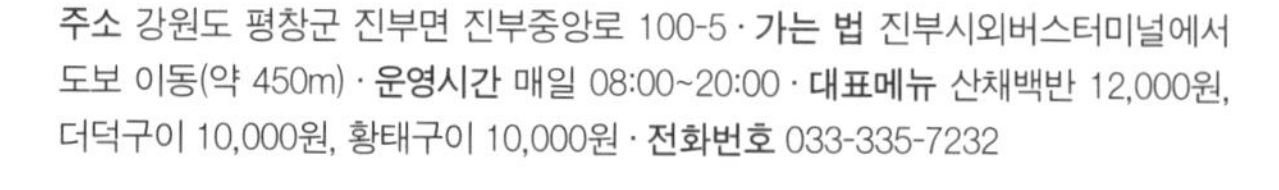
주소 강원도 평창군 진부면 진부중앙로 100-5 · **가는 법** 진부시외버스터미널에서 도보 이동(약 450m) · **운영시간** 매일 08:00~20:00 · **대표메뉴** 산채백반 12,000원, 더덕구이 10,000원, 황태구이 10,000원 · **전화번호** 033-335-7232

산채백반 메뉴 한 가지로 50년 넘게 한자리를 지켜 온 식당이다. 어릴 적부터 오대산에 가면 들르던 곳이라 친근한 느낌이다. 맛이나 정성이 예전 같지 않다고도 하지만 지나간 시간이 발걸음을 이끌어 들어가면 투박한 산채백반 한 상이 작은 위로를 건넨다.

진부에서 접하는 산채 밥상은 사실 비슷비슷하다. 그중에서도 부일식당의 산채백반은 심심한 간의 반찬 20여 가지와 된장찌개, 두부조림 등으로 상이 채워진다. 반찬과 밥을 따로 먹어도 좋지만 고추장과 참기름을 담은 큰 그릇을 요청하면 반찬으로 나온 나물과 밥을 한데 넣고 쓱쓱 비벼 먹을 수 있다. 비빔밥 한 입에 구수한 된장찌개 한술이면 입이 즐겁다. 추가 메뉴로는 더덕구이와 황태구이가 있는데, 구운 더덕과 황태에 새콤달콤한 고추장 양념이 발려서 나온다. 더덕구이는 씹는 맛이 좋고, 비리지 않은 황태구이 맛도 일품이다.

추천 코스 홍천 8경 나들이

1 COURSE
수타사

자동차 이용(약 12km)

2 COURSE
홍천중앙시장

도보 18분(약 1.2km)

3 COURSE
한림정

주소 강원도 홍천군 영귀미면 수타사로 473
전화번호 033-436-6611
홈페이지 sutasa.org

산세가 마치 공작의 날개처럼 펼쳐져 있다 하여 공작산이라 이름 붙은 이 산에는 공작이 알을 품은 형상을 닮은 명당이 있다. 이곳에 자리 잡은 절이 바로 수타사다. 이는 홍천 8경 중 6경에 속하며 신라 때 원효대사가 일월사라는 이름으로 창건한 것을 세조 3년에 지금의 자리로 옮기면서 수타사라 부르게 되었다고 한다.

주소 강원도 홍천군 홍천읍 홍천로 8길 17
전화번호 033-434-2955

홍천 시내에 위치한 중앙시장은 소박한 먹거리와 볼거리로 가득하다. 특히 매월 1, 6으로 끝나는 날에 전통 5일장이 크게 열려 구경하기 좋다.

주소 강원도 홍천군 홍천읍 송학로 20
운영시간 10:00~22:00/매주 월요일 휴무
대표메뉴 옥수수정식 15,000원, 명가정식 35,000원, 한정식 25, 000원
전화번호 033-434-8300

5월 18주 소개(150쪽 참고)

5월 둘째 주

가족의 달을 맞이하여

19 week

SPOT 1

대관령 목장 나들이

삼양목장

주소 강원도 평창군 대관령면 꽃밭양지길 708-9 · **가는 법** 횡계시외버스터미널에서 자동차 이용(약 7km) · **운영시간** 5~10월 09:00~17:00, 11~4월 09:00~16:30 · **입장료** 대인 12,000원, 소인 10,000원, 36개월 미만 무료 · **전화번호** 033-335-5044 · **홈페이지** samyangfarm.co.kr · **etc** 동절기에는 자동차로 목장 내부 관람 가능

대관령 삼양목장은 600만 평의 규모를 자랑하는 곳으로, 목장 내에서는 셔틀버스를 타고 이동해야 한다. 가장 높은 곳에 있는 전망대에서는 풍력발전기, 바다를 배경으로 사진을 찍기 좋다. 걸어서 혹은 다시 셔틀버스를 타고 이동하면 양몰이 공연도 볼 수 있다. 정해진 시간에만 진행하니 사전에 시간을 맞춰 공연장에 도착해 보자. 삼양목장에서는 삼양식품의 라면, 과자, 유제품 등을 구매할 수 있어 여행 중 간식이 필요하다면 구매해 보아도 좋다. 유기농 우유로 만든 아이스크림은 더위를 식혀주기에도 제격이다. 양과 타조 먹이 주기 체험뿐만 아니라 계절별로 개

화한 꽃을 볼 수 있는 정원도 조성되어 있으니 여유롭게 방문하는 것을 추천한다.

TIP

- 양몰이 공연은 양들과 목양견 보더콜리가 함께 등장하며 5~10월에만 진행한다.
- 운영시간 : 주중 13:00, 14:30, 16:00, 주말 11:00, 13:00, 14:30, 16:00(소요시간 약 15분)

주변 볼거리·먹거리

대관령하늘목장 대관령삼양목장 옆에 위치한 하늘목장은 양, 소, 말 등을 방목하는 곳이다. 먹이 주기, 승마체험, 내맘대로놀이터 등 체험 공간과 프로그램이 많다. 전망대까지는 트랙터 마차를 타고 이동할 수 있다.

Ⓐ 강원도 평창군 대관령면 꽃밭양지길 458-23 Ⓞ 동절기 09:00~17:30, 하절기 09:00~18:00 Ⓒ 대인 8,000원, 소인 6,000원, 건초 주기 체험 2,000원 Ⓣ 033-332-8061~3 Ⓗ skyranch.co.kr

SPOT 2

아이와 함께 로봇여행

토이로봇 박물관

주소 강원도 춘천시 서면 박사로 844 · **가는 법** 춘천시외버스터미널에서 시외버스터미널 버스정류장 이동 → 버스 5, 7번 승차 → 중앙로입구 하차 → 마을버스 서면행 환승 → 애니박물관입구 하차 → 도보 이동(약 250m) · **운영시간** 10:00~18:00(입장마감 17:00)/매주 월요일 · 1월 1일 휴관 · **입장료** 애니메이션박물관+토이로봇관 개인 7,000원, 춘천시민 5,000원 · **전화번호** 033-245-6460 · **홈페이지** gica.or.kr/Toy/index · **etc** 주차 무료, 평일 점심시간(12:00~13:00)에는 입장 및 관람 불가

신나는 노래와 로봇들의 만남! 아이도 어른도 즐겁게 다녀올 수 있는 토이로봇박물관으로 떠나 보자. 박물관 내에는 마리오네트 공연, 로봇 체험, 장난감 체험관, 레이저 체험, 드론 체험관 등이 있는데 이 중 대부분이 실제로 움직여 볼 수 있다는 것이 큰 장점이다. 로봇을 좋아하는 아이들부터 어른까지 남녀노소 재미있게 체험 여행을 떠나 보자. 로봇들의 댄스 타임의 경우, 인기 있는 음악과 로봇들의 춤을 관람할 수 있어 시간이 가는 줄

모를 정도로 재미가 있다. 공연 시간과 장소를 미리 확인하고 시간에 맞춰 방문해 보자.

TIP

- 마리오네트 공연시간(토이로봇관 1층) : 10:50, 11:50, 12:50, 13:50, 14:50, 15:50, 16:50(소요시간 약 5분)
- 로봇/드론 댄스 공연(토이로봇관 1층) : 11:00, 13:00, 14:30, 16:00, 17:30(소요시간 약 12분)
- 실감체험관 운영시간(토이로봇관 1층) : 10:00~17:00
- 드론 체험시간(토이로봇관 1층) : 10:20~10:45, 11:20~11:45, 13:20~13:50, 14:50~15:20, 16:20~16:50(선착순 체험)
- 체험거리가 많고 공간이 넓어 관람 시 1시간 30분에서 2시간 정도가 소요되니 시간에 여유를 두고 방문하는 것을 추천한다.

주변 볼거리·먹거리

강원시청자미디어센터 토이로봇박물관 주변은 공원이 잘 조성되어 있으므로 중도와 붕어섬이 내다보이는 의암호 호숫가를 여유롭게 거닐어도 좋다. 강원시청자미디어센터까지 이어지는 산책로를 따라 모처럼 여유로운 시간을 보내자.

Ⓐ 강원도 춘천시 서면 박사로 882

SPOT 3

안전체험테마파크

365 세이프타운

주소 강원도 태백시 평화길 15 · **가는 법** 태백버스터미널에서 태백터미널 버스정류장 이동 → 버스 1(111-1), 13(121-5)번 승차 → 구문소동주민센터 하차 → 도보 이동(약 200m) · **운영시간** 09:00~18:00/매주 월요일 휴관, 챌린지월드 10:00, 13:30, 15:00(3회 운영) · **입장료** 자유이용권 22,000원, 챌린지월드 개인 12,000원, 키즈랜드 입장권 개인 12,000원, 9D VR 2,000원 · **전화번호** 033-550-3101 · **홈페이지** taebaek.go.kr/365safetown

365세이프타운은 안전을 테마로 조성된 에듀테인먼트 시설이다. 산불이나 설해, 풍수해, 테러 등 각종 재난과 위험 상황은 언제, 어디서, 누구에게 찾아올지 모르는 일이다. 안전 불감증이 사회적인 화두가 되고 있는 요즘, 어린이와 청소년뿐만 아니라 어른들도 자연재해 및 재난 등에 대비하여 올바른 대처 요령을 미리 익히는 것은 매우 중요하다.

이곳은 한국청소년안전체험관과 챌린지월드, 강원도소방학교로 구성되어 있는데, 한국청소년안전체험관은 5개의 재난을 3D, 4D 가상으로 체험하고 대처 방안을 습득할 수 있는 시설이다. 헬기형 시뮬레이터를 타고 산불 현장 속에서 진화 임무를 체험해 보는 산불체험관이나 보트형 시뮬레이터를 타고 폭우와 태풍 등의 재해를 체험하며 구명조끼 착용법과 비상시 탈출 방법을 배우는 풍수해체험관 등 실감 나는 경험으로 안전 수칙을 몸소 알아갈 수 있어 유익하다. 아이들의 도전 정신과 문제 해결 능력을 키워 줄 수 있는 365세이프타운에서 색다른 경험을 해 보자.

주변 볼거리·먹거리

고토일청국장 고원의 땅과 태양이 빚어낸 태백 콩으로 청국장을 만드는 곳이다. 태백에서 난 재료만 사용해 요리하며, 청국장에도 소금으로만 간을 하여 본연의 맛을 느낄 수 있다.

Ⓐ 강원도 태백시 태백산로 4587 Ⓞ 매일 09:00~19:00 Ⓜ 고토일청국장 9,000원, 두부구이 7,000원, 더덕구이 13,000원 Ⓣ 033-553-3232 Ⓗ 고토일.kr

TIP

- 각 체험에는 10~20분 정도의 시간이 소요된다. 또한 체험관마다 점검 시간이 있을 수 있으니 참고하자.
- 3D 체험은 사람에 따라 조금 어지러울 수 있다. 많이 예민하다면 신중히 고려하자.

추천 코스 탄광의 기억

1 COURSE
하이원추추파크
자동차 이용(약 11km)

2 COURSE
철암탄광역사촌
자동차 이용(약 7.3km)

3 COURSE
365세이프타운

주소 강원도 삼척시 도계읍 심포남길 99
전화번호 033-550-7788
홈페이지 choochoopark.com

1월 3주 소개(45쪽 참고)

주소 강원도 태백시 동태백로 408
운영시간 10:00~17:00/매월 첫째, 셋째 주 월요일 휴무
입장료 무료
전화번호 033-582-8070

광업이 활황이던 1960~70년대 철암은 석탄 산업의 중심지였다. 당시 탄광촌은 동네 개도 만 원짜리 지폐를 물고 다닌다고 할 만큼 번성했다. 하지만 석탄 산업이 쇠퇴하자 많은 사람들이 이곳을 떠났고, 과거의 모습을 그대로 간직한 마을만이 남았다. 국내 최초의 무연탄 선탄시설이자 우리나라 석탄 산업의 상징이었던 철암역두선탄장과 탄광촌의 주거시설로 이용되었던 까치발 건물을 전시 공간으로 재탄생시킨 것이 지금의 철암탄광역사촌이다.

주소 강원도 태백시 평화길 15
운영시간 09:00~18:00/매주 월요일 휴관, 챌린지월드 10:00, 13:30, 15:00 (3회 운영)
입장료 자유이용권 22,000원, 챌린지월드 개인 12,000원, 키즈랜드 입장권 개인 12,000원, 9D VR 2,000원
전화번호 033-550-3101
홈페이지 taebaek.go.kr/365safetown

5월 19주 소개(158쪽 참고)

5월 셋째 주

커피와 달콤함의 조화

20 week

SPOT 1

초콜릿 방앗간

보나테라고성

주소 강원도 고성군 거진읍 거탄진로 19 2층 · **가는 법** 간성버스터미널에서 간성버스터미널 버스정류장 이동 → 버스 1(대진), 1-1(대진)(송포리)번 승차 → 자산리 하차 → 도보 이동(약 150m) · **운영시간** 매일 10:30~18:30 · **대표메뉴** 다크초코라틀(보르네오 85%/76%) 8,000원, 다크초코라테(보르네오 88%) 6,500원 · **전화번호** 033-681-8868 · **홈페이지** bonaterra.co.kr

달콤한 초콜릿이 당기는 날엔 이곳으로. 보나테라는 옛날 전통 방식 그대로 다크 초콜릿을 만드는 곳이다. 카페 내부는 옛날 전통 방식의 맷돌도 볼 수 있고, 초콜릿을 이용한 선물 세트, 최상의 카카오 콩으로 만든 스페셜 다크초콜릿, 다크파베초콜릿, 다크초코브라우니, 다크초코살라미 등을 구매할 수 있다. 보통 초콜릿은 디저트로만 생각하는데 살라미 등 와인과 곁들여 먹어도 맛이 좋다. 시원한 매장에 앉아 달콤함이 주는 행복감을 느껴보자.

주변 볼거리·먹거리

화진포둘레길 화진포는 둘레 16km의 동해안 최대 자연호수로, 봄, 여름에는 호숫가에 해당화가 만발한다. 그 주변을 탐방할 수 있도록 조성한 11km의 길이 바로 화진포둘레길이다. 산책하듯 걸어도 좋고 자전거를 이용하거나 드라이브를 즐겨도 좋다.

Ⓐ 강원도 고성군 현내면 화진포길 412(화진포둘레길 자전거대여소) Ⓣ 033-680-3365(화진포 관광안내소)

건봉사 고성 8경 중 하나인 송광사, 해인사, 통도사와 함께 우리나라 4대 사찰로 꼽힐 만큼 융성했으나 안타깝게도 한국전쟁 당시 가장 치열했던 곳이었기에 완전히 폐허가 되고 말았다. 이후 1994년부터 끊임없이 복원 사업을 수행하고 있다.

Ⓐ 강원도 고성군 거진읍 건봉사로 733 Ⓣ 033-682-8100

SPOT 2

이국적 풍경 속으로

구봉산전망대 카페거리

주소 강원도 춘천시 동면 순환대로 1154-117(구봉산전망대 휴게소)/강원도 춘천시 동면 순환대로 1154-97(산토리니카페) · **가는 법** 춘천시외버스터미널에서 자동차 이용(약 12km) · **운영시간** 산토리니카페 월~목요일 11:00~21:00(주문마감 20:00), 금요일 11:00~22:00(주문마감 21:00), 토요일 10:00~22:00, 일요일 10:00~21:00 · **전화번호** 033-255-4366(구봉산전망대 휴게소), 033-242-3010(산토리니카페)

춘천시의 동쪽을 감싸고 있는 구봉산은 산봉우리에서 춘천시 전경을 굽어볼 수 있어 유명해지기 시작하다가 1992년 춘천 외곽도로가 산 중턱까지 연결되면서 시민들의 휴식공간으로 자리잡게 되었다. 그렇게 구봉산전망대가 춘천 최고의 드라이브 코스로 부상하면서 길가에 카페와 레스토랑이 점차 들어섰고 지금의 카페거리를 이루게 되었다. 이국적인 풍경을 자랑하는 이곳의 카페에서 탁 트인 춘천의 전경이나 아름다운 야경을 보고 싶다면 꼭 들러보자.

여러 카페들이 거리를 이루고 있지만 그중에서도 산토리니카페가 특히 유명하다. 멀리서도 보이는 하얀 종탑의 풍경이 여행자들의 눈길을 사로잡는다. 해가 지면 은은한 조명이 종탑을 비추는데, 춘천의 야경과 더불어 낭만적인 분위기를 만들어 낸다.

최근 내부 인테리어를 새로 하며 더욱 감성적인 공간으로 바뀌었으며, 카페뿐만 아니라 파스타, 피자 등 레스토랑도 함께 운영하니 관심있다면 한번 방문해 보자.

주변 볼거리·먹거리

어스17 선선한 나날이 지속되는 5월. 살랑이는 바람을 맞으며 분위기 좋은 곳에서 커피를 마시고 싶다면 추천하는 곳이다. 탁트인 소양강뷰를 잘 볼 수 있는 카페로 알려져 있지만, 내부에서만 들을 수 있는 클래식 음악 선곡 역시도 이곳의 매력 포인트 중 하나! 음향시설이 잘되어 있어 차분하게 듣고 쉬어가기 좋다.

Ⓐ 강원도 춘천시 신북읍 천전리 34-5 Ⓞ 매일 11:00~20:00 Ⓜ Earth17(커피) 7,000원 Ⓣ 0507-1403-7876

TIP

구봉산전망대카페거리까지는 버스보다 택시를 이용하는 것이 편리하다. 버스를 타면 걸어서 이동하는 시간을 포함해 1시간 이상 소요되나 택시로 이동하면 25분 내외로 도착할 수 있다. 드라이브 코스인 만큼 자동차를 이용하는 것이 가장 좋을 것이다.

SPOT 3

감자옹심이와 커피의 만남

마더커피

주소 강원도 강릉시 주문진읍 연주로 359 102호 · **가는 법** 주문진시외버스종합터미널에서 도보 1분(약 100m) · **운영시간** 월~일요일 10:00~20:00/매주 수요일 휴무 · **대표메뉴** 마더감옹커피 6,500원, 마더감자멜랑슈 6,500원, 감자옹심이빵 4,000원, 감옹치즈빵 4,500원 · **전화번호** 033-652-6984 · **홈페이지** instagram.com/mother_coffee_

옹심이 하면 떠오르는 음식은 단연 칼국수. 하지만 여기 옹심이를 커피에 넣어 먹는 발상의 전환을 발휘한 카페가 있다. 예측하기 어려운 조합이지만 안 될 것도 없다. 버블티 타피오카펄에서 영감을 얻어 쫀득한 식감의 옹심이를 활용한 이색 디저트 음료, 감옹커피. 더불어 마더커피는 감자와 커피, 감자와 빵을 새롭게 조합해 여러 가지 시그니처 메뉴를 개발하고 있다. 앞서 소개한 감옹커피(감자옹심이커피)부터 감자멜랑슈(감자크림커피), 감푸치노(감자크림+카푸치노), 그리고 빵 종류로는 감옹심이빵(감자옹심이빵), 감옹치즈빵(감자옹심이치즈빵) 등 메뉴도 다양하다. 원래 초당동에 위치해 있었으나 최근에 주문진시외버스종합터미널 바로 앞으로 이사하였다고 하니 주문진 또 하나의 랜드마크 마더커피에 방문해 보면 어떨까.

주변 볼거리·먹거리

346커피스토리 3층 규모의 대형 바다 전망 카페. 강문해변이 그대로 내려다보이는 346커피스토리다. 먼저 1층 매장에서 주문을 하고 카페를 이용하게 되어 있다. 고르기 어려울 정도로 다양한 디저트 종류에 빵지순례하기도 제격! 바다 전망 창가에 자리를 잡고 앉아 커피와 달콤한 디저트를 맛보면 여기가 바로 천국이다.

Ⓐ 강원도 강릉시 창해로 348 나동 1-3층 Ⓞ 매일 08:30~23:30 Ⓜ 에스프레소 4,500원, 아메리카노 5,000원, 카페비엔나 5,800원, 흑당밀크티 5,800원 Ⓣ 033-653-0117

추천 코스 강릉 핫플 투어

1 COURSE 포스트카드오피스

자동차 이용(약 5.5km)

주소 강원도 강릉시 화부산로40번길 29 풍림아이원 상가 5호
운영시간 13:00~18:00/매주 화~목요일 휴무
전화번호 0507-1342-1084
홈페이지 instagram.com/postcard.office

강릉 여행 중 소품숍 투어를 계획하고 있다면 빼놓을 수 없는 장소 중 하나다. 오직 이곳에서만 만날 수 있는 붉은색 턱수염의 집배원 캐릭터가 있는 포스트카드오피스다. 에코백, 엽서, 브로마이드, 스티커 등 다양한 상품을 판매하는데, 이곳은 붉은색 턱수염의 집배원 캐릭터가 그려진 상품 외에도 여러 작가의 작품이 한곳에 있어 취향 따라 구매하기 좋다.

2 COURSE 메시56

자동차 이용(약 18km)

주소 강원도 강릉시 초당순두부길 56 1층
운영시간 월요일 11:30~15:30, 수~일요일 11:30~21:00/매주 화요일 휴무
대표메뉴 오늘의추천 25,000원, 혼마구로도로동 42,000원, 혼마구로 아카미동 28,000원, 이쿠라동 46,000원
전화번호 033-644-3929
홈페이지 instagram.com/mesi__56

초당동 순두부마을에 있는 일식집. 2층 구조 목조 건축물은 일본식 가옥을 닮았다. 매장 내부는 원목 인테리어로 깔끔하고 정갈한 느낌을 자아낸다. 메뉴로는 오늘의 추천 덮밥, 혼마구로 도로동, 혼마구로 아카미동, 우니동, 이쿠라동, 에비동 등이 있다. 구성도 좋고 색감도 예뻐 인증사진을 부르는 일식 맛집이다.

3 COURSE 마더커피

주소 강원도 강릉시 주문진읍 연주로 359 102호
운영시간 10:00~20:00/매주 수요일 휴무
대표메뉴 마더감옹커피 6,500원 마더감자멜랑슈 6,500원, 감자옹심이빵 4,000원, 감옹치즈빵 4,500원
전화번호 033-652-6984
홈페이지 instagram.com/mother_coffee_

5월 20주 소개(164쪽 참고)

5월 넷째 주

눈도 몸도 즐거운

21 week

SPOT 1

국내 3대 이끼폭포

무건리 이끼폭포

주소 강원도 삼척시 도계읍 무건리 산86-1 · **가는 법** 도계역(영동선)에서 자동차 이용(약 10km) → 무건리 이끼폭포 입구에 주차 후 임시 도로 이동(약 3km) · **전화번호** 033-570-3866 · **etc** 주차 무료

국내 몇 없는 이끼폭포. 오늘은 삼척 무건리 이끼폭포로 향한다. 무건리 마을은 한때 300여 명이 모여 살았으나, 도시로 하나 둘 떠나며 마을 언저리에 있는 학교도 폐교되어 지금은 학교 터만 남아 있다. 주차장에 차를 세우고 무건리 이끼폭포까지 걸어서 약 90분이 소요된다. 초반에 오르막길이 많으니 편한 신발과 옷차림을 하는 것이 좋다. 산행 도입부 오르막길에 숨이 턱까지 차오르지만, 오르막길만 지나면 금세 멋진 풍경이 기다리고 있다. 이정표가 잘되어 있어 길을 잃을까 걱정할 필요는 없다. 이끼폭포에 도착하면 '이끼가 많이 유실되었다'라는 주의 문구가 쓰여 있다. 태풍과 같은 자연재해 피해도 있었지만, 무리하게 사

진 촬영을 하며 이끼를 밟는 사람들 탓에 많은 양의 이끼가 사라졌다고 한다. 우리의 소중한 자연 생태계를 보존하기 위해서 반드시 산행 규칙을 지키며 여행하자.

주변 볼거리·먹거리

도계유리나라 도계유리나라는 유리공예전시관이다. 전시관에는 유리공예의 역사부터 국내외 작가의 작품, 유리에 대한 과학적 사실 등의 정보까지 다양하게 만나볼 수 있다. 유리의 활용성이 생각보다 많고 규모가 큰 유리공예 작품도 많아 신비롭다. 또 블로잉 시연과 별도의 체험존, 유리공예품 판매점까지 빼놓지 않고 확인해 보자.

Ⓐ 강원도 삼척시 도계읍 강원남부로 893-36 ⓞ 09:00~18:00/매주 월요일·설날·추석 당일 휴관 Ⓒ 성인 8,000원, 청소년 6,000원, 어린이 4,000원 Ⓣ 033-570-4208 Ⓗ dogyeglassworld.kr Ⓔ 주차 무료

SPOT 2

알록달록 봄꽃 세상

삼척장미공원

주소 강원도 삼척시 정상동 232 · **가는 법** 삼척고속버스터미널에서 도보 이동(약 1.5km) · **운영시간** 개화 시기 5~11월(연중 개화 사계장미) · **전화번호** 033-570-4067 · **홈페이지** samcheok.go.kr/rosepark · **etc** 주차 무료

인라인스케이트, 가벼운 운동, 반려동물과의 산책길 등. 1년 365일, 시민들의 휴식 공간이 되어 주는 삼척 장미공원이다. 4월 벚꽃 시즌이 지나면 이곳은 수천, 수만 송이의 장미가 피어나는 장미 시즌이 시작되는데, 장미공원이라는 이름에 걸맞게 다른 장미축제, 장미공원 대비 종류도, 색깔도 다양한 장미로 가득하다. 그 규모는 무려 218종 13만 그루 1천만 송이에 달하는 장미로, 단일 규모로는 세계 최대 수량이라고 알려져 있다. 축제 기간에는 각종 체험뿐만 아니라 야간 개장을 진행해 더욱 풍성하게 즐길 수 있다. 이곳의 장미 터널은 정말 깜짝 놀랄 수밖에 없을 만큼의 장미로 가득 찬다. 포토존부터 조형물까지 구경하기 좋은 장소도 많이 있으니 낮부터 밤까지 어여쁜 장미와 함께 5월을 즐겨보는 것은 어떨까.

주변 볼거리·먹거리

삼척항 공업항이자 무역항으로, 동해에서 쉽게 만날 수 있는 어항(漁港)과는 조금 다른 분위기다. 공업항의 모습이 삭막하게 느껴질 수도 있지만 항구를 낀 언덕에 위치한 바닷가 산동네 나리골에 올라 내려다보는 항구의 모습은 또 다르다. 삼척항활어회센터에 들러 싱싱한 회를 맛보고 돌아가도 좋을 것이다.

Ⓐ 강원도 삼척시 정라항길 8 Ⓣ 033-570-3414(삼척시청 해양수산과)

TIP

- 삼척역, 삼척고속버스터미널에서도 가까워 뚜벅이 이용자도 부담없이 다녀올 수 있다.
- 자동차로 방문할 경우 무료로 이용 가능한 주차장이 있으니 참고해 보자.

SPOT 3

초록빛 자연 만끽

경포생태 저류지

주소 강원도 강릉시 죽헌동 745 · 가는 법 강릉시외고속터미널에서 강릉시외고속터미널 버스정류장 이동 → 버스 202, 302번 승차 → 오죽헌 하차 → 도보 이동(약 600m) · 전화번호 033-640-5135(강릉시청 관광과)

경포생태저류지, 강릉 메타세쿼이아길은 보다 가까이서 자연을 만날 수 있는 장소이다. 바로 옆에 생태 하천이 조성되어 있고, 꽃향기 낭만길에는 계절마다 예쁜 꽃이 피어난다. 사람들에게도 많이 알려지지 않아 비교적 한적하게 사진을 찍을 수 있다. 경포생태저류지는 강릉시외고속터미널에서 대중교통으로 약 20분, 강릉역에서는 약 25분 소요될 정도로 교통도 편리해 뚜벅이 여행자도 부담없이 방문할 수 있다. 주변에 300년의 전통을 간직하고 있는 선교장, 강릉의 대표적인 관광명소 오죽헌 등도 있으니 함께 방문해 보자.

주변 볼거리·먹거리

해성횟집 강릉중앙시장은 지하에는 어시장, 1층에는 포목상, 2층에는 식당들이 주로 자리하고 있다. 2층의 식당들 가운데 해성횟집은 오래전부터 이곳에서 삼숙이탕과 알탕을 만들어 온 곳으로 유명하다.

Ⓐ 강원도 강릉시 금성로 21 중앙시장 2층 30호 Ⓞ 매일 09:00~19:30 Ⓜ 삼숙이탕 14,000원, 알탕 14,000원 Ⓣ 033-648-4313

선교장

Ⓐ 강원도 강릉시 운정길 63 Ⓞ 3~10월 09:00~18:00, 11~2월 09:00~17:00 Ⓒ 성인 5,000원, 청소년 3,000원, 어린이 2,000원 Ⓣ 033-648-5303 Ⓗ knsgj.net

8월 34주 소개(264쪽 참고)

오죽헌

Ⓐ 강원도 강릉시 율곡로 3139번길 24 Ⓞ 매일 09:00~18:00/1월 1일·설날·추석 당일 실내 전시관 휴관 Ⓒ 일반 3,000원, 청소년 2,000원, 어린이 1,000원 Ⓣ 033-660-3301 Ⓗ gn. go.kr/museum

4월 15주 소개(126쪽 참고)

추천 코스 녹음과 장미의 계절

1 COURSE 🚗 자동차 이용(약 29km)

무건리이끼폭포

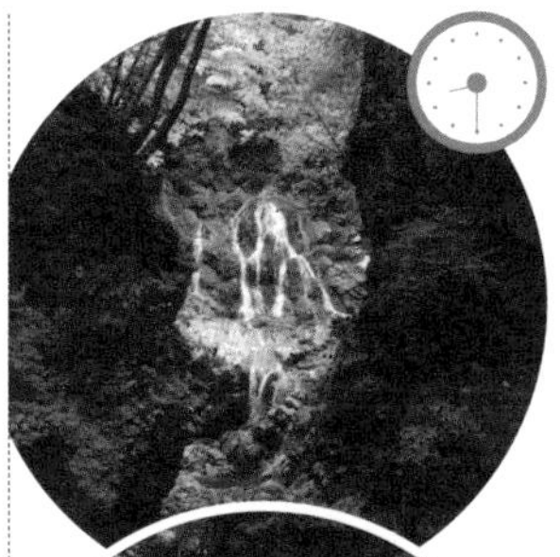

주소 강원도 삼척시 도계읍 무건리 산86-1
가는 법 도계역(영동선)에서 자동차 이용(약 10km) → 무건리 이끼폭포 입구에 주차 후 임시 도로 이동(약 3km)
전화번호 033-570-3866
etc 주차 무료

5월 21주 소개(166쪽 참고)

2 COURSE 🚗 자동차 이용(약 3km)

원조죽서뚜구리집

주소 강원도 삼척시 엑스포로 68
운영시간 10:00~19:30
대표메뉴 뚜구리탕 8,000원
전화번호 033-574-5535

뚜구리는 우리나라 특산종인 민물고기 동사리의 강원도 사투리로, 뚜구리탕은 추어탕과 비슷한 느낌이다. 강원도에서는 뚜구리나 꾹저구(꺽저기)를 넣고 탕을 끓여 먹으며, 그 맛은 물고기에 따라 조금씩 차이가 있다. 이 집은 주인장이 오십천에서 직접 잡은 뚜구리로 탕을 끓여 내는 곳으로, 장맛과 어우러져 구수하고 비린내 없이 깔끔한 맛이다.

3 COURSE

삼척장미공원

주소 강원도 삼척시 정상동 232
운영시간 개화 시기 5~11월(연중 개화 사계장미)
전화번호 033-570-4067
홈페이지 samcheok.go.kr/rosepark
etc 주차 무료

5월 21주 소개(168쪽 참고)

5월 다섯째 주

강원도의 밥상

22 week

SPOT 1

강원도 대표 향토음식

현대장칼국수

주소 강원도 강릉시 남부로 90 2호점 · **가는 법** 강릉시외고속버스터미널에서 자동차 이용(약 2.5km) · **운영시간** 월~금요일 10:00~20:00, 토~일요일 09:30~20:00/매주 목요일 휴무 · **대표메뉴** 장칼국수 9,000원, 맑은칼국수 9,000원 · **전화번호** 033-648-0929

강릉 장칼국수 3대 맛집 중 하나. 처음 맛보았을 때보다 먹고 난 후에 자꾸만 생각나는 맛집이다. 인기 TV 프로그램에도 소개되며 더욱 입소문이 난 곳으로, 강릉 내 1, 2호점이 있다. 1호점은 웨이팅이 많지만 2호점은 웨이팅이 적고 주차 공간도 넓은 편이라 선호도에 맞게 방문하는 것을 추천한다. 영업시간 또한 서로 다르니 사전 확인은 필수다. 이곳의 특징은 직접 썬 듯한 굵은 면발로 마치 수제비 같은 느낌도 든다. 메뉴는 맑은 국물의 장칼국수와 매운맛의 장칼국수가 있으며 맵기 조절도 가능하니 참고해 보자.

주변 볼거리·먹거리

강릉단오제 강릉 남대천과 강릉단오문화관 일대에서는 음력 5월 5일 단옷날을 전후하여 일주일간 강릉단오제가 열린다. 중요무형문화재 제13호이자 유네스코 지정 세계무형유산으로도 등록된 강릉단오제는 단오 전후에 강릉 지방에서 행하는 마을굿으로, 산신령과 서낭신에게 제의를 올리는 대관령산신제, 대관령국사성황제를 포함한 단오굿을 중심으로 시작된다. 관노가면극과 각종 민속놀이, 세시풍속도 진행되는데, 그네대회와 씨름대회부터 창포물머리감기, 단오부채그리기, 수리취떡만들기 등 다양한 체험이 가능하다. 보통 5월 말이나 6월 초에 개최되며, 단오제 기간이 아니더라도 강릉단오문화관에서 관련 전시를 관람할 수 있다.

Ⓐ 강원도 강릉시 단오장길 1 강릉단오제전수교육관 2층 Ⓞ 5~6월 중(축제 일자는 매년 다름) Ⓣ 033-641-1593 Ⓗ danoje festival.or.kr

SPOT 2

몸에 좋은 도토리 가득!

정현 도토리임자탕

주소 강원도 춘천시 동내면 거두택지길26번길 3 · **가는 법** 춘천시외버스터미널에서 시외버스터미널 버스정류장 이동 → 버스 2번 승차 → 석사삼익아파트 하차 → 도보 이동(약 450m) · **운영시간** 11:30~21:00/매주 월요일 휴무 · **대표메뉴** 도토리임자탕 9,000원, 도토리쟁반국수 20,000원, 도토리묵 8,000원, 도토리부침 7,000원 · **전화번호** 033-263-0002

도토리는 동의보감에 나왔을 정도로 몸에 좋은 음식으로 알려져 있다. 토속적인 음식을 좋아한다면 꼭 추천하고 싶은 정현 도토리 임자탕이다. 이곳은 임자탕 외에도 도토리 쟁반국수, 도토리 부침 등을 판매한다. 짜거나 자극적이지 않아 상대적으로 부담스럽지 않고 고소한 맛이 일품이라 보양식 같다는 느낌도 든다. 도토리 쟁반국수는 2인 기준으로 판매하며 도토리 특유의 부드러움에 야채가 더해져 식감을 더욱 좋게 한다.

임자탕의 임자는 들깨를 뜻하며, 마지막에 밥까지 말아 먹으면 따끈하면서도 고소하니 조합이 좋다. 보통은 어른들을 모시고 오기에 좋은 장소라고 하지만 한번 방문하면 매력에 푹 빠질 만큼 누구에게나 추천하는 장소이다.

주변 볼거리·먹거리

낭만골목 예스러운 분위기가 폴폴 나는 곳부터 귀여운 그림의 벽화까지. 춘천시의 옛 풍경, 현재 풍경을 벽화로 제작해 더욱 의미 있는 벽화 골목이다. 골목 중간에는 춘천 여행 지도가 있어 주변 관광지를 살펴보기에도 좋고 벽뿐만 아니라 우편함, 가로등 등에도 아기자기한 그림이 있어 구경하는 재미가 있다. 고양이를 좋아한다면 고양이 골목도 놓칠 수 없는 포인트 중 하나이다.

Ⓐ 강원도 춘천시 효자동 541-6

SPOT 3

영월 대표 국수

강원토속식당

주소 강원도 영월군 김삿갓면 영월동로 1121-14 · **가는 법** 영월버스터미널에서 서부시장 버스정류장 이동 → 버스 12, 15, 171, 121번 승차 → 고씨동굴 하차 → 도보 이동(약 150m) · **운영시간** 매일 11:00~19:00 · **대표메뉴** 칡국수 8,000원, 칡비빔국수 9,000원, 칡콩물국수 9,000원, 감자송편 6,000원 · **전화번호** 033-372-9014

강원도 하면 떠오르는 작물은 감자, 메밀, 칡 등이다. 산이 많아 쉽게 구할 수 있는 칡으로 만든 영월의 칡국수는 평창의 메밀국수, 정선의 콧등치기국수와 더불어 강원도의 대표적인 국수라고 할 수 있다.

고씨동굴 앞 영월동굴생태관 주변으로 칡국수 음식점들이 모여 있는데, 그중 강원토속식당은 현지인들도 추천하는 칡국수 맛집이다. 뜨거운 국물을 부은 칡국수와 매콤하게 비벼 먹는 칡비빔국수가 있는데, 칡비빔국수를 시키면 커다란 그릇에 칡국수 국물도 따로 나오므로 함께 맛볼 수 있다. 국물은 멸치로 우려내 진하고 시원하다. 또한 달걀지단과 김치가 고명으로 올라가 심심하지 않고 좋다. 면은 칼국수 정도의 굵기로, 차진 식감에 칡 내음을 담고 있다. 메밀면과 비슷해 보이지만 찰기나 향에서 확실히 구분된다. 조금 두꺼운 면발과 매콤한 양념이 어우러진 칡비빔국수도 맛있다. 입이 매우면 시원한 칡국수 국물로 달래 보자.

TIP

영월은 대중교통 이용이 매우 불편한 지역이다. 따라서 영월의 이곳저곳을 둘러보고 싶다면 자동차 여행을 추천한다.

주변 볼거리·먹거리

영월아트미로공원 아트미로공원은 흉물로 취급받던 고씨굴랜드의 부지에 기존 시설을 재활용하여 만든 공간이다. 측백나무를 심어 조성한 미로공원이 있으며, 폐놀이시설을 활용한 조형물들이 곳곳에 자리하고 있다.

Ⓐ 강원도 영월군 김삿갓면 영월동로 1121-32 Ⓒ 무료 Ⓣ 033-372-6871(고씨굴 관리사무소)

추천 코스 동강을 따라서

1 COURSE

고씨동굴

도보 2분(약 150m)

2 COURSE

강원토속식당

자동차 이용(약 17km)

3 COURSE

동서강정원 연당원

주소	강원도 영월군 김삿갓면 영월동로 1117
운영시간	매일 09:00~18:00
입장료	성인 4,000원, 청소년·군인 3,000원, 어린이 2,000원, 경로 1,000원
전화번호	033-372-6871

임진왜란 당시 고 씨 가족이 피신했던 곳이라 하여 고씨동굴이라고 부른다. 천장이 낮고 통로도 좁아 키나 몸집이 큰 경우 관람이 쉽지 않다. 고씨동굴은 영월 래프팅의 출발 및 도착지로도 활용되고 있어 동굴로 가는 길에 동강의 정취를 느낄 수 있다.

주소	강원도 영월군 김삿갓면 영월동로 1121-14
운영시간	매일 11:00~19:00
대표메뉴	칡국수 8,000원, 칡비빔국수 9,000원, 칡콩물국수 9,000원, 감자 송편 6,000원
전화번호	033-372-9014

5월 22주 소개(176쪽 참고)

주소	강원도 영월군 남면 연당로 76-16
운영시간	10:00~17:00/매주 월요일·1월 1일·설날·추석 휴원
입장료	한시적 무료 개방
전화번호	033-372-0545

돌담 위에 놓인 작고 귀여운 다육이 화분, 주변에 피어난 꽃들은 봄, 여름을 알록달록하게 만든다. 안쪽까지 걷다 보면 나오는 작은 호수에는 잔잔함에 반영이 예쁘게 비친다. 호수 주변에는 천사 포토존, 벤치 등이 있어 잠시 쉬어가기 좋다.

5월의 청정여행 **싱그러운 연듯빛 양구**

5월에는 연둣빛 강원도로 떠나자. 꽃보다 아름다운 풀잎과 수목으로 가득한 산속 풍경은 눈이 부시고 흥겨운 축제들도 잇따라 열린다. 봄 햇살 받아 더욱 반짝이는 청정 자연지역 양구에서 싱그러운 봄기운을 한가득 받아 가자.

※ 양구는 대중교통으로 다니기 힘든 지역이므로 자동차 여행을 추천한다.

2박 3일 코스 한눈에 보기

양구수목원
양지말뫼막국수
두타연
수입천
양구백자박물관
시래원
양구곰취축제
장수오골계숯불구이
양구군립박수근미술관

강원도의 봄꽃 명소

완연한 봄을 알리는 수려한 봄꽃들. 보통 3월 말부터 시작하는 다른 지역과 달리 강원도의 봄꽃은 조금은 늦은 편이다. 4월 초부터 시작해 5월까지, 영동지방에서 시작해 영서, 그리고 강원도 북부지방으로! 덕분에 강원도에서는 조금 더 늦은 시기까지 봄꽃을 볼 수 있으니 벚꽃막차를 즐겨보면 어떨까?

허균허난설헌기념공원

Ⓐ 강원도 강릉시 난설헌로 193번길 1-16
4월 14주 소개(120쪽 참고)

원주천

Ⓐ 강원도 원주시 단구동 일대
4월 14주 소개(123쪽 참고)

반곡역폐역

Ⓐ 강원도 원주시 달마중3길 30 Ⓣ 1544-7788 Ⓗ letskorail.com Ⓔ 주차 무료
4월 14주 소개(122쪽 참고)

원주천

반곡역폐역

상도문돌담마을

제주의 현무암 돌담처럼 속초에도 돌담마을이 있다. 많이 알려지지 않아 더욱 소중한 겹벚꽃 명소. 조용하게 마을을 따라 거닐며 몽글몽글, 탐스러운 겹벚꽃 사진을 담아 보자.

Ⓐ 강원도 속초시 상도문1길 30 Ⓣ 033-639-2690 Ⓔ 5대 정도 주차 가능

영랑호

4월 말 5월 초 영랑호 일대에는 철쭉이 수놓는다. 덕분에 꽃구경도 하고 드라이브도 하고! 일석이조 여행지로 많은 사랑을 받고 있다. 영랑호수 위 부교를 건너는 코스를 포함해 영랑호수 윗길을 산책하거나 어마어마하게 큰 규모에 현실감이 느껴지지 않는 범바위까지 둘러보기 좋다.

Ⓐ 강원도 속초시 장사동 산313-1 Ⓞ 07:00~20:00 Ⓣ 033-639-2690

삼척장미공원

Ⓐ 강원도 삼척시 정상동 232 Ⓞ 개화 시기 5~11월(연중 개화 사계장미) Ⓣ 033-570-4067 Ⓗ samcheok.go.kr/rosepark Ⓔ 주차 무료

5월 21주 소개(168쪽 참고)

청평사

Ⓐ 강원도 춘천시 북산면 오봉산길 810 Ⓣ 033-244-1095

6월 24주 소개(192쪽 참고)

삼척장미공원

청평사

여름으로 가는 길목인 6월의 강원도는 얼핏 특별할 것이 없어 보인다. 하지만 알고 보면 강원도 구석구석의 숨은 장소를 찾아가기에 더없이 좋은 시기다. 계곡과 호수는 싱그러움을 더해 가고 여름 바다로 변신하는 동해안은 초록빛으로 빛난다. 점점 더 푸르게 향기를 더하는 산과 들, 넘실거리는 파도도 좋지만 6월에는 강원도의 아기자기함을 찾아 떠나자. 봄꽃이 진 후, 본격적으로 여름이 시작되기 전, 강원도로 향하는 길이 비교적 덜 붐비는 이때가 가장 좋다. 강원도의 숨은 매력 속으로 떠나 보자.

6월의 강원도

자연이 주는 싱그러움

6월 첫째 주

문학을 만나러 가는 길

23 week

SPOT 1

소설가의 생애 속으로

김유정문학촌

주소 강원도 춘천시 신동면 김유정로 1430-14 · **가는 법** 김유정역(경춘선)에서 도보 이동(약 500m) · **운영시간** 동절기 09:30~17:00, 하절기 09:30~18:00/매주 월요일 · 1월 1일 · 설날 · 추석 당일 휴관 · **입장료** 초등학생 이상 2,000원 · **전화번호** 033-261-4650 · **홈페이지** kimyoujeong.org

소설가 김유정 선생이 태어난 생가를 중심으로 전시관과 그의 소설 속에 등장하는 디딜방앗간, 외양간 등이 조성된 공간이다. 우리에게는 소설 〈봄봄〉과 〈동백꽃〉, 〈만무방〉 등으로 친숙한 작가의 생애 속으로 잠시 들어가 볼 수 있다. 사실 김유정 작가 하면 '점순이'가 떠오른다고 해도 과언이 아닐 것이다. 그의 대표작 〈봄봄〉과 〈동백꽃〉에 나오는 주인공 점순이 말이다. 〈동백꽃〉에서는 동갑내기 남자아이에게 나름대로 호감을 표현하지만 거절당하자 그가 기르는 닭을 괴롭히는 새침하고도 순박한 아이, 〈봄봄〉에서는 데릴사위로 들인 머슴을 뒤에서 은근히 부

추겨 놓고는 정작 소요가 발생하자 아버지 편을 드는 이중적인 태도의 아이로 나오는데, 이곳에서는 소설의 주인공과 대표적인 장면들을 몇몇 동상으로 연출해 김유정 작가의 소설이 더욱 생생하게 다가온다.

혹시나 이곳을 돌아보며 붉은 동백꽃을 찾아보려 한다면 아마 보이지 않을 것이다. 소설 〈동백꽃〉에 나오는 동백꽃은 우리가 흔히 알고 있는 빨간색 꽃이 아니라 생강나무의 꽃이기 때문이다. 강원도에서는 생강나무에 피어나는 노란 꽃을 동백꽃 또는 산동백이라 불러 왔다고 한다. 작가의 생가 주위에는 유난히 생강나무가 많이 심어져 있다.

안타깝게도 지병으로 29세에 요절했으나 등단 후 불과 2년 동안 30여 편의 작품을 남겼을 정도로 열정적이던 작가는 궁핍하고 부조리했던 당대의 현실을 해학적으로 풀어내 지금까지도 한국 현대문학의 대표 소설가로 사랑받고 있다. 아담한 규모의 문학촌이지만 그의 발길이 닿았고 그대로 그의 소설이 되었던 작은 마을의 순박한 사람들을 떠올리며 천천히 둘러보면 어떨까.

주변 볼거리·먹거리

실레이야기길 작가 김유정의 고향인 실레마을은 사방이 산으로 둘러싸인 아늑한 마을이다. 또한 그의 작품 열두 편에 등장하는 인물들의 실제 이야기가 전해지는 곳이기도 하다. 마을 전체가 소설의 무대가 된 이곳에 금병산 자락을 따라 실레이야기길이 조성되었다. 소설 〈만무방〉의 노름터, 실존 인물이었던 〈봄봄〉 봉필 영감의 집 등 소설 속 배경을 따라 걸어 보자.

Ⓐ 강원도 춘천시 신동면 증리 산 107-29(봄내길 1코스) Ⓣ 033-250-4270 Ⓗ bomne.co.kr

SPOT 2

목마와 숙녀

박인환문학관

주소 강원도 인제군 인제읍 인제로156번길 50 · **가는 법** 인제시외버스터미널에서 도보 이동(약 550m) · **운영시간** 09:30~18:00/매주 월요일 · 1월 1일 · 설날 · 추석 당일 휴관 · **입장료** 무료 · **전화번호** 033-462-2086 · **홈페이지** parkinhwan.or.kr

한국 모더니즘을 대표하는 시인 박인환을 기리는 문학관이다. 그는 인제 출신이었으나 주요 활동 무대는 서울 명동이었다. 그래서인지 문학관 내부에 1950년대의 명동 거리를 그대로 재현해 놓았다. 작가의 일대기나 주요 작품들, 유품 등을 전시하는 보통의 문학관과는 다른 모습이다.

〈목마와 숙녀〉, 〈세월이 가면〉 등의 명작을 남기고 31세의 젊은 나이에 생을 마감한 박인환은 우리에게 영원히 멋쟁이로 기억될 것 같다. 문학관 내부에 들어서면 수려한 외모와 세련된 옷차림의 그를 만날 수 있다. 당시에도 명동 최고의 멋쟁이로 유명했던 그는 가난했지만 항상 단정한 머리와 말쑥한 차림으로 다녔다고 한다.

입구에서 우리를 반겨 주는 시인과 눈인사를 나누었다면 본격적으로 그가 즐겨찾던 가게와 거리를 구경해 보자. 값싼 양주를 제공해 가난한 예술가들의 사랑을 받았던 술집 포엠과 예술가들을 위한 종합문화회관 동방싸롱이 가장 먼저 보인다. 술을 빼놓고는 예술가의 삶을 말하기 어려운 것인지 유독 술집이 많은데, 유명옥 역시 박인환이 시인 김수영, 김경린 등과 함께 술잔을 기울이며 서로의 생각을 나누던 선술집이라고 한다. 대폿집 은성은 작고(作故) 일주일 전에 창작한 〈세월이 가면〉이 탄생한 곳이다. 또한 그가 운영했던 서점 마리서사의 모습도 살펴볼 수 있다. 이렇게 한국 모더니즘 시 운동의 발상지였던 역사적인 곳들을 실제로 볼 수 없는 것은 안타까운 일이다. 문학관에서나마 그 시대를 살아가던 시인의 발자취를 느끼는 시간은 그래서 더욱 값지다.

주변 볼거리·먹거리

인제산촌민속박물관
박인환문학관 옆에 위치한 인제산촌민속박물관은 사라져 가는 강원도 산촌의 민속 문화와 옛 모습을 보존 및 전시하기 위해 인제군에서 건립한 박물관이다. 박물관 안팎으로 볼거리가 풍부하니 관심 있다면 들러보자.

Ⓐ 강원도 인제군 인제읍 인제로 156번길 50 Ⓞ 09:30~18:00/매주 월요일·1월 1일·명절 당일 휴관·월요일이 공휴일인 경우 다음날 휴관 Ⓒ 무료 Ⓣ 033-462-2086 Ⓗ mvfm.kr

SPOT 3

한국문학의 거목을 만나다

박경리 문학공원

주소 강원도 원주시 토지길 1 · **가는 법** 원주시외고속버스터미널에서 시외고속버스터미널 버스정류장 이동 → 버스 16번 승차 → 박경리문학공원 하차 · **운영시간** 10:00~17:00/매월 넷째 주 월요일 · 1월 1일 · 설날 · 추석 연휴 휴관 · **전화번호** 033-762-6843 · **홈페이지** wonju.go.kr/tojipark

소설가 박경리는 인생의 후반기 대부분을 원주에서 보냈다. 경남 통영 출신이었으나 원주에 대단한 매력을 느껴 머물게 되었다고 한다. 작가의 원주 자택을 중심으로 조성된 박경리문학공원은 그녀의 문학적 유산을 기념하는 곳이다. 생전에 손수 가꾸었다는 텃밭과 정원, 집필실 등을 원형 그대로 보전하였고, 소설 〈토지〉의 무대가 되는 평사리마당, 홍이동산, 용두레벌을 꾸며 놓았다. 한국인의 정서와 당대의 역사를 담아 낸 우리 소설사의 걸작과 그것을 집필한 작가를 기억하는 공원인 것이다.

이곳의 봄은 말 그대로 초록의 향연이다. 수목이 우거진 곳곳에서 작가 박경리를 느낄 수 있다. 그녀가 가꾸던 텃밭은 지금도 누군가가 정성껏 가꾸고 있다. 마치 이 공원 전체가 작가가 남긴 유산처럼 느껴진다. 나무 그늘 아래, 커다란 바위에 앉아 있는 작가의 조각상에 왠지 자꾸 눈길이 간다. 동물을 사랑했다는 그녀답게 고양이도 같이 있다. 그 옆에 걸터앉아 위대한 작가와 시선을 함께해 보는 것은 어떨까.

주변 볼거리·먹거리

박경리문학의집 박경리문학공원 내에 위치한 박경리문학의집은 그녀의 작품 세계를 알아볼 수 있는 곳이다. 〈토지〉에 대한 관람객의 이해를 돕는 공간이 조성되어 있으며, 그 외에도 작가의 많은 작품과 유품 등이 전시되어 있다.

Ⓐ 강원도 원주시 토지길 1 Ⓞ 10:00~17:00/매월 넷째 주 월요일·1월 1일·설날·추석 연휴 휴관 Ⓒ 무료 Ⓣ 033-762-6843 Ⓗ wonju.go.kr/tojipark

추천 코스 김유정역 500% 즐기기

1 COURSE (도보 9분(약 700m))

김유정문학촌

2 COURSE (도보 2분(약 160m))

강촌레일파크

3 COURSE

오심5

주소 강원도 춘천시 신동면 김유정로 1430-14
가는 법 김유정역(경춘선)에서 도보 이동(약 500m)
운영시간 동절기 09:30~17:00, 하절기 09:30~18:00/매주 월요일·1월 1일·설날·추석 당일 휴관
입장료 초등학생 이상 2,000원
전화번호 033-261-4650
홈페이지 kimyoujeong.org

6월 23주 소개(184쪽 참고)

주소 강원도 춘천시 신동면 김유정로 1383
입장료 바이크 35,000원(2인승), 바이크 48,000원(4인승)
전화번호 033-245-1000
홈페이지 railpark.co.kr

6월 25주 소개(200쪽 참고)

주소 강원도 춘천시 신동면 김유정로 1407 2층
운영시간 09:00~18:00/매주 월요일 휴무
대표메뉴 아메리카노 4,000원, 낙지볶음밥 13,000원, 오믈렛 13,000원, 오심오스파게티 15,000원, 오심오떡볶이 10,000원
전화번호 010-5925-0670

폴란드식 그릇과 브런치를 판매하는 이색 카페다. 들어서자마자 수많은 폴란드식 식기에 두 눈을 번쩍 뜨게 된다. 구경하거나 실제 구매도 가능해 둘러보기 좋다. 2023년 3월 이전하면서 달라진 모습으로 신규 오픈하였으니 더욱 멋있어진 경치와 이곳만의 분위기를 함께 즐겨보자.

6월 둘째 주

강원도 사찰의 매력

24 week

SPOT 1

백 개의 연못을 지나 만나는

백담사

주소 강원도 인제군 북면 백담로 746 · **가는 법** 동서울터미널에서 백담(용대리) 시외버스 운행, 백담매표소까지 도보 이동/시기별 운행시간 변동, 겨울철 운행 중단 · **전화번호** 033-462-6969(종무소), 033-462-3009(버스운행 문의) · **홈페이지** baekdamsa.or.kr · **etc** 백담사 내 셔틀버스 요금(편도) 성인 2,500원, 소인 1,200원

설악산 대청봉에서 백 개의 못을 지나면 만난다 하여 백담사라 이름 붙었다. 어린 시절 눈 쌓인 산길을 8km나 올라 겨우 도착했던 기억 때문에 깊은 산중에 있다고 뇌리에 박힌 사찰이다. 승려이자 시인인 한용운이 머물며 〈님의 침묵〉 등을 집필한 곳이기도 하며, 전직 대통령이 머물면서 정비가 되고 더욱 유명해졌다고 한다.

설악산 계곡을 끼고 위치한 덕분에 산사 구석구석에서 절경을 만날 수 있다. 백담사 주차장에서 백담사까지 이르는 길은 오르기 쉽지는 않지만 계곡 풍경이 예쁘기 때문에 등산을 좋아한

다면 시간이 걸리더라도 걸어서 올라가 보자.

백담사 계곡에는 언제부터 시작되었는지 모를 돌탑이 빼곡히 쌓여 있다. 계곡을 가득 메운 돌탑에서 그곳을 찾은 사람들의 마음이 전달된다. 돌탑을 구경하고 계곡에 발도 담가 보자. 또한 다섯 살 동자승의 이야기가 전해지는 오세암과 우리나라 5대 적멸보궁 중 하나인 봉정암이 백담사의 부속암자로 자리하고 있으니 빠뜨리지 말고 들르자.

주변 볼거리·먹거리

백담사만해기념관
만해 한용운 선생의 민족사랑 정신을 계승하기 위해 건립된 기념관으로 백담사 내부에 있다. 만해의 유묵, 〈님의 침묵〉 초간본 및 백여 종의 판본 등이 전시되어 있다.

Ⓐ 강원도 인제군 북면 백담로 746 백담사 내
Ⓒ 무료 Ⓗ manhae.or.kr

TIP
주말이면 구간버스를 타기 위해 긴 줄을 서야 한다. 버스 이용이 불편하여 불만스러울 수 있으나 백담사에 이르는 길은 매우 험한 편이다. 날씨에 따라 버스 운행이 불가한 날에는 약 8km를 걸어야 하므로 참고하자.

SPOT 2

호수를 건너 계곡을 따라

청평사

주소 강원도 춘천시 북산면 오봉산길 810 · **가는 법** 춘천역 춘천시티투어버스 이용(사전 예약)/춘천시티투어버스 대인 6,000원, 소인 4,000원 · **입장료** 성인 2,000원, 청소년 · 군인 1,200원, 초등생 800원 · **전화번호** 033-244-1095 · **홈페이지** cheongpyeongsa.co.kr

소양댐에서 유람선을 타고 들어가 길을 올라야 닿는 청평사는 아담한 산사도 매력 있지만 그 여정 또한 낭만적이다. 그리 크지 않은 계곡을 따라 오르다 보면 구성폭포를 만날 수 있는데, 맑은 물빛이 매우 아름답다. 시원하게 떨어지는 폭포 앞에 앉아 잠시 쉬어 가도 좋을 것이다. 청평사 내에는 고려시대 때 만들었다는 인공연못 영지와 구석구석에 있는 불상들, 장수샘 등 볼거리도 많다. 특히 장수샘의 물은 한 모금 마실 때마다 수명이 연장된다고 하니 꼭 맛보고 오자.

주변 볼거리·먹거리

춘천통나무집닭갈비 춘천에 왔으면 닭갈비를 빼놓을 수 없다. 소양댐 근처 강변을 내려오다 보면 닭갈비집들이 나타난다. 신샘밭로의 대부분이 닭갈비 맛집들이지만 그 중에서도 통나무집닭갈비의 철판닭갈비가 유명하다.

Ⓐ 강원도 춘천시 신북읍 신샘밭로 763 Ⓞ 매일 10:30~21:30 Ⓜ 닭갈비 14,000원, 닭내장 14,000원, 막국수 8,000원, 감자부침 8,000원 Ⓣ 033-241-5999 Ⓗ chdakgalbi.com

TIP

2013년에 배후령터널이 뚫려 현재는 도로 진입도 가능하다. 하지만 아직까지도 사람들 대부분이 소양댐에서 유람선을 타고 방문한다.

SPOT 3

아홉 마리 용과 거북
구룡사

주소 강원도 원주시 소초면 구룡사로 500 · **가는 법** 원주시외고속버스터미널에서 버스 13번 승차 → 북원교 하차 → 버스 41번 환승 → 구룡사 하차/일요일, 공휴일 원주시외고속버스터미널에서 버스 41-2번 승차 → 구룡사 하차 · **입장료** 무료 · **전화번호** 033-732-4800 · **홈페이지** guryongsa.or.kr

치악산 자락에 위치한 구룡사는 무엇보다 산세와 어우러진 모습이 장관이다. 조선시대의 황장금표(임금의 관을 만드는 데 쓰는 품질 좋은 소나무를 보호하기 위해 도벌을 금한다는 표지)가 남아 있는 유일한 곳이기도 하며, 구룡사로 이어지는 금강소나무숲길은 그야말로 삼림욕을 만끽할 수 있는 곳이다. 키 큰 금강소나무를 따라 걷다 보면 구룡사에 도착한다. 보호수로 지정된 수령 200년의 은행나무가 입구에서 반겨 주는데, 그 웅장함에 감탄이 절로 나온다. 사찰에 들어서면 앞쪽으로 굽이굽이 산봉우리가 내다보인다. 사천왕문을 지나 계단을 오르면 나오는 대웅전과 강원도유형문화재로 지정된 보광루, 인자한 미소를 띤 미륵불까지 모두 둘러봤다면 근처의 구룡소도 놓치지 말고 들르자. 맑은 초록빛의 못에 가슴속까지 시원해진다.

이곳은 아홉 마리 용의 전설을 가지고 있다. 그러나 구룡사의 구 자는 아홉 구(九)가 아니라 거북 구(龜) 자다. 창건 당시 아홉 용이 살던 못을 메우고 절을 세워 구룡사라 부른 것은 맞다. 하지만 절 입구에 있는 거북바위 때문에 절이 쇠락한다고 하여 바위에 구멍을 뚫어 혈을 끊었으나 그래도 계속 몰락의 길을 걷자 거북바위의 혈을 다시 잇는 의미로 이름을 거북 구 자로 바꿨다고 한다.

주변 볼거리·먹거리

치악산 차령산맥 줄기의 명산인 치악산은 아름다운 계곡과 폭포, 여러 고찰 등의 명소를 품고 있다. 특히 구룡사에서 주봉(主峯)인 비로봉(해발 1,288m)까지의 등산로는 기암괴석과 가파른 능선이 만들어 내는 비경으로 유명하다.

Ⓐ 강원도 원주시 소초면 무쇠정 2길 26 Ⓣ 033-740-9900(치악산국립공원사무소) Ⓗ chiak.knps.or.kr

TIP

- 치악산 등반을 계획한다면 하절기는 13시, 동절기는 12시까지 구룡탐방지원센터에 도착해야 정상까지 등반이 가능하므로 참고하자.
- 구룡사에서 세렴폭포까지의 등산로는 오르기 평이한 구간이므로 산책하듯 올라 보자. 세렴폭포부터 비로봉까지는 매우 힘든 구간이 이어진다.

추천 코스 옛 선조의 지혜

1 COURSE

자동차 이용(약 3.3km)

백담사

2 COURSE

도보 5분(약 360m)

여초김응현서예관

3 COURSE

만해마을

주소 강원도 인제군 북면 백담로 746
전화번호 033-462-6969(종무소), 033-462-3009(버스운행 문의)
홈페이지 baekdamsa.or.kr
etc 백담사 내 셔틀버스 요금(편도) 성인 2,500원, 소인 1,200원

6월 24주 소개(190쪽 참고)

주소 강원도 인제군 북면 만해로 154
운영시간 하절기 09:00~18:00, 동절기 09:00~17:30/매주 월요일·1월 1일·설날·추석 당일 휴관
입장료 무료
전화번호 033-461-4081

2012년 한국건축문화대상을 받은 곳! 넓은 잔디밭, 옆쪽으로는 잘 가꾸어진 소나무숲까지 건물과 자연이 잘 어우러져 있다. 인제 문학여행 코스로 추천하는 여초김응현서예관은 별도의 입장료 없이 누구나 무료로 관람할 수 있다. 바로 옆에는 한국시집박물관이 있어 평소 문학을 좋아하는 사람이라면 이곳에 방문해 보자.

주소 강원도 인제군 북면 만해로 91
운영시간 만해문학박물관 09:00~17:00/매주 월요일·1월 1일·설날·추석 당일 휴관
입장료 무료
전화번호 033-462-2303(동국대학교 만해마을)
홈페이지 manhae2003.dongguk.edu

만해마을 입구에는 평화의 시벽이 있는데, 세계평화시인대회에 참가한 국내외 시인들의 작품을 동판에 새겨 전시하는 곳이다. 조금 더 들어가면 나오는 만해문학박물관에서는 만해의 저서와 유품, 기획전시 등을 관람할 수 있다.

6월 셋째 주

알록달록 채워나가는

25 week

SPOT 1

보랏빛 향기 고성

하늬라벤더팜

주소 강원도 고성군 간성읍 꽃대마을길 175 · **가는 법** 간성터미널에서 자동차 이용(약 8.8km) · **운영시간** 5, 7, 8월 10:00~18:00, 6월 09:00~19:00, 9, 10월 10:00~17:00/매주 화요일 휴무(6월은 휴무 없음), 11~4월 휴장 · **입장료** 성인 6,000원, 경로 · 중고생 5,000원, 초등학생 3,000원, 유아 2,000원 · **전화번호** 033-681-0005 · **홈페이지** lavenderfarm.co.kr

강원도 고성 골짜기에 보랏빛 라벤더가 꽃밭을 이루고 있다. 이름부터 매력적으로 느껴지는 라벤더는 주변에서 흔히 볼 수 없기에 더 눈길이 간다. 산뜻한 라벤더의 향기를 좋아한다면 꼭 가 봐야 할 곳이다. 라벤더는 6월 초부터 7월 초 사이에 개화하며, 매년 6월에는 이곳에서 라벤더축제가 열리기도 한다. 하지만 꽃이 피는 시기를 놓치더라도 괜찮다. 들판 가득 라벤더 향이 남아 있으며, 라벤더를 대신해 야생화의 향연이 펼쳐지기 때문이다.

하늬라벤더팜은 고성에 라벤더마을이 형성되는 데 가장 큰 역할을 한 곳이다. 이곳에는 라벤더전시장과 향기가게, 갤러리 카페, 오일증류소 등이 조성되어 있으며, 라벤더 수확, 천연방향제 및 비누 만들기, 라벤더 공예 등의 체험 프로그램도 제공한다. 하늬라벤더팜 주변에도 라벤더를 키우는 곳이 많아 이 근방을 라벤더마을이라 부르게 되었는데, 흐르는 개울가에 아담하게 자리 잡고 있는 이 마을은 그 정경 자체가 그림처럼 예쁘다. 골목길 여기저기에서도 적게나마 라벤더를 볼 수 있다.

주변 볼거리·먹거리

백도해수욕장 백도해수욕장은 초승달 모양의 해안선 덕분에 육지가 밀려오는 파도를 안아 주는 듯하다. 백사장 뒤편의 소나무숲에는 캠핑장이 조성되어 있는데, 캠핑장을 찾은 사람들이 여기저기 해먹을 걸고 삼삼오오 모여 족구하는 모습까지 더해져 낯선 이국의 해변에 와 있는 착각이 들기도 한다. 산책로 주변에 놓인 조개, 소라, 문어 등의 조형물도 해변의 운치를 더한다.

Ⓐ 강원도 고성군 죽왕면 문암진리 19-22 Ⓞ 일반해수욕장 7~8월 06:00~24:00/마을관리해수욕장 7~8월 06:00~22:00 Ⓣ 033-680-3356 Ⓗ baekdobeach.co.kr Ⓔ 여름 성수기 주차료 5,000원

TIP

- 라벤더축제 기간에는 홈페이지에서 할인쿠폰 등의 혜택을 확인할 수 있다.
- 체험 프로그램은 주로 개화 시기에 맞춰 이루어지므로 다른 시기에 방문할 경우 미리 문의하는 것이 좋다.

SPOT 2

새하얀 감자꽃밭

의암호

주소 강원도 춘천시 서면 금산2길 21(의암호나들길 시작점) · **가는 법** 춘천역(경춘선)에서 자동차 이용(약 8.5km) · **전화번호** 033-250-3089(춘천시청 관광과)

의암호자전거길은 약 30km로 의암호 한 바퀴를 도는 경로이다. 또 산책 코스로는 의암호나들길(봄내길 4코스)이 있는데 호수를 감상하거나 수변데크 길의 정취를 느끼며 시간을 보낼 수도 있다. 의암호나들길은 이정표도 잘되어 있어 초행자에게도 부담이 없다. 특히 5월부터 6월까지 이 일대에는 새하얀 감자꽃이 피어 더욱 아름다운 풍경을 만날 수 있다. 걷다 보면 오디, 산딸기, 버찌 등 다양한 식물도 가득하니 주위를 둘러보며 자연을 만끽해 보자. 출발 혹은 도착 지점에는 노란 금계국이 피어있는 문학공원이 있으니 시를 감상하며 한번 둘러보아도 좋다.

TIP

봄내길은 총 10개의 트레킹코스로 이루어져 있다.

- 1코스 실레이야기길 : 김유정문학촌-실레마을길(문학촌 윗마을)-산신각-저수지-금병의숙-마을안길-김유정문학촌(약 5.2km/약 2시간 소요)
- 2코스 물깨말구구리길 : 구곡폭포 주차장-봉화산길(임도)-문배마을-구곡폭포 주차장(약 7.3km/약 2시간 30분 소요)
- 2-1코스 의암순례길 : 의암류인석유적지-미나리폭포-봉화산길(임도)-구곡폭포 주차장(약 12.9km/약 4시간 30분 소요)
- 3코스 석파령너미길 : 당림초등학교-예헌병원-석파령-덕두원(명월길)-수레너미-장절공 정보화마을-신숭겸묘역(약 18.7km/약 5시간 소요)
- 4코스 의암호나들길 : 서면 수변공원-눈늪나루-둑길-성재봉-마을길-오미나루-신매대교-호반산책로-소양2교-근화동배터-공지천-어린이회관-봉황대(약 14.2km/약 5시간 소요)
- 4-1코스 소양강변길 : 경춘선전철 춘천역 2번 출구-의암호변 자전거길-평화공원-소양강 처녀상-소양2교-삼성아파트 앞 강변길-소양1교-비석군-번개시장-평화로-춘천역(약 6.6km/약 2시간 30분 소요)
- 5코스 소양호나루터길 : 소양강댐 선착장-품걸리 선착장-갈골-물로리 선착장-소양강댐 선착장(수로 25.7km, 육로 12.69km/약 7시간 소요)
- 6코스 품걸리오지마을길 : 품걸1리-옛광산길-늘목정상-임도길-사오랑-품걸1리 마을(약 16.3km/약 6시간 소요)
- 7코스 북한강 물새길 : 옛 강촌역-옛 백양리역-신백양리역(편도 약 2.1km/약 1시간 소요)
- 8코스 장학리 노루목길 : 한림성심대 후문, 노루목길 입구-쉼터-정상과 노루목 방향 표지판-노루목길 정상-끝 지점-정상과 노루목 방향 표지판 회귀-산길 끝, 도로(약 4.9km/약 2시간 소요)

※ 5코스나 6코스는 소양댐에서 배 승선 등 별도의 협의가 필요하다.

주변 볼거리·먹거리

카페더피플 전문 바리스타와 발달장애가 있는 바리스타가 함께 일하는 공간이다. 주택가에 위치해 주변이 고요하고 평화로운 느낌이 든다. 많이 알려지지 않아 평소 조용한 분위기를 좋아하는 사람이라면 가볼만하다. 야외에 있는 테라스는 춘천 명동, 시내를 조망하기에도 좋다. 깔끔한 내부에는 귀여운 인형들도 있고 앉을 자리도 넉넉한 편이다.

Ⓐ 강원도 춘천시 금강로83번길 26 1층 Ⓞ 매일 08:00~18:00 Ⓜ 아메리카노 3,000원, 바닐라라테 4,000원, 밀크티 5,000원 Ⓣ 070-5142-0855 Ⓗ instagram.com/cafe_the_people

SPOT 3

알록달록 포토존과 액티비티 가득한
강촌레일파크

주소 강원도 춘천시 신동면 김유정로 1383 · **가는 법** 김유정역(경춘선)에서 도보 이동(약 200m) · **입장료** 바이크(2인승) 35,000원, 바이크(4인승) 48,000원 · **전화번호** 033-245-1000 · **홈페이지** railpark.co.kr

저 멀리서부터 키를 훌쩍 넘는 책들이 있는 포토존으로 인해 두 눈이 번쩍! 김유정역에 내려 5분만 걸으면 도착하는 강촌레일파크다. 레일바이크, 짚라인, 카페, 각종 포토존까지 소소한 즐길 거리가 가득하다. 그중에서도 가장 대표적인 것은 더 이상 사용하지 않는 경춘선 철로를 이용해 운영하는 레일바이크다. 주로 내리막길로 되어 있어 속도감도 즐길 수 있고, 옆쪽으로는 북한강 뷰도 내려다보인다. 이 외에도 터널별 콘셉트가 있어 더욱 특별하게 즐길 수 있는 곳이다.

강촌레일파크는 주변에 김유정문학촌이나 김유정역 폐역, 유정 이야기숲 등 둘러보기 좋은 관광지가 밀접해 있어 함께 둘러보는 것을 추천한다.

주변 볼거리·먹거리

김유정역폐역 한국 철도 최초로 역명에 사람 이름을 사용한 역이다. 1939년 신남역으로 영업을 시작해 2004년 김유정역으로 이름을 변경하였다. 2010년 경춘선이 개통되며 이후 폐역은 포토존으로 탈바꿈해 관광객의 사랑을 받고 있다. 역무원 체험 등이 가능해 김유정역 주변에 간다면 꼭 방문해 보자.

Ⓐ 강원도 춘천시 신동면 김유정로 1435 ⓞ 매주 월요일 유정북카페, 관광안내센터 휴무 Ⓒ 무료 Ⓣ 033-261-7780

TIP

- 당일 예약이 불가능하므로 방문 계획이 있다면 사전에 미리 예약을 진행해야 한다.
- 반려동물 동반이 가능하나 개인 이동장은 별도로 준비가 필요하니 참고하자.

추천 코스 라벤더 꽃길 따라

1 COURSE

자동차 이용(약 21km)

하늬라벤더팜

주소 강원도 고성군 간성읍 꽃대마을길 175
가는 법 간성터미널에서 자동차 이용(약 8.8km)
운영시간 5, 7, 8월 10:00~18:00, 6월 09:00~19:00, 9~10월 10:00~17:00/매주 화요일 휴무(6월은 휴무 없음), 11~4월 휴장
입장료 성인 6,000원, 경로·중고생 5,000원, 초등학생 3,000원, 유아 2,000원
전화번호 033-681-0005
홈페이지 lavenderfarm.co.kr

6월 25주 소개(196쪽 참고)

2 COURSE

자동차 이용(약 2km)

백도해수욕장

주소 강원도 고성군 죽왕면 문암진리 19-22
운영시간 일반해수욕장 7~8월 06:00~24:00/마을관리해수욕장 7~8월 06:00~ 22:00
전화번호 033-680-3356
홈페이지 baekdobeach.co.kr
etc 여름 성수기 주차료 5,000원

6월 25주 소개(197쪽 참고)

3 COURSE

백촌막국수

주소 강원도 고성군 토성면 백촌1길 10
운영시간 10:30~17:00/매주 수요일 휴무
대표메뉴 메밀국수 9,000원, 편육 25,000원
전화번호 033-632-5422

4월 17주 소개(142쪽 참고)

6월 넷째 주

SNS에서 인기 있는

26 week

SPOT 1

개방 3년차

덕봉산 해안생태 탐방로

주소 강원도 삼척시 근덕면 덕산리 산136 · **가는 법** 삼척역(삼척선)에서 자동차 이용(약 8.7km) · **전화번호** 033-570-3089 · **홈페이지** samcheok.go.kr/tour.web · **etc** 맹방해수욕장에 주차

2021년 개방한 바다 위에 있는 산. 이곳은 과거 덕산도로 불리다가 현재는 육지와 이어지며 덕봉산이라 부르고 있다. 탐방로는 전망대 오르막길을 제외하고는 대부분 평지이며, 산 전체를 돌아도 30분이면 충분해 산책하기 제격이다. 덕봉산은 맹방해수욕장과 덕산해수욕장 사이에 위치해 바다와 함께 사진 찍기에도 좋다. 덕산해수욕장과 덕봉산을 잇는 외나무다리 또한 인기있는 사진스폿 중 하나다. 이 일대는 동해에서 몇 안 되는 일몰 장소이니 방문 전 일몰 시간을 검색하고 20분 전에 방문해 예쁜 노을 풍경을 만나 보아도 좋을 것이다.

주변 볼거리·먹거리

맹방해수욕장 덕봉산 바로 옆에 위치한 해수욕장으로 BTS의 〈Butter〉 앨범 재킷 촬영지다. 포토존이 그대로 있어 사진 찍기에도 좋고 고운 모래사장에 저 멀리까지 바다가 탁 트여 있다. 뒤쪽으로는 산림욕장과 비치캠핑장이 나란히 조성되어 있어 캠핑을 좋아하는 사람들이라면 더욱 방문하기 좋은 장소이다.

Ⓐ 강원도 삼척시 근덕면 맹방해변로 Ⓣ 033-572-3011(근덕면사무소)

SPOT 2

새롭게 떠오르는 여행지

나인비치37

주소 강원도 동해시 동해대로 6218 · **가는 법** 묵호역(영동선)에서 자동차 이용(약 6km) · **운영시간** 서핑 10:00~18:00, 펍 11:00~19:30 · **입장료** 입문강습 60,000원, 장비렌탈 서핑보드 30,000원, 장비렌탈 수트 15,000원 · **전화번호** 0507-1333-9137(서핑), 0507-1344-2163(펍) · **홈페이지** instagram.com/nine_beach_37 · **etc** 나인비치37pub과 나인비치37surf를 함께 운영(서핑 강습)

해외가 아니라는 것을 알면서도 자꾸만 '여기 외국 아니야?' 라는 생각이 드는 곳, 나인비치37이다. 이곳은 망상해수욕장에 있으며, 야자수, 파라솔 등이 설치되어 있어 이국적인 분위기를 자아낸다. 덕분에 오픈한 지 오래되지 않아 많은 사람의 관심을 받으며 인생사진 명소, 인기 여행지로 떠올랐다. 예약 시 서핑 강습도 할 수 있어 동해의 시원한 파도를 가로지르며 서핑을 배워 보기에도 좋고, 내부에 있는 펍에는 피자 등 음식과 주류를 판매해 이곳의 분위기를 즐기며 휴식하기에도 안성맞춤이다.

주변 볼거리·먹거리

해변으로 동해 어달해변의 조그만 식당이다. 입구에 들어서면 큼직하게 쓰여 있는 메뉴가 눈에 띈다. 성게칼국수, 성게수제비와 성게비빔밥, 그리고 여름 계절메뉴인 콩국수가 전부다. 깊은 바다 내음을 가득 담고 있는 성게알을 맛보고 싶다면 가볼만한 곳이다.

Ⓐ 강원도 동해시 일출로 217 Ⓞ 동절기 08:00~19:00, 하절기 08:00~20:30/명절 휴무 Ⓜ 성게비빔밥 18,000원, 성게칼국수 8,000원, 성게수제비 8,000원, 콩국수 8,000원 Ⓣ 033-533-5424

SPOT 3

이색적이고 이국적인

서피비치

주소 강원도 양양군 현북면 하조대해안길 119 · **가는 법** 양양종합여객터미널에서 송암리 버스정류장 이동 → 버스 11, 12, 77번 승차 → 중광정리 하차 → 도보 이동(약 1.5km) · **운영시간** 서핑/서피패스 10:00~19:00, 선셋바 10:00~익일 02:00 · **입장료** 서핑 입문 50,000~60,000원, SUP패들보드 30,000~40,000원, 비치 요가 30,000원 · **전화번호** 1522-2729(고객센터), 033-627-0695(선셋바) · **홈페이지** surfyy.com

양양하면 자연스레 서피비치를 떠올릴 정도로 하나의 수식어가 된 양양의 대표 여행지다. 중광정해수욕장에 위치한 서피비치는 40년 만에 개방된 서핑 전용 프라이빗 비치로, 널리 알려진 서핑 강습뿐만 아니라 패들보드, 요가 등 다양한 프로그램을 운영하고 있다.

서피비치 앞에 있는 건물에서는 각종 음료나 주류, 음식 등을 판매한다. 일몰 시간대에는 비치파티도 진행하기 때문에 여름밤을 색다르게 기억해 보고 싶다면 한번 방문해 보는 것은 어떨까? 주변에는 양양 맛집, 카페 등 즐길 거리 가득한 양리단길도 있으니 함께 둘러보기에도 좋다.

주변 볼거리·먹거리

파머스키친 문 앞에서 골든리트리버 두 마리가 반겨 주는 이 집은 수제버거 전문점으로, 주인장이 직접 만든 100% 소고기 패티가 들어간 버거를 맛볼 수 있다.

Ⓐ 강원도 양양군 현남면 동산큰길 44-39 Ⓞ 11:00~18:00/매주 화~수요일 휴무 Ⓜ 치즈버거 7,500원, 하와이언버거 9,000원, 피쉬앤칩스 11,000원 Ⓣ 0507-1309-0984

죽도 본래는 섬이었으나 지금은 육지와 닿아 있는 이곳은 사시사철 송죽이 울창하여 죽도라 불린다. 에메랄드빛 바다와 죽도암, 죽도정까지 이르는 경치가 매우 아름답다. 또한 이곳은 타포니(tafoni) 지형의 전시장이라 불리는 만큼 해변가에서 벌집 모양으로 구멍 뚫린 암벽을 쉽게 구경할 수 있다.

Ⓐ 강원도 양양군 현남면 새나루길 26 Ⓞ 죽도전망대 개방시간 하절기(4~10월) 06:00~20:00, 동절기(11~3월) 07:00~18:00 Ⓣ 033-670-2397(양양관광안내소)

추천 코스 비로소 여름의 시작

1 COURSE ▶ **나인비치37**

자동차 이용(약 6km)

2 COURSE ▶ **부흥횟집**

도보 3분(약 220m)

3 COURSE ▶ **묵호항수변공원**

주소 강원도 동해시 동해대로 6218
가는 법 묵호역(영동선)에서 자동차 이용(약 6km)
운영시간 서핑 10:00~18:00
입장료 입문강습 60,000원, 장비렌탈 서핑보드 30,000원, 장비렌탈 수트 15,000원
전화번호 서핑 0507-1333-9137, 펍 0507-1344-2163

6월 26주 소개(204쪽 참고)

주소 강원도 동해시 일출로 93
운영시간 1·2주 10:30~20:00, 3·4주 10:30~22:00/매월 첫째 주 일요일·셋째 주 월요일 휴무
대표메뉴 모듬회(大) 45,000원, 회덮밥 15,000원, 물회 15,000원
전화번호 033-531-5209

원산지는 100% 국내산. 게다가 수족관 없이 장사하는 묵호항 맛집이다. 바다 냄새가 솔솔 나는 해산물 밑반찬에 푸짐한 대구탕, 모둠회 모두 놓칠 수 없다. 모둠회의 경우 종류가 여러 가지라서 취향에 따라 맛보기 좋고, 회가 싱싱하다 보니 모듬회와 더불어 회덮밥, 물회 메뉴도 인기가 좋다.

주소 강원도 동해시 일출로 92-11

낮에는 바닷가를 따라 깨끗하고 한적한 길이 펼쳐지고 저녁에는 음식을 포장해 밤바다를 보며 즐기는 사람들이 모여든다. 주변에 도째비골, 논골담길, 연필뮤지엄 등 주요 관광지와 가깝고 큰 주차장과 식당들이 형성되어 있어 식당가 이용 뒤 가볍게 산책하기에 알맞다.

6월의 고성여행
미리 보는 여름 이야기

강원도 중에서도 가장 위에 있어 유난히 더 맑고 아름다운 바다를 지닌 고성. 6월의 고성은 바다의 에메랄드빛 그리고 라벤더의 보랏빛으로 더욱 어여쁘게 물든다. 여름 휴가 시즌이 다가오기 전, 남들보다 조금 빠르게 여름 여행을 떠나 보자!

※ 고성은 대중교통으로 다니기 힘든 지역이므로 자동차 여행을 추천한다.

2박 3일 코스 한눈에 보기

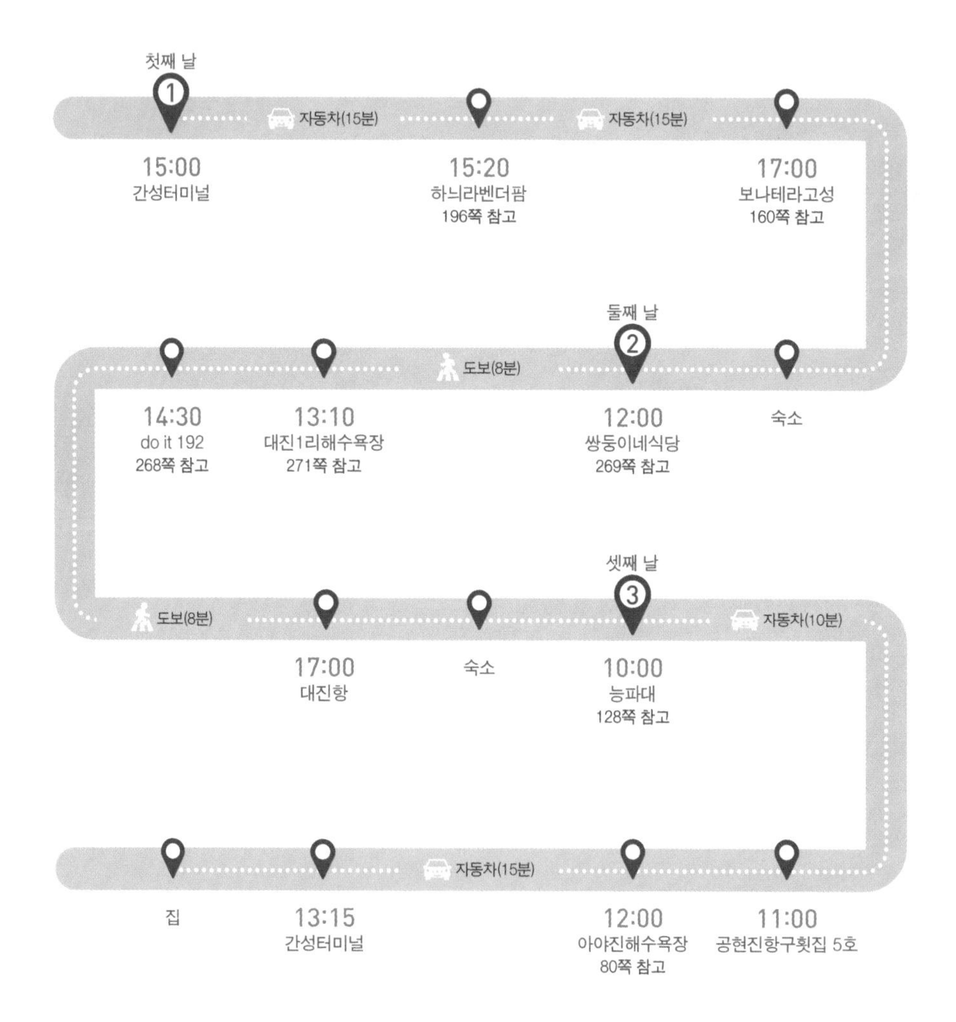

하늬라벤더팜

보나테라고성

쌍둥이네식당

대진1리해수욕장

do it 192

대진항

능파대

공현진항구횟집 5호

아야진해수욕장

여름이 오면서 산과 계곡, 그리고 바다도 초록이 더욱 짙어진다. 나뭇잎과 바닷물은 시시각각 미묘하게 다른 초록빛을 띠며 반짝이기도 하고 바래기도 하며, 여름의 색들로 무르익는다. 여느 산과 계곡, 바다라도 모두 비슷한 풍경이 되는 것 같지만, 그래서 어디로든 휴가를 떠날 수 있는 것이다. 모습은 비슷할지 몰라도 강원도 저마다의 장소들은 각각 전혀 다른 감탄을 자아내게 만드니 기대해도 좋다. 피서가 본격적으로 시작되기 전, 무언가 절정을 향해 달려가는 듯한 강원도의 여름은 초록 내음을 한가득 담고 있다.

7월의 강원도

더위 탈출

7월 첫째 주

동굴 속 다른 세계로

27 week

SPOT 1

모노레일 타고 동굴 속 여행

대금굴

주소 강원도 삼척시 신기면 환선로 800 · **가는 법** 삼척종합버스정류장에서 자동차 이용(약 25km) · **운영시간** 하절기(3~10월) 09:00~17:00, 동절기(11~2월) 09:30~16:00 · **입장료** 성인 12,000원, 청소년 · 경로 9,000원, 어린이 · 군인 6,000원(사전예약 필수) · **전화번호** 033-541-7600 · **홈페이지** daegeumgul.co.kr/dgg

삼척시 신기면에 위치한 대금굴은 외부에 입구가 노출되어 있지 않아 별도의 발굴을 통해 발견하였으며, 준비 기간을 거쳐 약 7년 만에 개방한 동굴이다. 환선굴과 같은 매표소를 이용하지만 대금굴은 모노레일 타는 곳이 비교적 가깝다. 모노레일을 타고 동굴 인근으로 이동하는데, 이때 도슨트의 설명을 들을 수 있도록 1인당 하나씩 수신기를 지급해 준다. 내부 사진 촬영은 금지되어 있으나 동굴 내 생성물, 폭포나 호수를 볼 수 있어 이색적이다. 사전 예약은 필수이며 적어도 방문 전날 오전에는 예약해야 원하는 시간과 인원에 맞춰 예매할 수 있으니 참고하자.

TIP
입장권 예약은 오로지 대금굴 예약 홈페이지를 통해서만 가능하다. 한 달 전부터 예약 가능하며 휴관일 등도 이 홈페이지를 통해 공지하니 해당 사이트를 잘 활용해 보자.

주변 볼거리·먹거리

새천년해안도로 1999년, 새롭게 맞이할 밀레니엄을 기념하기 위해 조성한 도로가 바로 삼척의 새천년해안도로다. 삼척항이 있는 정라삼거리부터 삼척해수욕장까지 이르는 해안도로로, 탁 트인 바다를 옆에 두고 달릴 수 있다. 특히 새천년해안도로는 비치조각공원과 삼척의 해변이 내다보이는 곳에 위치한 카페 마린데크 등 가볼만한 곳이 많아 사람들의 발길도 끊이지 않는다.

Ⓐ 강원도 삼척시 새천년도로 61-18 Ⓣ 033-572-2024(정라동행정복지센터)

SPOT 2

단연코 가장 화려한 동굴

화암동굴

주소 강원도 정선군 화암면 화암동굴길 12 · **가는 법** 정선공영버스터미널에서 자동차 이용(약 18km) · **운영시간** 매일 09:30~16:30 · **입장료** 성인 7,000원, 중·고등학생·군인 5,500원, 어린이 4,000원/모노레일 성인 3,000원, 중·고등학생 2,000원, 어린이 1,500원 · **전화번호** 033-560-3415 · etc 주차 무료

화암동굴은 일제강점기 당시 금을 채광하던 곳이었으나 채광 중 석회동굴을 발견하면서 이를 개발해 관광지로 자리 잡게 되었다. 동굴로 들어가기 위해서는 도보 혹은 모노레일을 이용해야 하는데, 도보로 이동할 경우 약 20분 정도가 소요된다. 동굴 내부에는 과거 금을 채굴하던 당시 현장의 모습, 금광맥, 아이들이 좋아할만한 도깨비 포토존, 어린왕자 포토존, 미디어아트 그리고 천연동굴과 분수까지 다양하게 구성되어 있다. 특히 이곳의 미디어아트는 마치 동굴에 들어왔다는 사실을 잊을 만큼 화려해 눈길을 사로잡는다. 석회동굴 내부로 들어가면 석순, 석주, 종유석 등 신비로운 생성물이 가득해 자연의 신비를 느낄 수 있

다. 다만, 계단이 많고 미끄러운 구간이 있어 어린이나 노약자, 거동이 불편한 사람은 별도의 주의가 필요하다. 감탄이 절로 나오는 신비한 동굴의 세계, 정선여행을 계획한다면 빠지지 않고 가봐야 할 곳 중 하나다.

TIP
- 동굴 내부 관람 소요시간은 약 1시간~1시간 30분이다.
- 일부 가파른 구간 등을 포함하고 있으니 운동화 착용을 권장한다.
- 여름에도 동굴 안은 선선하니 얇은 긴팔 옷을 챙기는 것이 좋다.

주변 볼거리·먹거리

나전역 나전역은 옛 간이역의 모습을 아직 간직하고 있다. 현재 여객 취급은 중단되었으나 예전에 사용했던 의자나 난로, 열차 시간표 등을 재현해 두어 볼거리를 제공하고 있다. 정선아리랑열차 이용 시 역사의 모습을 담을 수 있도록 5분간 정차한다.

Ⓐ 강원도 정선군 북평면 북평8길 38 Ⓣ 1544-7788(코레일)

SPOT 3

동굴에서 만나는 빛과 보물

천곡 황금박쥐동굴

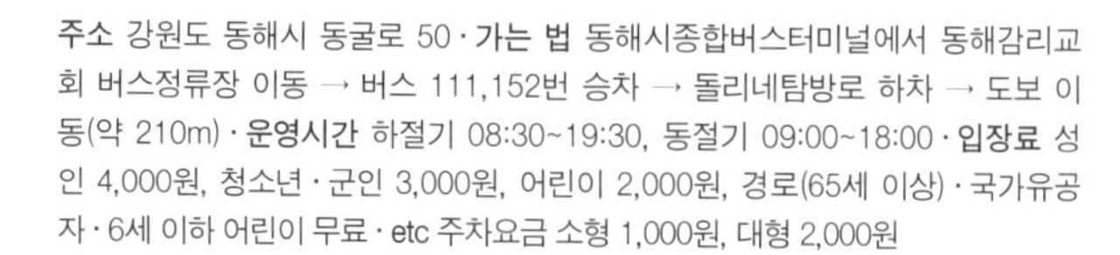

주소 강원도 동해시 동굴로 50 · **가는 법** 동해시종합버스터미널에서 동해감리교회 버스정류장 이동 → 버스 111,152번 승차 → 돌리네탐방로 하차 → 도보 이동(약 210m) · **운영시간** 하절기 08:30~19:30, 동절기 09:00~18:00 · **입장료** 성인 4,000원, 청소년 · 군인 3,000원, 어린이 2,000원, 경로(65세 이상) · 국가유공자 · 6세 이하 어린이 무료 · etc 주차요금 소형 1,000원, 대형 2,000원

황금박쥐동굴은 강원도 동해 천곡동 시내 인근에 위치해 있다. 겉보기에는 보통의 건물처럼 보이지만 안으로 들어가면 동굴이라는 점이 신기하다. 내부로 들어가기 전 안전모 착용은 필수! 물품보관함도 있어서 편리하다. 동굴 내부는 반짝반짝 보석으로 시작해 이승굴과 저승굴로 나뉘어 있다. 바닥에 물이 있어 미끄러울 수 있으니 안전에 유의해야 한다. 안쪽으로 들어갈수록 구간이 좁아지지만 그만큼 또 아름다운 경관을 마주할 수 있다. 앞서 소개한 정선 화암동굴에 비하면 화려하지는 않지만 이곳의 미디어아트는 마치 동굴 속에서 별을 보는 듯한 신비로운 기분을 느끼게 한다. 20여 마리의 황금박쥐가 서식하고 있는 천곡황금박쥐동굴, 자연이 만들어 낸 동굴 속 모험을 떠나 보면 어떨까?

주변 볼거리·먹거리

북평민속5일장 매월 3·8일로 끝나는 날 열리는 북평민속5일장은 그 규모가 커서 우리나라 3대 전통시장으로도 꼽힌다. 북평장을 상징하는 우시장을 시작으로 새벽부터 이어진다. 채소전, 어물전, 잡화전, 포전 등으로 구성되어 있으며 정겨운 볼거리와 먹거리가 가득하다. 활기찬 시골의 장터를 구경하고 싶다면 장날에 맞춰 한번 들러보자.

Ⓐ 강원도 동해시 오일장길 일대 Ⓞ 3·8·13·18·23·28일(장날) Ⓣ 033-522-1141

추천 코스 알록달록 예술과 치유

1 COURSE
그림바위미술마을

자동차 이용(약 2km)

2 COURSE
화암약수

자동차 이용(약 3km)

3 COURSE
화암동굴

주소 강원도 정선군 화암면 그림바위길 일대
전화번호 033-560-2562(정선군청 문화관광과)

정선군 화암면 화암1리, 화암2리 부근에 있는 산은 그 형상이 아름다워 예로부터 그림바위라 불렸다고 하는데, 이곳이 2013년 마을미술프로젝트 12개 지역 중 한 곳으로 선정되었다. 마을미술프로젝트는 문화체육관광부와 한국문화예술위원회, 마을미술프로젝트추진위원회가 지자체와 함께하는 공공미술 사업으로, 전국의 작은 마을을 그림과 예술이 있는 마을로 재창조하고 있다.

주소 강원도 정선군 화암면 약수길 1328(캠핑장)
전화번호 033-560-3413

그림바위마을 근처에 위치한 화암약수에서 탄산약수도 맛보고 가자. 칼슘과 불소 등 9가지 원소가 들어 있으며, 그 중에서도 탄산 성분이 많아 톡 쏘는 맛이 난다. 쌍약수 두 곳과 본약수 두 곳의 물맛이 각각 다르다고 하니 한번 비교해 보자.

주소 강원도 정선군 화암면 화암동굴길 12
운영시간 매일 09:30~16:30
입장료 성인 7,000원, 중·고등학생·군인 5,500원, 어린이 4,000원/모노레일 성인 3,000원, 중·고등학생 2,000원, 어린이 1,500원
전화번호 033-560-3415
etc 주차 무료

7월 27주 소개(214쪽 참고)

7월 둘째 주

비밀의 숲을 만나다

28 week

SPOT 1

무소유의 길

두타연

주소 강원도 양구군 방산면 두타연로 8 · **가는 법** 양구시외버스터미널에서 두타연까지 자동차 이용(약 19km) · **운영시간** 10:00~16:30/매주 월요일 휴무, 출입마감시간 15:00, 접수마감시간 14:30 · **입장료** 일반(만 19세 이상/경로 포함) 6,000원, 청소년 및 어린이(만 18세 이하) 3,000원 · **전화번호** 033-480-7266 · etc 출입 시 신분증 필요

두타연은 수입천의 지류가 흐르는 과정에서 만들어진 폭포 아래의 물웅덩이로, 이 주변은 전쟁으로 인해 50년간 출입이 통제되었다가 2003년 민통선 내 생태환경길로 개방되었다. 오랜 시간 사람의 발길이 닿지 않아 원시의 신비로운 아름다움을 온전히 간직하고 있다. 산양과 고라니 등의 서식지이기도 하므로 이목정안내소에서 두타연까지 차량으로 이동할 경우 20km/h의 속도를 반드시 유지해야 한다. 계곡의 맑고 차가운 물속에는 1급수에서만 산다는 열목어가 보인다.

두타(頭陀)는 '깨달음의 길로 가기 위해 닦고 털고 버린다'라는 무소유의 개념이라는데, 이곳을 걷다 보면 정말 욕심 없이 자연과 하나가 되는 듯한 시간을 보내게 된다. 민통선 안에 위치한 지뢰지대라는 아픔이 있지만 아이러니하게도 그로 인해 자연 그대로의 모습 외에는 아무것도 지니고 있지 않다.

TIP

- 안보관광지 통합 예약 시스템을 통해 방문 예정 1일 전까지 사전 예약은 필수이다.
- 두타연은 금강산 안내소에서 출입이 가능한데 입장 및 접수마감시간, 두타연 주차장 집결 및 퇴장시간이 정해져 있다. 신분증 확인 등 입장 절차가 있으니 여유 있게 도착하는 것을 추천한다.
- 금강산 안내소 입장(접수마감) : 1차 10:00(09:30), 2차 13:00(12:30), 3차 15:00(14:30)
- 두타연 주차장 집결(퇴장마감) : 1차 11:20(11:30), 2차 14:20(14:30), 3차 16:20(16:30)
- 군부대 훈련 및 기상악화로 불시 출입이 제한될 수 있다.
- 민통선 내 두타연 지역 전 구간은 군사시설 보호구역으로 안보관광지 통합 예약 시스템에서 주의사항을 꼭 확인하고 방문해 보자.

주변 볼거리·먹거리

양구전쟁기념관 한국전쟁 당시의 아픔과 고통이 담겨있는 곳이다. 치열한 격전을 벌인 양구 지역 9개 전투의 전쟁사를 재조명하기 위해 건립되었다. 각종 무기와 상징탑뿐만 아니라 기념관 내부에는 전쟁의 모습을 담은 조형물, 관련 영상도 볼 수 있으니, 잊어서는 안 될 우리의 역사를 위해 양구에 간다면 꼭 한번 방문해 보자.

Ⓐ 강원도 양구군 해안면 해안서화로 35 ⓞ 하절기(3~10월) 09:00~18:00, 동절기(11~2월) 09:00~17:00/매주 월요일·1월 1일·설날·추석 휴관 Ⓒ 무료 Ⓣ 033-481-9021

SPOT 2

선녀를 만나러 오르는 길

십이선녀탕 계곡

주소 강원도 인제군 북면 남교리 산 12-21 · **가는 법** 원통버스터미널에서 십이선녀탕까지 자동차 이용(약 13km) 또는 원통버스터미널 버스정류장에서 버스 5(진부령)(백담사입구)번 승차 → 윗남교 버스정류장 하차 → 도보 이동(약 787m) · **운영시간** 동절기(11~3월) 04:00~11:00, 하절기(4~10월) 03:00~12:00 · **입장료** 무료 · **전화번호** 033-801-0901(설악산국립공원)

선녀가 내려와 목욕을 하고 가는 곳이라 하여 선녀탕이라 이름 붙은 이곳은 탕이 열두 개라고 전해져 십이선녀탕이라 부르지만 실제로는 여덟 개만 명확히 확인할 수 있다. 폭포와 물웅덩이가 이어져 흐르는데, 선녀가 목욕을 하고 갔다는 이야기가 이상하지 않을 만큼 그 풍경이 매우 아름답다. 설악산 등산로 중에서도 비경으로 유명하다.

내설악 남교리코스에 속하는 십이선녀탕까지는 백담사 가는 길의 남교리에서 비교적 완만한 산길로 오를 수 있다. 다만 십이

선녀탕에서 대승령을 넘어 대승폭포, 장수대로 이어지는 남교리코스는 등산로가 험한 편이며 총 거리가 약 11km에 달해 6시간 반에서 8시간 가까이 소요된다. 등산을 좋아한다면 도전해 볼 수 있겠지만 산행 경험이 많지 않다면 십이선녀탕까지만 올랐다 와도 이곳의 신비로운 매력을 느끼기에 충분하다. 십이선녀탕 중 으뜸으로 꼽는 복숭아탕까지의 거리도 4.2km로, 결코 쉬운 코스는 아니지만 오르내리는 길에 만나는 선녀탕의 비경이 발걸음을 응원해 준다. 계곡 이쪽저쪽을 건너도록 조성된 등산로를 따라 선녀보다 아름다운 이곳의 풍경을 만끽해 보자.

TIP

- 환경보호를 위해 설악산국립공원의 계곡에서는 수영 등의 물놀이가 불가하다.
- 십이선녀탕계곡 초입에는 가게가 많지 않다. 선녀탕에 닿기 전 마을이나 백담사 입구 등에서 미리 들르자.
- 십이선녀탕계곡과 백담사를 모두 둘러보려면 근처에서 숙박하는 것이 좋다. 이 경우 만해마을, 한국시집박물관 등을 연계하여 방문할 수 있다.

주변 볼거리·먹거리

한국시집박물관 내설악 자락에서 우연히 만난 박물관인데, 문학소녀는 아니지만 새삼 우리 시의 아름다움을 느낄 수 있었던 공간이다. 1900년대부터 1970년대까지 우리 시인과 시의 흐름을 한눈에 볼 수 있도록 구성되어 있다. 또한 희귀시집 100여 권을 포함한 기증시집 1만여 권을 소장하고 있으며, 지금도 지속적으로 시집을 기증받고 있다고 한다. 한국의 시를 천천히 되짚어 볼 수 있는 소중한 시간을 놓치지 말자.

Ⓐ 강원도 인제군 북면 만해로 136 Ⓞ 3~10월 09:00~18:00, 11~2월 09:00~17:30/매주 월요일·1월 1일·설날·추석 당일 휴관 Ⓒ 무료 Ⓣ 033-463-4082

SPOT 3

닭백숙 한 상 차림

송천휴게소

주소 강원도 강릉시 연곡면 진고개로 781-1 · **가는 법** 강릉시외고속버스터미널에서 버스 302번 승차 → 연곡면사무소 하차 → 버스 921번 환승 → 송천종점 하차 → 도보 이동(약 658m) · **운영시간** 매일 10:00~20:00 · **대표메뉴** 토종닭백숙 60,000원, 토종닭볶음탕 65,000원 · **전화번호** 033-661-4391

강릉에서 오대산으로 오르는 고개 진고개를 넘는 길, 송천약수에 닿기 전 송천휴게소가 있다. 원래 오래된 휴게소 자리에서 영업하다가 가까운 곳에 식당 모습을 갖춰 운영하고 있다. 아주 강원도스러운 한 상에 토종닭 백숙을 맛볼 수 있다.

주문을 하면 그때부터 닭을 삶기 때문에 음식이 빨리 나오는 편은 아니지만 상에 먼저 깔리는 찐감자나 옥수수범벅, 메밀전을 먹고 있으면 기다리는 시간도 즐겁다. 들기름의 고소한 향이 입안 가득 퍼지는 나물무침과 그 외의 반찬들도 모두 맛있다. 금세 사라지는 반찬을 더 달라고 계속 청해도 친절하게 넉넉히 내어 주신다. 드디어 백숙이 나오면 강원도스러운 한 상 차림이 완성된다. 이곳의 백숙은 잘 삶아진 닭이 국물 없이 나오며, 감자가 들어간 닭죽도 함께 나오므로 더욱 든든하다. 또한 토종닭을 사용하여 크고 쫄깃한 식감의 백숙을 맛볼 수 있다.

TIP

- 주문을 받으면 조리가 시작되는 만큼 미리 예약을 하는 것이 좋다. 예약하지 않을 경우 자리가 없거나 오래 기다릴 수 있다.
- 토종닭백숙 한 상은 4인 기준으로 차려진다. 모자랄 경우 감자전이나 도토리묵 등의 메뉴를 추가해도 좋다. 여자 네 명이 먹는다면 보통 한 상 차림으로 배부르게 먹을 수 있다.

주변 볼거리·먹거리

강변식당 강원도에서 많이 나는 능이버섯은 향버섯이라 부를 만큼 향이 강하고 맛이 좋다. 백숙에 능이버섯을 넣으면 국물이 맑아지고 향도 좋아진다고 한다. 소금강으로 향하는 길, 국물 없이 담백한 닭백숙이 먹고 싶다면 송천휴게소로, 진한 버섯 향이 나는 닭백숙이 먹고 싶다면 강변식당으로 가자.

Ⓐ 강원도 강릉시 연곡면 진고개로 1736 Ⓞ 매일 10:30~19:00(평일은 전날 예약 필수) Ⓜ 능이백숙 75,000원, 산채정식 18,000원 Ⓣ 033-661-4222

추천 코스 고즈넉한 여름 풍경

1 COURSE
송천휴게소

자동차 이용(약 30km)

2 COURSE
선교장

도보 25분(약 1.6km)

3 COURSE
경포가시연습지

주소 강원도 강릉시 연곡면 진고개로 781-1
가는 법 강릉시외고속버스터미널에서 버스 302번 승차 → 연곡면사무소 하차 → 버스 921번 환승 → 송천종점 하차 → 도보 이동(약 658m)
운영시간 매일 10:00~20:00
대표메뉴 토종닭백숙 60,000원, 토종닭볶음탕 65,000원
전화번호 033-661-4391

7월 28주 소개(222쪽 참고)

주소 강원도 강릉시 운정길 63
운영시간 3~10월 09:00~18:00, 11~2월 09:00~17:00
입장료 성인 5,000원, 청소년 3,000원, 어린이 2,000원
전화번호 033-648-5303

8월 34주 소개(264쪽 참고)

주소 강원도 강릉시 운정동 643
입장료 무료
전화번호 033-923-0299(강릉생태관광협의회)

경포호를 옛날 모습으로 복원하기 위해 경포생태습지원을 재개발하던 도중 50년 만에 꽃을 피운 가시연을 계기로 조성된 곳이다. 경포호 주변으로 다양한 수중생물들이 서식할 수 있도록 환경을 조성했으며, 7월 말에서 8월 중에 방문하면 습지를 가득 메운 가시연의 고운 자태를 만끽할 수 있다.

7월 셋째 주

태양을 피하고 싶다면

29 week

SPOT 1

한강의 발원지

검룡소

주소 강원도 태백시 창죽동 산 1-1 · **가는 법** 태백버스터미널에서 자동차 이용(약 15km) · **운영시간** 연중개방 · **전화번호** 033-554-9887 · **홈페이지** tour.teabaek.go.kr · etc 주차 무료

산골짜기 돌개구멍이 용이 기어가는 듯한 모양을 하고 있을 뿐만 아니라 한강 물줄기가 처음 시작되는 곳이기도 하다. 이곳은 '용신이 사는 못'이라 하여 검룡소라고 이름이 붙여졌는데 실제 눈으로 보아도 그럴듯하다. 입구에서 검룡소까지는 1.5km로 약 40분 정도 소요된다. 걷기에는 덥다고 생각할 수 있지만 나무 그늘 덕분에 생각보다 훨씬 시원하다. 검룡소 계곡은 대부분 석회암으로 되어 있어 일부의 물이 지하로 흘러 가기 때문에 하류로 내려갈수록 오히려 물의 양이 적어진다. 이끼와 녹음 짙은 검룡소에 다다르면 구불구불한 용 모양새가 자연적으로 만들어졌다는 데에 신비로움을 느낀다.

주변 볼거리·먹거리

태백한우골실비식당 태백에는 한우 실비집이 많다. 태백한우골실비식당은 그중에서도 지역 주민들이 많이 찾는 곳으로, 하얗게 불타고 난 후의 연탄을 사용해 연탄불에 한우를 구워 먹는다. 또한 태백에서는 고기를 먹을 때 냉면 대신 된장소면을 먹는데 한우와의 조합이 훌륭하니 꼭 맛보고 오자.

Ⓐ 강원도 태백시 대학길 35 Ⓞ 10:00~22:00/연중무휴 Ⓜ 한우생갈비·육회 34,000원, 된장소면 4,000원 Ⓣ 033-554-4599

SPOT 2

시원한 물줄기

가령폭포

주소 강원도 홍천군 내촌면 와야리 산12-1 · **가는 법** 홍천종합버스터미널에서 자동차 이용(약 36km) → 가령폭포 1주차장에서 도보 이동(약 500m) · **전화번호** 033-430-2544 · etc 주차비 무료

보기만 해도 초록 초록해진 진짜 여름! 홍천 가령폭포는 개령폭포라고도 불리며, 홍천 9경 중 5경에 속한다. 이는 강원도 홍천과 인제 사이에 있는 1,099m 백암산 자락에 위치해 있는데, 가는 길은 데크 길이 잘 조성되어 있어 그리 험하지 않아 걷기에 부담이 없다. 가령폭포는 숲에 가려져 그 모습이 겉에서는 잘 보이지 않는 폭포로 비교적 한적한 편이다. 폭포 주변에 도착하면 약 50m 높이에서 떨어지는 폭포수 소리에 더위도 훌훌 날아가는 듯한 기분을 느낄 수 있다. 시원한 물줄기를 맞으며 깨끗한 자연에서 힐링하고 싶다면 홍천의 가령폭포를 추천한다.

주변 볼거리·먹거리

대운올챙이 강원도의 장터에서 쉽게 만날 수 있는 올챙이국수는 옥수수전분으로 만든 국수로, 면의 모양이 올챙이 같다고 해서 올챙이국수라 부른다. 강원도의 대표적인 먹거리인 옥수수로 만든 면에 열무김치와 양념장을 넣어 먹는 토속음식이다. 겨울에는 따뜻한 국물에, 여름에는 찬 국물에 먹는 올챙이국수는 특별한 맛은 없지만 소박하고 정겹다. 홍천중앙시장 내의 대운올챙이에서는 올챙이국수와 함께 도토리국수, 손만두도 저렴한 가격에 맛볼 수 있다.

Ⓐ 강원도 홍천군 홍천읍 홍천로8길 17 Ⓞ 07:00~19:00 Ⓜ 올챙이국수 4,000원, 도토리국수 5,000원 Ⓣ 033-434-2898

SPOT 3

빼놓으면 섭섭한 폭포 스팟

무릉계곡

주소 강원도 동해시 삼화로 584 · **가는 법** 동해시종합버스터미널에서 동해감리교회 버스정류장 이동 → 버스 111번 승차 → 동해무릉건강숲 하차 → 도보 이동(약 70m) · **운영시간** 매일 09:00~18:00(7~8월 06:00~20:00, 11~2월 08:00~17:00) · **입장료** 어른 2,000원, 청소년 · 군인 1,500원, 어린이 700원 · **전화번호** 033-539-3700 · etc 대형 5,000원, 소형 2,000원, 동해시 등록차량 및 경차 1,000원

무릉도원 부럽지 않은 여름 동해 여행지가 바로 무릉계곡이다. 두타산에 있는 이곳은 등산 코스로도 유명한데 용추폭포 기준 편도로 약 50분 정도 소요된다. 쌍폭포, 용추폭포 그리고 고즈넉한 사찰 삼화사와 발가락바위까지 볼거리와 즐길거리가 풍성하다. 특히 서로 마주보고 있는 듯한 쌍폭포와 저 멀리 정상의 발가락바위는 그 모양새가 독특해 더욱 특별하게 느껴진다. 입구에서 오르다 보면 거대한 바위에 새겨진 글씨도 볼 수 있는데, 이는 과거 계곡을 찾은 수많은 시인들이 남기고 간 것이다.

주변 볼거리·먹거리

굴뚝촌 외관부터 토속적인 느낌이 가득한 둥그런 지붕에 황토로 지어진 동해 맛집이다. 내부로 들어가면 황토가 더욱 잘 느껴지는데 채광이 잘 드는 창문이 여럿 있어 더욱 화사하고 따사로운 느낌이 가득하다. 전골 메뉴 주문 시 깔끔한 반찬에 대통밥까지 입맛을 돋우는 한 상이 등장한다.

Ⓐ 강원도 동해시 삼화로 253-6 Ⓞ 매일 11:00~20:00 Ⓣ 033-534-9199

카페히든 굴뚝촌 바로 옆에 있는 한옥 카페다. 옛 느낌 그대로 과일을 듬뿍 넣고 만든 빙수에 콩가루와 견과류가 함께 올라가 더욱 고소한 팥빙수가 인기있다. 카페 외부에는 마루 형태의 앉을 공간과 마당이 있어 아이와 함께 방문한 가족단위 손님도 많다.

Ⓐ 강원도 동해시 삼화로 253-9 Ⓞ 화~일요일 10:00~19:00/매주 월요일 휴무 Ⓣ 033-533-8775

추천 코스 여름 당일치기 홍천여행

1 COURSE

가령폭포

자동차 이용(약 9.6km)

주소 강원도 홍천군 내촌면 와야리 산12-1

전화번호 033-430-2544

7월 29주 소개(226쪽 참고)

2 COURSE

정자네펜션

자동차 이용(약 29km)

주소 강원도 홍천군 내촌면 가래올길 106-20

운영시간 10:00~21:00

전화번호 033-433-3533

가령폭포 주변에 위치한 토종닭 맛집이다. 가정집 느낌의 외부에 안으로 들어가면 나무벽 특유의 고즈넉한 분위기가 풍겨온다. 이곳의 대표메뉴는 백숙, 닭도리탕으로 쫄깃을 넘어서 탱글한 식감이 일품이다. 일반 식당의 1.5배 정도의 양에 제철 재료를 사용해 직접 만든 밑반찬도 매력포인트 중 하나다. 홍천 으뜸 맛집에도 등록된 이곳은 바로 옆에 펜션도 운영해 함께 이용해 보아도 좋을 것이다.

3 COURSE

사계절

주소 강원도 홍천군 홍천읍 갈마로 7길 28-20

운영시간 수~월요일10:30~21:00, 월요일 10:00~17:00/매주 화요일 휴무

전화번호 0507-1351-8083

더운 여름 빠질 수 없는 디저트는 바로 빙수! 홍천의 카페 사계절에서는 계절별 다양한 빙수를 판매한다. 고정적인 시그니처 메뉴는 귀리크림라테이며, 일반 과일빙수 외에 옥수수빙수, 노른자생망고빙수 등 이곳에서만 즐길 수 있는 메뉴 구성이라 더욱 이색적이다.

7월 넷째 주

음악이 들리는 숲

30 week

SPOT 1

자연교향악

대관령음악제

주소 강원도 평창군 대관령면 솔봉로 420 알펜시아리조트 뮤직텐트 · **가는 법** 횡계시외버스터미널에서 횡계시외버스공용정류장으로 이동 → 버스 441번 승차 → 알펜시아 하차 → 도보 이동(약 350m) · **운영시간** 7월 마지막 주~8월 첫 주간(음악제 일자는 매년 다름) · **입장료** 오프닝 콘서트 기준 뮤직텐트 R석 100,000원, S석 80,000원, A석 50,000원 · **전화번호** 033-240-1360(대관령음악제 운영실) · **홈페이지** mpyc.kr

'GMMFS: Great Mountains Music Festival&Schools', 대관령음악제의 영문명처럼 매년 여름휴가가 다가오면 산 위의 마을에서 색다른 주제를 가진 음악축제와 음악학교가 열린다. 2004년부터 시작된 대관령음악제는 현재 양성원 예술감독의 주도하에 알펜시아리조트 내에서 진행되고 있다. 저명연주가 시리즈, 마스터클래스, 아티스트와의 대화 등 여러 프로그램을 통해 아름다운 선율로 여름밤을 수놓는다. 〈마스크〉, 〈멈추어 묻다〉, 〈오 솔레미오〉, 〈오로라의 노래〉, 〈평창의 사계〉 등

주변 볼거리·먹거리

영화 〈봄 여름 가을 겨울 그리고 봄〉 촬영 세트장 영화 〈봄 여름 가을 겨울 그리고 봄〉은 서정적인 배경으로도 유명하다. 경북 청송의 주산지 위를 부유하던 사찰 세트장을 용평리조트 내로 옮겨 그대로 복원했다 하니 관심 있다면 들러보자.

Ⓐ 강원도 평창군 대관령면 용산리 15-2 Ⓒ 무료 Ⓣ 033-335-5757(용평리조트)

TIP

- 대관령음악제 공연은 대부분 촬영이 금지되어 있다.
- 음악학교는 축제 전 심사를 통해 대상자가 선정된다. 지원 요강은 홈페이지에서 확인할 수 있다.

지난 음악제의 테마만 살펴봐도 낭만적인 분위기가 느껴진다.

정명화, 정경화에 이어 손열음, 그리고 첼리스트 양성원으로 이어지는 예술감독을 중심으로 매년 유명한 연주가가 초대되며, 기획에 따라 무료로 진행되는 공연도 찾아볼 수 있으니 티켓 가격이 부담된다면 무료 공연을 알아보자. 여름밤, 산 위에서 듣는 명연주는 잊지 못할 경험으로 남을 것이다.

SPOT 2

우리 술 빚는 곳

전통주조예술

주소 강원도 춘천시 신동면 풍류1길 6-3 · **가는 법** 김유정역(경춘선)에서 도보 이동(약 400m) · **운영시간** 10:00~17:00/견학 및 체험 시간은 사전 예약 필수 · **대표메뉴** 동몽 34,000원, 만강에비친달 16,000원 · **전화번호** 033-261-1525 · **홈페이지** ye-sul.com · **etc** 양온소견학 최소 20인 이상, 1인 10,000원/전통주빚기체험(당일) 최소 10인 이상, 1인 50,000원/전통주빚기체험(1박 2일) 최소 4인 이상, 1인 120,000원

홍천 내촌면 골짜기에 위치한 이곳은 우리술문화체험교실과 게스트하우스를 갖추고 양온서 견학부터 전통주 양조 교육 등을 제공하고 있다. 일제 때 우리의 가양주(집에서 빚은 술) 문화가 말살되면서 시작된 양조장이라는 말 대신 이곳에서는 양온서라는 말로 우리 술을 빚는 공간을 일컫는데, 이는 주인장의 신념이 드러나는 대목이다. 양온서(良醞署)란 고려 때 왕이 드실 술을 빚어 궁중에 바쳤던 관아를 말한다. 이렇듯 우리 술의 매력을 널리 알리고 우리의 술문화를 보존하기 위해 공기 좋고 물 좋은 곳에 터를 잡아 전통주라는 작품을 빚어내고 있다.

탁주, 청주, 소주 등을 전통 방식으로 만드는데, 직접 빚은 술은 판매도 한다. 약주 동몽과 탁주 만강에비친달, 홍천강 탁주 등이 있다. 술병 하나도 허투루 만들지 않은 것 같은 정성이 느껴진다. 자연과 조화를 이룬 건물 1층은 교육장 및 체험장, 2층은 주막 및 홍보관으로 구성되어 있고 그 외에 누룩체험관도 살펴볼 수 있다. 백암산 자락 푸른 풍경 속에서 전통 방식 그대로 술을 빚는 모습 자체가 예술 같은 공간이다.

TIP

- 평일에는 술을 빚지만 주말에는 직원들이 쉬므로 시음 또는 방문 자체가 제한되기도 한다. 헛걸음하지 않도록 방문 전 미리 연락하도록 하자.
- 현대적인 시설의 게스트하우스는 2동의 별채로 마련되어 있으며, 온돌방과 침대방 중에서 선택할 수 있다.

주변 볼거리·먹거리

솔마루 3년 키운 송어로 회를 내 주는 송어회 맛집이다. 부부가 운영하는 이 소박한 음식점은 다른 횟집과 달리 송어회를 낼 때마다 새롭게 매운탕을 끓여 준다. 차지고 고소한 송어회도 일품이지만 직접 담근 장으로 국물을 낸 매운탕도 진국이다.

Ⓐ 강원도 홍천군 내촌면 삼선대길 85-32 Ⓞ 11:30~20:30 Ⓜ 송어회(2인분) 46,000원, 송어물회 15,000원, 송어회덮밥 15,000원 Ⓣ 033-433-6165

SPOT 3

마리골의 소리하는 공간

마리소리골 악기박물관

주소 강원도 홍천군 서석면 마리소리길 207 · **가는 법** 시외버스내촌영업점에서 자동차 이용(약 30km) · **운영시간** 09:00~18:00/매주 월요일 · 1월 1일 · 설날 · 추석 · 공휴일 휴관 · **입장료** 무료 · **전화번호** 033-430-2437 · **홈페이지** hongcheon.go.kr · **etc** 주차 무료

산속에 자리해 자연과 함께 즐길 수 있는 마리소리골악기박물관은 의외의 위치 때문에 놀라고 그리 크지 않은 박물관의 알찬 구성에 두 번 놀라게 되는 곳이다. 한국 전통음악의 우수성을 널리 알리고 우리 음악에 대한 이해를 돕고자 설립된 박물관으로, 인간문화재 및 국악 명인들이 사용하던 악기와 기증품, 홍천군에서 직접 구입한 악기들이 전시되어 있다. 우리의 악기뿐만 아니라 해외의 다양한 악기들까지 각각 분야별, 시대별로 살펴볼 수 있다.

박물관 내의 악기들은 단순히 전시품의 의미를 넘어 직접 체험해 보고 배울 수 있어서 더욱 뜻깊다. 아악기인 편경과 편종은 직접 연주하는 소리를 들어 볼 수 있으며 사물놀이 체험도 가능하다. 여름휴가 기간 중에는 마리소리세계민속음악축전이 열려 전통음악 공연은 물론 우리 악기와 세계 각국 악기의 합주 등 다채로운 무대를 즐길 수 있다. 박물관 주변은 고즈넉한 분위기의 깊은 계곡이므로 잠시 산책을 해도 좋다. 흔히 볼 수 없는 다양한 악기들을 접하고 악기가 내는 소리에 귀 기울일 수 있는 소중한 경험이 될 것이다.

주변 볼거리·먹거리

서봉사계곡 마리소리골악기박물관이 위치한 곳의 계곡으로, 기암괴석 사이로 맑은 물이 흐르고 숲이 우거져 아름답다. 박물관으로 향하는 길에는 몇몇 캠핑장이 운영되고 있어 숙박도 가능하다.

Ⓐ 강원도 홍천군 서석면 검산리 Ⓣ 033-430-2544(홍천군청 문화체육과)

TIP

산속에 위치한 만큼 대중교통으로 방문하기 힘들다. 자동차 여행을 추천한다.

추천 코스 여름이 들려주는 소리

1 COURSE
자동차 이용(약 36km)

봉평차이나

주소 강원도 평창군 봉평면 기풍로 136 봉평농협 맞은편
운영시간 10:30~19:30/매주 수요일 휴무
대표메뉴 메밀쟁반짜장 2인분 22,000원, 쓴메밀해물갈비짬뽕 23,000원, 양장피 35,000원, 메밀짬뽕 9,000원, 메밀짜장 7,000원
전화번호 033-335-9888

메밀짜장과 갈비짬뽕이라는 생소하고도 끌리는 메뉴를 보고 들어간 중국집이다. 메밀을 섞어 면을 만든 짜장과 짬뽕은 봉평과 잘 어울리는 메뉴인 만큼 봉평에서 맛보고 갈 만하다.

2 COURSE
자동차 이용(약 9.4km)

대관령음악제

주소 강원도 평창군 대관령면 솔봉로 420 알펜시아리조트 뮤직텐트
운영시간 7월 마지막 주~8월 첫째 주간(음악제 일자는 매년 다름)
입장료 오프닝 콘서트 기준 뮤직텐트 R석 100,000원, S석 80,000원, A석 50,000원
전화번호 033-240-1360(대관령음악제 운영실)
홈페이지 mpyc.kr

7월 30주 소개(230쪽 참고)

3 COURSE

스위스램

주소 강원도 평창군 대관령면 대관령마루길 365-12
운영시간 수~월요일 11:00~20:00/매주 화요일 휴무
대표메뉴 스위스램 갈비 28,000원, 스위스램등심 28,000원, 돌판된장찌개 5,000원, 뚝배기된장찌개 5,000원
전화번호 0507-1328-9272

11월 47주 소개(354쪽 참고)

7월의 홍천여행 TWO WAY 힐링여행

짱짱한 더위에서 탈출하고 싶을 때 떠나기 좋은 곳? 물놀이뿐만 아니라 루지 등 다양한 액티비티를 즐길 수 있는 비발디파크, 수려한 연꽃들이 가득 피어나는 수타사 등 홍천을 대표하는 여행지에서 힐링을 만끽해 보자!

※ 3일차 일정은 대중교통 배차간격 및 거리가 멀어 자동차 이용을 추천한다.

2박 3일 코스 한눈에 보기

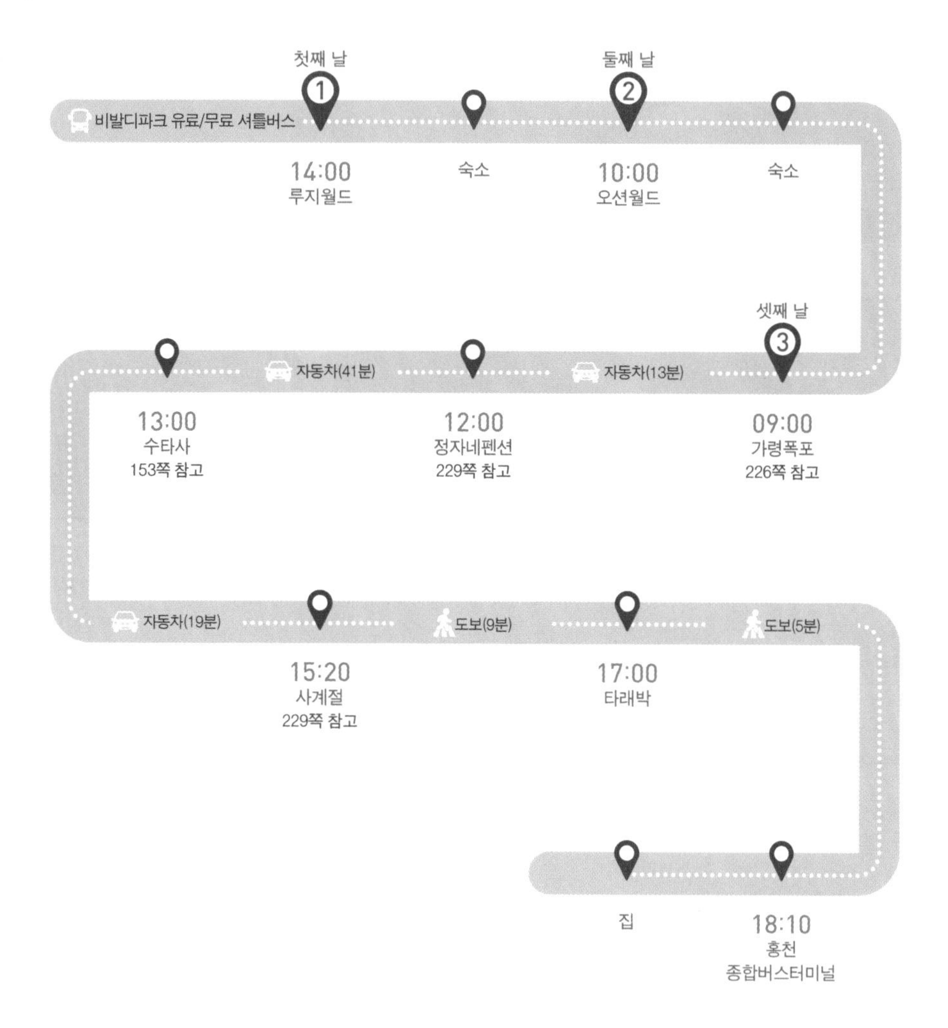

사계절
다래박
루지월드
오션월드
정자네펜션
가령폭포
수타사

강원도의 푸른 바다

강원도 바다 하면 '푸르다'라고만 생각하지만 고성부터 속초, 양양, 강릉, 동해, 삼척까지 동해안 바닷길을 따라 그 바다의 색도 서로 다르다. 투명하다 싶을 정도로 청량하고 맑은 에메랄드빛 바다, 남색에 가까울 만큼 짙은 경계선이 있는 바다, 초록빛이 강해 청록색에 가까운 또 다른 매력의 바다 등등. 강원도의 바다들은 볼 때마다 새롭고 또 아름다워 발견하는 재미가 있다.

대진1리해수욕장

Ⓐ 강원도 고성군 현내면 배봉리 Ⓣ 033-680-3356
8월 35주 소개(271쪽 참고)

장호항

Ⓐ 강원도 삼척시 근덕면 장호항길 Ⓣ 033-572-3011(근덕면사무소)
8월 33주 소개(254쪽 참고)

나인비치37

Ⓐ 강원도 동해시 동해대로 6218 Ⓞ 서핑 10:00~18:00, 펍 11:00~19:30 Ⓒ 입문강습 60,000원, 장비렌탈 서핑보드 30,000원, 장비렌탈 수트 15,000원 Ⓣ 서핑 0507-1333-9137, 펍 0507-1344-2163 Ⓗ instagram.com/nine_beach_37 Ⓔ 나인비치37pub과 나인비치37surf를 함께 운영(서핑 강습)
6월 26주 소개(204쪽 참고)

대진1리해수욕장

장호항

서피비치

Ⓐ 강원도 양양군 현북면 하조대해안길 119 Ⓞ 서핑/서피패스 10:00~19:00, 선셋바 10:00~익일 02:00 Ⓒ 서핑 입문 50,000~60,000원, SUP패들보드 30,000~40,000원, 비치 요가 30,000원 Ⓣ 1522-2729(고객센터), 033-627-0695(선셋바) Ⓗ surfyy.com
6월 26주 소개(206쪽 참고)

향호해변/주문진해변

Ⓐ 강원도 강릉시 주문진읍 주문북로 210(주문진해수욕장) Ⓣ 033-640-4534(주문진관광안내소)
2월 8주 소개(78쪽 참고)

속초해수욕장

Ⓐ 강원도 속초시 해오름로 190(속초해수욕장)/강원도 속초시 청호해안길 2(속초아이) Ⓒ 속초아이 대인 12,000원, 소인(만 7세 미만) 6,000원, 속초시민 6,000원 Ⓔ 속초해수욕장 주변 공용주차장 이용(유료)
1월 1주 소개(32쪽 참고)

본격적으로 휴가철이 시작되면 강원도로 향하는 차량이 영동고속도로를 가득 메운다. 해수욕장이나 계곡도 좋지만 이번에는 새로운 피서지를 찾아 떠나 보는 것은 어떨까. 작열하는 태양을 피해 박물관이나 전시회를 방문해도 좋고 비밀스러운 숲과 정원 속을 거닐어도 좋다. 물론 시원한 밤바다를 마주하고 맥주 한잔 들이키는 시간도 포기할 수 없다. 푸른 바다를 따라 길을 달리면 아직 이름이 낯선 작은 해수욕장들도 발견할 수 있다. 8월의 뜨거운 햇살 아래 원색이 그 빛을 발하는 강원도의 구석구석을 탐미해 보자.

8월의 강원도

뜨거운 햇살이 내리쬐는

8월 첫째 주

시원한 실내로 떠나다

31 week

SPOT 1

로컬크리에이터가 운영하는

설악젤라또

주소 강원도 속초시 번영로105번길 13 · **가는 법** 속초시외버스터미널에서 도보 이동(약 540m) · **운영시간** 11:00~19:00/매주 화요일 휴무 · **대표메뉴** 설악밀크 5,500원, 양양쑥 5,500원, 평창유기농라벤더 5,500원, 봉평메밀리조 5,500원 · **전화번호** 0507-1310-7524 · **홈페이지** instagram.com/seorak_gelato

여름 하면 아이스크림. 아이스크림 하면 여름! 강원도 속초에 위치한 설악젤라또는 로컬 재료로 만든 수제 유기농 젤라또를 판매한다. 내부에 앉을 공간은 세 테이블 정도로 많지 않지만, 바다를 닮은 테이블과 종이컵 디자인, 힙한 인테리어까지 방문해 보면 그 인기 비결을 알 수 있다.

설악 밀크, 양양 쑥, 봉평 메밀, 평창 라벤더 등 시그니처 메뉴는 다른 곳에서는 맛보기 어렵고 젤라또의 쫀득함이 일품이라 이색적이다. 설악젤라또는 방송에도 소개되며 영랑호 주변 젤라또 맛집으로 자리 잡았다. 더운 여름, 강원도의 맛이 담긴 젤라또를 먹으며 더위를 식혀보는 것은 어떨까?

주변 볼거리·먹거리

매자식당

Ⓐ 강원도 속초시 번영로105번길 17 Ⓞ 11:00~21:00/매주 수요일 휴무 Ⓜ 한우쌀국수 13,000원, 매콤한 우장쌀국수 14,000원 Ⓣ 0507-1304-0807 Ⓗ instagram.com/kayrish7
11월 46주 소개(346쪽 참고)

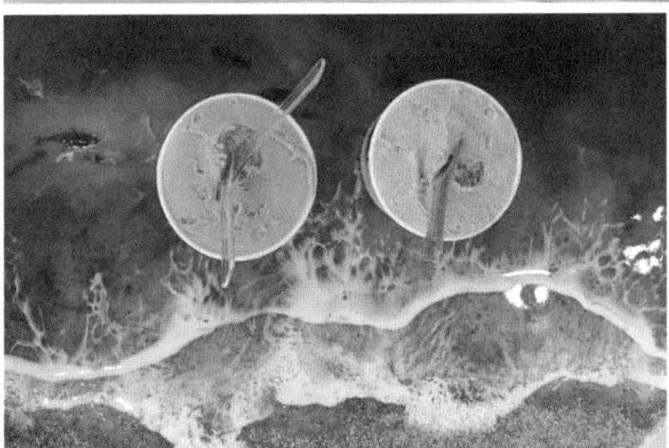

SPOT 2

1953년에 지어진 주택개조 카페

강냉이소쿠리

주소 강원도 강릉시 주문진읍 학교담길 32-8 · **가는 법** 주문진시외버스종합터미널에서 도보 이동(약 980m) · **대표메뉴** 강냉이아이스크림 6,500원, 옥수수커피 4,500원 · **운영시간** 매일 11:00~19:00 · **전화번호** 033-732-4126

주문진 도깨비시장 내에 위치한 강냉이 소쿠리. 과거 할머니와 함께하던 공간이 이제는 손녀의 디저트 카페가 되었다. 할머니가 시집올 때 가지고 오셨다는 자개상부터 소쿠리, 인형, 꽃무늬 커튼, 자개화병, 재봉틀 등등 손때가 묻어있는 소품이 가득해 더욱 정감이 간다. 시골집에 걸맞는 메뉴 강냉이 아이스크림, 옥수수 커피, 달고나 강냉이 등을 판매해 방학에 할머니 댁에 놀러와 맛있는 음료나 디저트를 먹는 듯한 느낌도 든다. 특히 강냉이 아이스크림의 경우 맛의 조화가 좋아 자꾸만 손이 간다. 강냉이 소쿠리 브랜드 스토리는 카페 내부에 동화책으로도 제작되어 있어 읽어 보아도 좋다.

주변 볼거리·먹거리

주문진횟집 테라스제이 주문진 근처 영진해변 앞에 자리한 테라스제이는 코스 요리로 회를 맛볼 수 있는 횟집이다. 하지만 건물만 본다면 전망 좋고 분위기 좋은 카페로 생각할 수 있을 만큼 보통의 횟집과는 다른 외관을 자랑한다.

Ⓐ 강원도 강릉시 연곡면 영진길 63 Ⓞ 12:00~23:00 Ⓜ 2인 코스 130,000원, 3~4인 코스 200,000원부터 Ⓣ 033-662-5955

SPOT 3

빙수 맛집

착한팥쥐네

주소 강원도 춘천시 서부대성로 126 · **가는 법** 춘천시외버스터미널에서 시외버스터미널 버스정류장 이동 → 버스 4, 5번 승차 → 동부시장 하차 → 도보 이동(약 300m) · **운영시간** 월~금요일 10:00~19:00, 토요일 10:00~17:00/매주 일요일 휴무, 3시 이후 포장만 가능 · **대표메뉴** 옛날팥죽 8,000원, 팥빙수 7,000원, 단팥죽 6,000원, 팥양갱 2,000원 · **전화번호** 0507-1493-7767

팥에 진심인 춘천 팥 맛집, 착한팥쥐네다. 이곳은 홍천에서 재배한 팥을 선별 가공해 직접 만들며 대표메뉴로는 팥빙수, 팥죽, 팥칼국수 등이 있다. 팥빙수의 경우, 사전에 팥을 숙성해 제공하기 때문에 한정 수량으로 판매한다. 이곳 팥의 특징은 너무 달지 않아 많이 먹어도 질리지 않고, 양 또한 넉넉하게 제공하기 때문에 남녀노소 부담 없이 찾기 좋다. 방송에 소개된 이후 많은 사람이 찾는 곳이나 내부에 앉을 공간이 많지는 않으니 참고해 방문하자. 간단하게 당을 채우기 좋은 메뉴로 팥양갱도 있다.

주변 볼거리·먹거리

오늘산책 카페 주택을 개조해 만든 아늑한 감성 카페. 한림대 주변 카페로 학생들에게 많은 사랑을 받는 곳이다. 원목 가구로 꾸며져 있어 따스한 느낌과 동시에 빈티지한 분위기를 풍긴다. 낮에는 샌드위치, 파스타 등을 판매하는 브런치 카페이며 밤에는 피자와 맥주 등을 판매하는 펍으로 변신한다. 마당에 뛰노는 작은 고양이, 카페 입구에서 내려다보이는 마을 전경을 보며 평화로움을 즐겨보자.

Ⓐ 강원도 춘천시 전원안길33번길 8-5 Ⓞ 월~금요일 10:00~22:00, 토요일 12:00~20:00/매주 일요일 휴무 Ⓣ 010-4445-4910

추천 코스 커피와 바다의 도시

1 COURSE 강냉이소쿠리

자동차 이용(약 3.7km)

주소 강원도 강릉시 주문진읍 학교담길 32-8
운영시간 매일 11:00~19:00
전화번호 033-732-4126

8월 31주 소개(244쪽 참고)

2 COURSE 주문진해수욕장

도보 17분(약 1.2km)

주소 강원도 강릉시 주문진읍 주문북로 210
전화번호 033-640-4535

투명하고 아름다운 주문진해수욕장은 수심이 얕고 경사가 완만해 가족단위 피서객이 많다. 하얗고 깨끗한 모래사장을 따라서 포토존이 이어져 강릉여행 인증사진을 찍기에도 좋다. 바로 옆 향호해변에는 사진 명소가 있어 함께 방문해 보기를 추천한다.

3 COURSE 아들바위공원

주소 강원도 강릉시 주문진읍 주문리 791-47
etc 주차장 있음

주문진에서 북쪽으로 1.5km 떨어진 소돌해변을 따라 걷는 길. 아들바위는 죽도바위, 코끼리바위 등의 이름으로도 불리는데 예로부터 자식을 원하는 사람이 기도하여 아들을 낳았다는 전설이 있어 특히 아들바위라는 이름으로 많이 불린다.

8월 둘째 주

강원도의 색다른 여름날

32 week

SPOT 1

에메랄드빛 호수를 품은

무릉별유천지

주소 강원도 동해시 이기로 97 · **가는 법** 동해시종합버스터미널에서 동해감리교회 버스정류장 이동 → 버스 111번 승차 → 쌍용후문 하차 → 도보 이동(약 1.5km) · **운영시간** 10:00~17:30/매주 월요일 휴무 · **입장료** 성인 6,000원, 경로 · 장애인 · 국가유공자 4,000원, 어린이 · 청소년 3,000원, 유아 2,000원 · **전화번호** 033-533-0101 · **홈페이지** dh.go.kr/mubu · **주차** 대형차 5,000원, 소형차 2,000원

무릉별 유천지는 석회석 채광지의 색다른 변신, 그 과정을 함께할 수 있는 장소이다. 이곳은 이전 모습을 최대한 살리기 위해 개조를 최소화해 복합문화공간으로 재탄생했으며, 내부에는 채석장에서 실제로 사용하던 물품들이 전시되어 있다. 포토존 역시도 안전모를 쓰고 채석장에 가 사진을 찍을 수 있게 되어 있다.

카페에서는 석회암의 겉모양을 딴 흑임자 아이스크림과 삽 모양의 스푼을 사용해 더욱 재밌게 맛을 즐길 수 있다. 외부로 나가면 스카이글라이더, 알파인코스터, 루지, 집라인 등 다양한 액티

비티를 체험할 수도 있다. 스릴 만점! 재미 가득! 탈 것, 볼 것들이 풍성한 동해 핫플레이스에서 색다른 여름을 맞이해 보자.

주변 볼거리·먹거리

거동탕수육 묵호 필수 여행 코스 중 하나로 자리 잡은 이곳은 문어탕수육을 판매하는 거동탕수육이다. 대표메뉴 거동탕수육에는 국내산 돼지고기와 문어가 함께 들어가 있어 우리가 흔히 알고 있는 탕수육에 비해 쫄깃함이 더욱 극대화된다. 100% 문어로 만든 리얼문어탕수육의 경우 소진이 더욱 빠르니 확인 후 방문하는 것을 추천한다.

Ⓐ 강원도 동해시 일출로 83 ⓞ 월요일 11:00~15:00/수~금요일 11:00~19:30, 토~일요일 11:00~20:30/매주 화요일 휴무 Ⓣ 0507-1407-4778

SPOT 2

작은 해변의 낭만

사천진 해수욕장

주소 강원도 강릉시 사천면 사천진리 · **가는 법** 강릉시외고속버스터미널에서 버스 202번 승차 → 경포해변 하차 → 시티1 환승 → 사천진해변 하차 · **전화번호** 033-660-3658

동해안의 대표 해수욕장인 경포해수욕장은 휴가철 사람들의 발길이 끊이지 않는다. 여름의 한가운데, 시원한 바다를 찾아 여행을 계획한다면 젊음이 넘치는 경포해수욕장도 좋지만 강원도의 숨은 해변들을 추천하고 싶다. 경포해변에서 조금만 벗어나면 강문해변이나 사근진해변으로 이어진다. 해수욕장들은 저마다의 개성을 나타내려는 듯 각각 조금씩 다른 색깔의 파라솔을 가지고 있다. 또한 각 해변만의 고유한 특징들이 있다.

강원도 사람들은 취향에 따라 자신만의 해변을 하나씩 마음에 두고 있다. 사천진해수욕장은 여러 해변을 순례한 끝에 정한 나만의 해변으로, 에메랄드빛의 예쁘고 투명한 바다를 만날 수 있는 곳이다. 여름철에도 사람이 그리 붐비지 않고, 평상을 둔 천막이 있어 몸에 모래가 묻는 것을 신경 쓰지 않고 하루 종

일 바닷가에서 시간을 보내기 좋다.

사천진해수욕장에서 조금 올라가면 카페가 모여 있는 하평해변이 나오며, 아래쪽으로는 사천진항과 이어진다. 하평해변에서는 스노클링을 즐길 수도 있다. 사천진항 쪽으로 가다 보면 사천물회마을이 시작되는데 물놀이 후 시원한 물회로 허기를 달래도 좋다.

주변 볼거리·먹거리

주문진항&주문진수산시장 영동 지방의 대표적 항구인 주문진항과 주문진수산시장은 언제나 활기 넘치는 곳이다. 계절마다 다양한 어종을 만날 수 있는 이곳에는 한 손 가득 물건을 사 든 사람들로 북적이며, 고소한 생선구이 냄새가 정겨움을 더한다.

Ⓐ 강원도 강릉시 주문진읍 주문리 Ⓞ 07:00~22:00/매월 둘째 주 수요일 휴무 Ⓣ 033-661-7302(주문진수산시장상인회)

TIP

- 동해안의 바닷가는 모래가 굵은 편이다. 해수욕장에서 간편하게 신을 수 있는 슬리퍼나 신발을 준비하자.
- 동해안의 작은 해변들은 한적하게 바다를 즐기기에는 더없이 좋지만 대규모 해수욕장에 비해 샤워시설이나 기타 편의시설 이용이 불편할 수 있으니 참고하자.
- 사천진해수욕장 외에 경포해변 근처의 작은 해변으로는 사근진해변, 순긋해변, 강문해변, 송정해변, 연곡해변 등이 있다.

SPOT 3

자연의 신비

송대소& 한반도지형

주소 강원도 철원군 갈말읍 상사리(송대소) · **가는 법** 철원동송시외버스공용터미널에서 철원한탄강 은하수교까지 자동차 이용(약 6.6km) → 도보 이동 · **운영시간** 은하수교 09:00~18:00/매주 화요일 휴무 · **입장료** 무료 · **전화번호** 033-450-5532 · **홈페이지** cwg.go.kr

철원의 한탄강변에 위치한 송대소와 한반도지형! 한탄강에는 과거 오리산에서 분출된 용암이 흐르며 천연 지형이 만들어졌다. 그래서 보통 주상절리라 하면 제주도를 떠올리지만, 이 한탄강 주변에서도 주상절리를 볼 수 있다. 데크길을 따라 한탄강변을 걷다 보면 보이는 송대소 그리고 주상절리는 높이 30~40m 수직 기둥에 촘촘한 모양이 포인트다. 색깔도 붉은색, 회색, 검은색 등이 섞여 다채롭다. 한반도지형의 경우에는 영월에 비해 잘 알려지지 않았지만, 기암괴석이 자연스럽게 한반도 모양을 띠고 있어 자연의 신비로움에 절로 감탄하게 된다.

주변 볼거리·먹거리

고석정

Ⓐ 강원도 철원군 동송읍 장흥리 Ⓒ 무료 Ⓣ 033-450-5559(철원관광안내소)

4월 16주 소개(137쪽 참고)

추천 코스 보기만 해도 시원해지는

1 COURSE
송대소&한반도지형

자동차 이용(약 2.1km)

주소 강원도 철원시 갈말읍 상사리(송대소)
운영시간 은하수교 09:00~18:00/매주 화요일 휴무
전화번호 033-450-5532

8월 32주 소개(252쪽 참고)

2 COURSE
직탕폭포

자동차 이용(약 12km)

주소 강원도 철원군 동송읍 직탕길 94
입장료 무료
전화번호 033-450-5365(철원군청 관광문화과)

높이는 3~5m 정도로 그리 높지 않지만 50~60m에 이르는 너비 때문에 한국의 작은 나이아가라폭포라고도 불린다. 철원 8경 중 하나로 꼽히며, 넓은 암반에 걸쳐 수직으로 쏟아져 내리는 폭포수가 장관을 이룬다.

3 COURSE
철원막국수

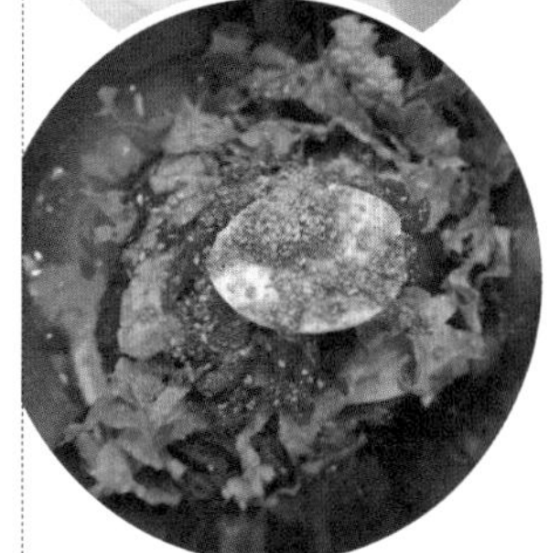

주소 강원도 철원군 갈말읍 명성로 158번길 13
운영시간 10:30~20:00/연중무휴
대표메뉴 막국수 9,000원, 녹두빈대떡 12,000원
전화번호 033-452-2589

철원에는 60여 년 동안 운영해 왔다는 철원막국수가 있다. 소박한 가정집을 식당으로 개조해 마치 시골집에 온 듯한 정감이 느껴진다. 조미료 맛이 강하지 않아 감칠맛은 덜하지만 깔끔해서 좋다.

8월 셋째 주

이국적이고 매력적인

33 week

SPOT 1

동해의 나폴리

장호항

주소 강원도 삼척시 근덕면 장호항길 · **가는 법** 삼척종합버스터미널에서 버스 24번 승차 → 장호정류장 하차 · **전화번호** 033-572-3011(근덕면사무소)

장호항은 아름다운 해안선과 풍경으로 동해의 나폴리라 불린다. 초승달 모양의 절묘한 해안선과 해안을 감싸고 있는 작은 돌산, 그리고 투명할 정도로 맑은 바닷물을 만날 수 있다. 물빛이 고와 바닷속을 들여다보며 즐기는 투명카누도 인기다. 수심이 깊고 어족 자원도 풍부하여 해산물을 저렴한 가격으로 풍성하게 맛볼 수 있는 항구다. 데크 계단을 따라 전망대에 오르거나 방파제 쪽에서 바라보면 이곳을 미항으로 꼽는 데 수긍하게 된다. 반짝반짝 빛나는 바닷물 위로 수많은 낚싯배가 정박해 있는 모습도 새삼 정겹다. 바라만 봐도 좋지만 어촌체험마을에서 스노클링, 스쿠버다이빙, 바다래프팅 등의 체험을 하며 몸소 바다를 느껴도 좋다.

주변 볼거리·먹거리

솔섬(속섬) 2007년 미국의 사진작가 마이클 케냐가 찍은 사진 한 장으로 유명해진 솔섬은 기곡천이 바다와 만나는 곳에 있는 작은 모래섬에 소나무의 씨가 퍼지면서 자연스럽게 형성된 철새들의 안식처다. 그러나 LNG저장기지가 건설되면서 이제는 그 아름다운 모습이 사라지고 있어 안타깝다.

Ⓐ 강원도 삼척시 원덕읍 월천리 Ⓣ 033-570-3545(삼척시청 관광정책과)

SPOT 2

오징어배 탄 곰돌이

테디베어팜

주소 강원도 속초시 울산바위길 3 · **가는 법** 속초시외버스터미널에서 버스 3-1번 승차 → 학사평 하차 → 도보 이동(약 356m) · **운영시간** 10:00~18:00/매주 화~수요일 휴관 · **입장료** 일반 7,000원, 청소년 6,000원, 어린이 5,000원 · **전화번호** 033-636-3680 · **홈페이지** tbfarm.modoo.at · **etc** 주차 무료

멀리 설악산 울산바위가 보이는 속초 콩꽃마을에 귀여운 곰돌이들을 만날 수 있는 테디베어팜이 있다. 다양한 테디베어를 볼 수 있지만 무엇보다 속초의 지역 명물을 소개하는 테디베어들을 만날 수 있다는 것이 이곳의 자랑거리다. 오징어배를 타고 조업 중인 곰돌이와 스키 타는 반달곰, GOP에서 보초를 서는 곰돌이와 갯배를 타는 곰돌이까지 테디베어들이 담아낸 속초의 여러 모습을 하나하나 구경해 보자.

갤러리 외에도 야외에서 테디베어를 만날 수 있는 테디가든이 조성되어 있다. 갤러리 입구에는 테디정원이 꾸며져 있으며,

벤치와 수풀 사이에서도 저마다 즐거운 시간을 보내는 곰돌이들과 마주치게 된다. 곳곳에서 마주하는 테디베어 덕분에 모처럼 동심으로 돌아가는 시간이 될 것이다.

TIP
바로 맞은편에는 '테라크랩팜'이라는 게 생태체험학습관이 있어 함께 방문해 보아도 좋다.

주변 볼거리·먹거리

갯배선착장

Ⓐ 강원도 속초시 중앙부두길 39 Ⓞ 5~10월 05:00~23:00, 11~4월 05:30~22:30 Ⓒ 편도 대인 500원, 소인 300원, 손수레 500원, 자전거(이륜차) 500원 Ⓣ 033-633-3171
8월 33주 소개(259쪽 참고)

SPOT 3

별 보러 가지 않을래

안반데기

주소 강원도 강릉시 왕산면 안반데기길 428(안반데기 마을) · **가는 법** 강릉시외버스터미널에서 자동차 이용(약 26km) · **전화번호** 033-655-5119 · **홈페이지** www.안반데기.kr · etc 대중교통 이용 불가

해발고도 1,000m가 넘는 고지대에 펼쳐진 60여 만 평의 배추밭이다. 지형이 떡을 칠 때 쓰는 안반처럼 생겼다고 하여 안반덕(산 위에 형성된 평평한 구릉)이라 부르다가 덕의 강릉 사투리인 데기가 붙어 안반데기라고 부른다고 한다. 화전민들이 척박한 땅을 일구고 소를 이용해 고랭지농업을 시작하면서 지금의 안반데기가 탄생했고, 탁 트인 초록빛 풍경을 자랑하며 이제는 강원도의 명소가 되었다. 안반데기는 배추를 출하하기 직전인 8월 말에서 9월 초에 가장 장관을 이룬다. 이른 아침, 짙은 안개가 걷히는 모습이나 노을의 정경, 별 등 순간순간의 장관을 포착하려는 사진작가들의 출사 장소로도 유명하다.

TIP

- 안반데기는 대중교통을 이용할 수 없는 곳이므로 자동차 여행을 추천한다. 하지만 길이 매우 험하므로 운전이 서툴다면 다시 생각해 보자. 특히 농작물 출하 시기에는 트럭이 자주 드나들어 1차로에 가까운 길에서 아슬아슬하게 비켜 가야 하는 경우도 많다.
- 이곳을 구경하기 위해서는 끝없이 언덕을 오르내려야 하지만 주말과 휴가철을 피하면 자동차를 타고 구경할 수 있다.

주변 볼거리·먹거리

나인 강릉IC를 나오자마자 성산 방향으로 들어가면 솔숲에 위치한 한옥 카페 나인을 만날 수 있다. 고즈넉한 분위기에서 유기농 커피를 즐겨보자.

Ⓐ 강원도 강릉시 구정면 남발길 9 Ⓞ 10:00~22:00 Ⓜ 아메리카노 4,000원, 핸드드립 5,000원부터 Ⓣ 033-655-2318

추천 코스 아이와 함께하는 속초여행

1 COURSE 자동차 이용(약 6.5km)

테디베어팜

2 COURSE 도보 22분(약 1.5km)

앤커피스토리

3 COURSE

갯배선착장

주소 강원도 속초시 울산바위길 3
운영시간 10:00~18:00/매주 화~수요일 휴관
입장료 일반 7,000원, 청소년 6,000원, 어린이 5,000원
전화번호 033-636-3680
홈페이지 tbfarm.modoo.at

8월 33주 소개(256쪽 참고)

주소 강원도 속초시 엑스포로 129
운영시간 매일 10:30~23:00
전화번호 0507-1429-6623

속초에서 만나는 빨간머리 앤. 평소 앤 캐릭터를 좋아하는 사람이라면 이곳과 사랑에 빠질지도 모른다. 카페 입구에서부터 2층까지 앤 관련 굿즈, 사진, 명언들이 가득해 구경하는 재미가 쏠쏠하다. 마치 앤의 방에 놀러온 듯 사랑스러운 분위기의 장소에서 청초호 호수뷰를 감상하며 카페인을 충천해 보는 것은 어떨까?

주소 강원도 속초시 중앙부두길 39
운영시간 5~10월 05:00~23:00, 11~4월 05:30~22:30
입장료 성인 편도 500원, 소인 300원, 손수레 500원, 자전거(이륜차) 500원
전화번호 033-633-3171

속초 시내와 아바이 마을을 잇는 갯배! 갯배선착장에서는 직접 갯배를 타고 나가 와이어로 배를 끌며 물가를 건너는 체험을 해볼 수 있다. 자동차를 이용해서도 갈 수 있는 거리지만 속초여행에 온 기분을 낼 수 있어 한 번쯤 경험해 보는 것을 추천한다.

8월 넷째 주

역사의 발자취 따라

34week

SPOT 1

육지 속 작은 섬
청령포

주소 강원도 영월군 영월읍 청령포로 133(청령포매표소) · **가는 법** 영월시외버스터미널에서 자동차 이용(약 2.4km) · **운영시간** 매일 09:00~18:00 · **입장료** 어른 3,000원, 청소년·군인 2,500원, 어린이 2,000원, 노인 1,000원 · **전화번호** 033-372-1240(청령포매표소)

단종의 유배지로 유명한 청령포는 거친 물살의 서강을 건너야 들어갈 수 있고 뒤쪽은 험준한 절벽으로 가로막혀 육지 속 섬이라 할 만하다. 건너편에서 청령포를 바라보면 강 건너 울창한 송림과 함께 단종이 머물렀다는 단종어소가 보인다. 단종어소는 승정원의 기록에 따라 기와집으로 재현한 것이며, 궁녀 및 관노들이 머물던 행랑채와 밀랍인형이 당시 상황을 보여 준다. 어린 왕이 홀로 느꼈을 외로움이나 공포는 시간과 함께 사라지고 이제는 천년의 숲이라 부르는 우거진 소나무들만이 절경으로 다가온다. 청령포 수림지에는 거송(巨松)이 가득한데, 그중 천연

기념물로 지정된 관음송은 수령이 600년 정도인 것으로 추정된다. 단종의 모습을 보았다 하여 볼 관(觀) 자, 단종의 슬픈 울음소리를 들었다 하여 소리 음(音) 자를 써서 관음송이라 불린다. 유배 당시 단종이 이 소나무의 갈라진 줄기에 걸터앉아 쉬었다는 이야기도 전해진다. 키 큰 소나무들 사이에서도 단연 돋보이는 관음송을 물끄러미 바라보자면 마치 시간의 흐름이 느껴지는 듯하다. 전망대에 올라 청령포를 돌아 흐르는 서강의 모습을 보며 청령포 여행을 마무리해도 좋다.

TIP

입장료에는 청령포로 들어가는 배 승선 비용이 포함되어 있다.

주변 볼거리·먹거리

동강사진박물관 영월군청 앞 영월읍이 내려다보이는 언덕에 자리한 이곳은 다양한 기획전시가 진행되는 공립 사진박물관이다. 여러 전시공간이 저마다 테마를 가지고 꾸며져 있으며, 특히 야외 회랑의 전시가 인상적이다.

Ⓐ 강원도 영월군 영월읍 영월로 1909-10 Ⓞ 09:00~18:00 Ⓒ 성인 2,000원, 청소년 · 군인 1,500원, 어린이 1,000원 Ⓣ 033-375-4554 Ⓗ dgphotomuseum.com

SPOT 2

600년의 빛

양구백자 박물관

주소 강원도 양구군 방산면 평화로 5182 · **가는 법** 양구시외버스터미널에서 버스 2, 2-1번 승차 → 방산면보건소 하차 · **운영시간** 10:00~18:00/매주 월요일·설날·추석 오전·1월 1일 휴관(국가공휴일이 월요일인 경우 다음 날 휴관) · **입장료** 일반 3,000원, 7세 이하 · 65세 이상 무료 · **전화번호** 033-480-7238 · **홈페이지** yanggum.or.kr

양구는 오랜 시간 백자를 생산해 온 곳으로, 왕실 분원(조선시대에 사옹원에서 쓰는 사기그릇을 만들던 곳)의 백자 원료 공급처이기도 했으나 어쩐지 지금의 우리에게는 조금 생소하게 느껴진다. 도자기 하면 떠오르는 곳은 양구보다는 경기도 여주나 이천, 광주 등이기 때문이다. 하지만 양구는 고려 때부터 도자기 생산지로서 주목받아 왔으며, 양질의 백토와 도석을 가지고 있어 조선시대에는 경기도 광주 분원에도 원료를 공급했다고 한다. 양구 일대에서 40기의 가마터가 확인된 것도 그러한 역사를 뒷받침한다. 이 숨겨진 역사를 살펴볼 수 있는 곳이 바로 양구백자박물관이다. 여백의 미가 느껴지는 박물관 내부의 공간에 들어서

면 구석구석에서 백자를 만날 수 있다. 백자 작품으로 아기자기하게 꾸민 정원도 천천히 거닐어 보자. 대부분 단층인 건축물과 잔디밭, 양구의 아름다운 자연환경이 예쁘게 어울린다. 백자를 전시하는 공간에도 자연광이 들어오도록 배치하여 따스한 분위기를 느낄 수 있다.

TIP

- 초벌구이에 그림 그리기, 양구백토로 작품 만들기 등의 체험 프로그램에 참여하고 싶다면 사전에 문의하자. 체험료는 10,000원.
- 양구백자박물관은 양구 읍내에서 벗어난 곳에 있으며, 두타연(218쪽 참고)과도 멀지 않다.
- 전시관 내에서는 사진 및 비디오 촬영이 금지되어 있다.

주변 볼거리·먹거리

만대리농가레스토랑

집밥이 생각날 때면 들러 보기 좋은 양구 맛집! 깨끗하고 정갈한 매장에 신선한 재료를 사용해 후기가 좋다. 대표메뉴는 갈비탕, 점심 백반, 제육철판볶음, 쭈꾸미철판볶음 등이 있는데, 점심 백반의 경우 매일 달라지는 메뉴로 구성되어 언제 방문해도 좋다. 깔끔한 한 상 차림을 맛보고 싶다면 이곳에 방문해 보자.

Ⓐ 강원도 양구군 해안면 펀치볼로 1121-71 Ⓞ 매일 10:30~21:00/매월 둘째, 넷째 주 일요일 휴무 Ⓣ 0507-1366-0884

SPOT 3

300년의 시간이 머무는

선교장

주소 강원도 강릉시 운정길 63 · **가는 법** 강릉시외고속버스터미널에서 버스 202, 302번 승차 → 선교장 하차 · **운영시간** 3~10월 09:00~18:00, 11~2월 09:00~17:00 · **입장료** 성인 5,000원, 청소년 3,000원, 어린이 2,000원 · **전화번호** 033-648-5303 · **홈페이지** knsgj.net

선교장은 명당에 자리한 조선시대 상류층의 사대부 가옥으로, 300여 년 동안 그 품위를 지켜 온 공간이다. 본채, 안채, 사랑채, 동별당, 열화당, 행랑채 등이 정원의 풍경과 어우러져 있으며, 소나무 가득한 뒷산과 경포호로 이어지는 길까지 마치 한 폭의 그림 같다. 특히 7월부터 8월 중순 사이에 방문하면 연못을 가득 메운 연꽃 위로 보이는 활래정의 모습이 일품이다. 활래정은 조선의 많은 시인묵객들이 풍류를 즐기기 위해 드나들던 정자로, 지금도 활래정의 다실에서 차를 마시며 운치를 즐길 수 있다.

남주인 전용 사랑채인 열화당은 현재 도서관으로 이용되고 있으며《용비어천가》,《고려사》등 수천 권의 책과 그림 등을 소장하고 있다. 본채와 전통문화체험관, 홍예헌 등에서는 한옥스테이를 운영한다.

TIP

- 전통음식문화체험, 민속놀이체험, 탁본체험 등 다양한 체험 프로그램이 있으며, 사전에 예약해야 한다.
- 09시, 10시, 11시, 14시, 15시, 16시 정각에 문화해설사의 안내가 시작되니 참고하자.
- 선교장을 시작으로 경포호, 강릉해운정, 심상진가옥, 경포대, 방해정, 매월당김시습기념관 등이 인근에 위치하고 있다.

주변 볼거리·먹거리

해운정 강릉에서 오죽헌 다음으로 오래된 건축물로, 보물 제183호로 지정된 조선시대의 주택이다. 아담하지만 앞쪽으로 경포호의 모습이 한눈에 들어와 운치 있다. 현판은 조선 후기의 학자 송시열이 쓴 것이라고 한다.

Ⓐ 강원도 강릉시 운정길 125 Ⓒ 무료 Ⓣ 033-640-4414(경포관광안내센터)

심상진가옥 강릉해운정과 담 하나를 사이에 둔 심상진가옥은 강원도유형문화재 제79호로 지정된 조선시대의 주택이다. 해운정과 함께 우리나라 전통 건축의 아름다움을 엿볼 수 있는 곳이다.

Ⓐ 강원도 강릉시 운정길 123 Ⓒ 무료

추천 코스 과거로부터 전해내려오는

1 COURSE
청령포

자동차 이용(약 2.2km)

2 COURSE
영월서부시장

도보 1분(약 87m)

3 COURSE
영월빈대떡

주소	강원도 영월군 영월읍 청령포로 133(청령포매표소)
운영시간	매일 09:00~18:00
입장료	어른 3,000원, 청소년·군인 2,500원, 어린이 2,000원, 노인 1,000원
전화번호	033-372-1240(청령포매표소)

8월 34주 소개(260쪽 참고)

주소	강원도 영월군 영월읍 서부시장길 12-4
전화번호	1577-0545(영월군청)

서부아침시장, 공설시장, 종합상가, 김삿갓 방랑시장 등이 한데 모여 장을 이루고 있다. 소박한 규모의 전통시장이지만 일미닭강정, 미탄집과 같은 유명 맛집과 토속 먹거리 덕분에 여행자들의 발길이 끊이지 않는다. 아담한 장터 구경과 함께 맛있는 시장 음식도 맛보면 어떨까.

주소	강원도 영월군 영월읍 서부시장길 15-10
대표메뉴	메밀전병 1,500원, 메밀부치기 1,500원, 수수부꾸미 2,500원, 녹두전 5,000원, 영월동강막걸리 3,000원
전화번호	033-372-6632

영월빈대떡의 즉석에서 부친 따끈따끈한 전은 마치 어머니의 손맛을 연상하게 한다. 실내공간도 따로 마련되어 있어 편하게 먹기 좋고 포장도 가능하다. 팥이 가득해 달달한 수수부꾸미와 얇은 반죽에 속이 알찬 메밀전병, 강원도 토속음식 올챙이 국수는 이곳의 인기 메뉴다.

8월 다섯째 주

여 름 의 끝 에 서

35 week

SPOT 1

여름 바다 그리고 산책

하조대 해수욕장

주소 강원도 양양군 현북면 하광정리 · **가는법** 양양종합여객터미널에서 버스 12번 승차 → 하조대 하차 → 도보 이동(약 470m) · **전화번호** 033-672-5647 · **홈페이지** hajodae.org · **etc** 주차 무료

고운 모래와 넓은 바다, 그리고 기암괴석과 바위섬이 매력적인 곳! 바로 하조대해수욕장이다. 매년 여름이면 해수욕을 위해 찾는 사람이 많지만, 이곳은 산책을 즐기기에도 더없이 좋은 장소이다. 하조대라고 적혀있는 포토존은 이미 소문난 인생사진 명소! 잠시 데크길을 오르면 스카이워크도 등장한다. 하조대 스카이워크는 해수욕장 전경을 유리 바닥 아래로 내려다보는 아찔한 체험을 할 수 있어 매력만점이다. 양양 8경 중 하나인 하조대와 양양에서 가장 유명한 서피비치도 주변에 있어 함께 둘러보기 좋은 양양 여행지로 추천한다.

주변 볼거리·먹거리

단양면옥 3대째 변함없이 냉면과 막국수를 만들어 온 집으로 아주 오래된 외관만큼이나 오래전의 맛을 유지하는 곳이어서 늘 단골손님들로 북적인다. 가자미식해가 올려 나오는 함흥비빔냉면이 특히 인기 있으며, 시원하고 깔끔한 국물의 물냉면, 물막국수도 맛있다.

Ⓐ 강원도 양양군 양양읍 남문6길 3 Ⓞ 11:00~20:00 Ⓜ 함흥회냉면·회비빔막국수 10,000원, 함흥물냉면·물막국수 9,000원 Ⓣ 033-671-2227

남대천 영동 지방의 하천 가운데 가장 맑고 긴 강으로, 우리나라로 회귀하는 연어의 70% 이상이 이곳으로 향한다고 한다. 남대천을 따라 올라가는 드라이브 코스도 좋으며, 상류에는 강원도에서 가장 물이 맑다는 법수치계곡이 있다.

Ⓐ 강원도 양양군 양양읍 남문리 Ⓣ 033-670-2114(양양군청) Ⓔ 연어를 볼 수 있는 시기는 10월 중순부터 11월 말 사이

SPOT 2

오션뷰 감성숙소

do it 192

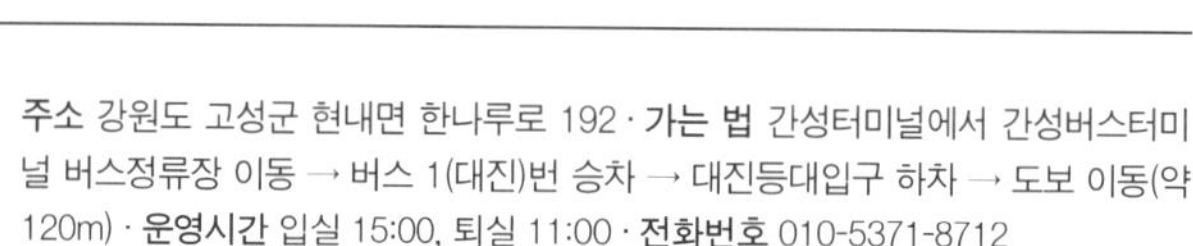

주소 강원도 고성군 현내면 한나루로 192 · **가는 법** 간성터미널에서 간성버스터미널 버스정류장 이동 → 버스 1(대진)번 승차 → 대진등대입구 하차 → 도보 이동(약 120m) · **운영시간** 입실 15:00, 퇴실 11:00 · **전화번호** 010-5371-8712

do it 192는 1층은 카페, 2층은 숙소로 구성되어 있다. 전 객실 오션뷰이며 스파 커플룸과 가족룸 두 가지 타입이 있다. 특이한 점은 가족, 커플만 예약이 가능하다는 것이다. 깨끗한 객실 내부에, 꼭대기 층으로 올라가면 루프톱이 조성되어 있다. 시원한 바람과 바다, 그리고 앉을 공간이 있어 물멍을 하기에도 좋은 곳이다.

숙소 바로 앞의 바닷가는 개방된 지 얼마 되지 않아 비교적 한적하고 조용하다. 많이 알려지지 않아 프라이빗한 느낌이 가득 드는 데다가 외국 부럽지 않은 그라데이션 물빛을 띠는 바다는 잠시 산책을 하거나 사진을 찍기에도 좋다. 또한 이곳에서는 강

원도 고성의 싱싱한 해산물을 이용해 만든 조식 메뉴, 문어죽과 전복죽을 판매해 인기가 좋다. 별도 신청을 통해 조식을 추가할 수 있으니 참고하여 든든한 아침 식사와 함께 고성여행을 시작해 보면 어떨까.

TIP

- 카페에서는 주말 한정으로 직접 만든 베이커리류를 판매하니 참고하여 방문해 보자.
- 카페 내부 공간이 한정적이라 9인 이상 단체 손님은 불가하다(카페 이용 문의 : 0507-1389-8712)

주변 볼거리·먹거리

쌍둥이네식당 대진항 바로 앞에 위치한 집. 생선모듬구이백반, 물곰탕, 생선찜 등 해산물 요리를 주로 판매한다. 아침부터 운영해 든든하게 식사를 하기에도 좋고, 대표메뉴뿐만 아니라 밑반찬도 정갈하고 맛이 좋아 리필을 부르는 맛집이다.

Ⓐ 강원도 고성군 현내면 한나루로 136-1 Ⓞ 매일 07:00~19:00 Ⓣ 033-681-0109

SPOT 3

물회&돈가스 맛집

강릉 해마루횟집

주소 강원도 강릉시 공항길127번길 64 · **가는 법** 강릉시외고속버스터미널에서 버스 227번 승차 → 남항진해변 하차 → 도보 이동(약 130m) · **운영시간** 11:20~21:40/매주 수요일 휴무 · **대표메뉴** 왕돈가스 10,000원, 물회 13,000, 닭뽕 25,000원 · **전화번호** 033-653-1809

남항진항 주변 맛집 강릉해마루횟집! 이곳은 '돈가스도 맛있는 횟집'이다. 따라서 물회와 돈가스를 함께 맛보았는데 결과는 대성공! 물회와 돈가스의 조합이 의외로 잘 어울린다. 물회의 경우 푸짐한 양에 소면도 함께 제공하고, 돈가스는 너무 달지 않은 소스에 바삭함까지 빠지지 않아 맛이 좋다. 2층 자리에 앉으면 오션뷰도 만나볼 수 있는데, 깔끔한 내부에 자리도 많아 가족끼리 방문하기에도 손색없는 곳. 특히 아이들과 함께 방문해 회와 돈가스를 맛보아도 좋을 듯하다.

주변 볼거리·먹거리

현철네 현철네가 위치한 소돌항은 조용하고 차분한 분위기다. 작은 항구에 그날그날 들어오는 생선을 구입해 어시장에서 즉석으로 회를 뜬 후 한편에 모여 있는 매운탕집에 들어가 회를 먹고 서더리로 매운탕도 끓여 먹을 수 있다. 현철네는 막장의 맛과 매운탕에 반해 수시로 찾게 되었다. 다른 반찬은 없이 막장과 초장, 야채를 내 주는데 그것만으로도 충분하다.

Ⓐ 강원도 강릉시 주문진읍 해안로 1960 Ⓣ 010-3224-4994

추천 코스 바다가 주는 힐링

1 COURSE ▶ 대진1리해수욕장 — 도보 8분(약 550m) → 2 COURSE ▶ 쌍둥이네식당 — 도보 8분(약 540m) → 3 COURSE ▶ do it 192

1 COURSE 대진1리해수욕장

주소 강원도 고성군 현내면 배봉리
전화번호 033-680-3356

강원도의 해수욕장은 대부분 많이 알려져 있어 매년 여름마다 북적한 반면, 여행객이 많지 않아 프라이빗하게 즐기기 좋은 해변이 있다. 바로 대진1리 해수욕장! 제주도 부럽지 않은 맑은 바다에 수심도 그리 깊지 않아 부담 없이 해수욕을 즐길 수 있다. 조용하고 한적한 바다에서 휴가를 즐기고 싶다면 여기로 향해 보자.

2 COURSE 쌍둥이네식당

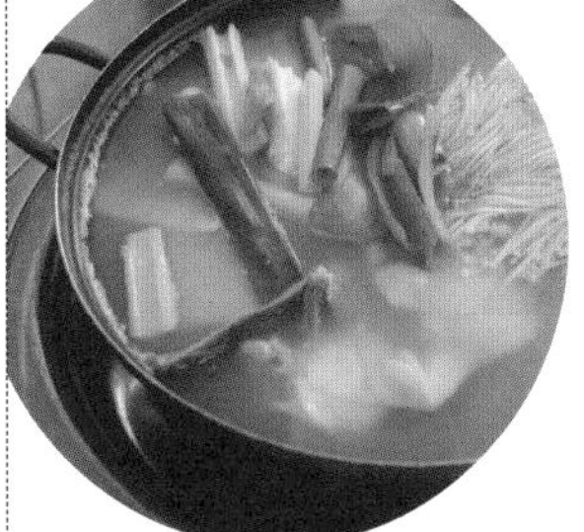

주소 강원도 고성군 현내면 한나루로 136-1
운영시간 07:00~19:00
대표메뉴 생선모둠구이백반 15,000원, 생선찜(2인분) 40,000원
전화번호 033-681-0109

8월 35주 소개(269쪽 참고)

3 COURSE do it 192

주소 강원도 고성군 현내면 한나루로 192
전화번호 010-5371-8712

8월 35주 소개(268쪽 참고)

8월의
강릉여행
꿈 같은 여름

강릉 하면 떠오르는 수식어 바다, 커피, 그리고 최근 떠오르는 소품숍 투어까지! 야외와 실내를 어우르는 여행 코스 그대로~ 더할 나위 없이 좋은 강릉여행을 준비해 보자.

2박 3일 코스 한눈에 보기

강냉이소쿠리

주문진항

메시56

강릉중앙시장

향호해변&주문진해변

강릉해마루횟집

포스트카드오피스

강문해변

카페폴앤메리

끝날 것 같지 않던 여름이 가면서 9월의 강원도는 변화무쌍한 모습을 보인다. 산 위쪽과 산 아랫마을의 계절이 달리 느껴지기 시작하면서 서둘러 겨울 채비를 해야 하는 산 위쪽에서도, 아직 여름이 남아 있는 아랫마을에서도 다양한 축제가 열린다. 원주한지문화제, 평창효석문화제, 횡성더덕축제, 우천코스모스축제, 민둥산억새꽃축제 등 가을빛을 담은 흥겨운 축제들이 계절의 변화를 알린다. 산도 바다도 점차 빛깔이 달라진다. 산이 많은 강원도는 유난히 봄과 가을이 짧다. 이 짧은 변화의 순간을 놓치지 말자.

9월의 강원도

가을이 들려주는 이야기

9월 첫째 주

가을맞이 신나는 액티비티

36 week

SPOT 1

바닷가를 달리다

삼척해양레일바이크

주소 강원도 삼척시 근덕면 공양왕길 2(궁촌정거장), 강원도 삼척시 근덕면 용화해변길 23(용화정거장) · **가는 법** 삼척종합버스터미널에서 버스 24번 승차 → 궁촌 하차 · **운영시간** 09:00, 10:30, 13:00, 14:30, 16:00/매월 둘째, 넷째 주 수요일 휴무 · **이용료** 2인승 25,000원, 4인승 35,000원 · **전화번호** 033-576-0656 · **홈페이지** oceanrailbike.com

강원도에는 6개의 레일바이크가 있다. 전국에서 가장 많은 개수다. 그만큼 멋진 풍경도 많다. 그중 삼척 해양레일바이크는 소나무숲과 바닷가 기암괴석을 끼고 동해의 해안선을 따라 궁촌정거장과 용화정거장 사이 5.4km 거리를 운행한다. 루미나리에, 레이저쇼 등 각종 테마를 가지고 꾸민 터널을 지나 해변을 바라보며 달리는 기찻길의 낭만을 즐길 수 있는 곳이다. 바퀴가 4개 달린 레일바이크의 페달을 밟으면 앞으로 나아가지만 비탈길 등 오르기 힘든 구간은 전동으로 움직이므로 부담이 없다.

삼척의 푸른 바다를 눈앞에 두고 달리다 보면 1시간의 운행 시간이 아쉽게 느껴진다. 울창한 소나무길을 지나 궁촌해변, 원평해변, 문암해변, 초곡항, 용화해변으로 이어지는 바다 풍경이 파노라마처럼 아름답게 이어진다. 운행 도중 잠시 초곡휴게소에 들르는데, 이때 바다를 배경으로 사진을 찍거나 간단한 간식을 먹어도 좋다. 자동으로 움직이는 구간이 있다고는 하나 레일바이크는 적지 않은 운동량을 필요로 한다. 깊어 가는 늦가을, 솔향기를 맡으며 조금쯤 움츠러든 몸을 움직이면서 느끼는 상쾌함은 또 하나의 선물이 된다. 햇살을 받은 초겨울의 동해는 생각보다 따뜻하다. 함께한 사람들과 바닷길을 달리며 두런두런 나눈 이야기들, 반대편에서 같은 길을 지나온 사람들과 마주치며 나누는 다정한 눈인사는 이 여정을 오래도록 따스한 기억으로 남게 한다.

- 그래도 바닷바람을 맞으며 달리는 코스이므로 따뜻한 옷차림을 준비하자.
- 궁촌정거장과 용화정거장 사이에 셔틀버스를 운행하고 있으므로 레일바이크 편도 이용 후 출발한 장소로 되돌아올 수 있다. 셔틀버스는 레일바이크 운행 회차에 맞게 운행하고 있으며, 소요시간은 20~30분 정도다.

주변 볼거리·먹거리

부일막국수 막국수와 수육에 들어가는 고추 양념, 그리고 얇게 저민 고추를 넣어 살짝만 절인 백김치의 특별한 맛으로 유명해진 집이다. 수육과 백김치의 조화가 훌륭하며, 막국수도 고추장의 탁한 맛이 적어 좋다.

Ⓐ 강원도 삼척시 새천년도로 596 Ⓞ 11:30~20:00/매주 화요일 휴무 Ⓜ 막국수 9,000원, 수육(小) 40,000원 Ⓣ 033-572-1277

SPOT 2

천상의 화원! 1,164m 트레킹

곰배령

주소 강원도 인제군 기린면 곰배령길 12(점봉산산림생태관리센터) · **가는 법** 현리시외버스터미널에서 자동차 이용(약 14km 이동) · **운영시간** 09:00~16:00/매주 월~화요일 휴무 · **입장료** 무료/사전 예약 필수(점봉산생태관리센터, 국립공원관리공단) · **전화번호** 033-463-8166 · **etc** 주차비 5,000원, 입산시 신분증 확인

곰이 배를 하늘로 향하고 누워있는 모습을 하고 있어서 붙여진 지명, 곰배령! 이곳은 계절마다 서로 다른 야생화가 아름답게 군락을 이룬다. 크고 작은 꽃들은 화려하지 않지만 들여다볼수록 신기하고 또 신비로운 느낌이 든다. 특히 아침에 이슬을 살짝 머금고 있는 싱싱한 금강초롱을 볼 때면 마치 비밀의 숲에 들어온 듯하다.

곰배령은 1,164m라는 높이 때문에 트레킹 전부터 겁을 먹을 수 있으나 경사가 그리 높지 않아 누구나 부담 없이 오를만하다. 코스도 두 가지라서 선호도에 맞게 골라서 걸을 수 있다. 이른 아침이나 날이 흐린 경우에는 추울 수 있으니 여러 겹의 옷을 준

비해 등산하는 것을 추천한다. 깨끗한 공기를 마시며 맑은 물소리를 들으며 차분하게 9월을 맞는 것은 어떨까?

TIP

- 곰배령 방문을 위해서는 국립공원관리공단을 통한 예약이 필수다. 전일 18시 이전까지 9시, 10시, 11시 중 선택할 수 있으며 안전을 위해 12시 이후 입산은 통제한다.
- 탐방 당일 신분증 확인 후 입산허가증을 수령할 수 있으므로, 예약자와 동반인 모두 신분증을 지참해야 한다.
- 곰배령의 등산 소요시간은 약 4~5시간이다. 정상부 탐방 종료시간은 1코스 14시, 2코스 13시 30분이며, 16시까지 하산해야 하니 참고하자.

주변 볼거리·먹거리

인제스피디움 스피드를 즐길 줄 아는 사람이라면 한 번쯤 꿈꾸는 액티비티. 인제스피디움은 서킷이 잘되어 있어 길을 따라 스릴 만점 레이싱을 경험할 수 있다. 4성급 숙소뿐만 아니라 카트체험장, RC카 트랙, 클래식카박물관 등 이곳만의 특색이 있는 시설도 마련되어 있으니 함께 방문해도 좋다.

Ⓐ 강원도 인제군 기린면 상하답로 130 Ⓞ 체크인 14:00, 체크아웃 11:00 Ⓒ 스포츠주행(1세션) 60,000원, 서킷카트 50,000원, 레저카트 2인승 30,000원, 클래식카박물관 대인 6,000원, 소인 4,000원/매주 월요일 휴관 Ⓣ 1644-3366

SPOT 3

나미나라공화국
남이섬

주소 강원도 춘천시 남산면 남이섬길 1(남이섬), 경기도 가평군 가평읍 북한강변로 1024(남이섬매표소) · **가는 법** 가평터미널에서 버스 10-4번 승차 → 남이섬 종점 하차 · **운영시간** 남이섬 첫 배 08:00, 마지막 배 21:00 · **입장료** 일반 16,000원, 청소년 · 70세 이상 13,000원, 어린이 10,000원 · **전화번호** 031-580-8114 · **홈페이지** namisum.com

전 세계 사람들이 남이섬을 찾으면서 상상공화국 나미나라가 시작되었다. 동화나라, 노래의 섬 남이섬은 본래 작은 봉우리였으나 1940년대에 청평댐이 들어서면서 생겨난 섬으로, 드라마 〈겨울연가〉의 한류 열풍에 힘입어 많은 관광객을 유치하고 있다. 섬 안은 사계절 내내 아름다운 자연 속에 놀이시설과 숙박시설, 전시관, 공예원, 공연장 등 다양한 편의시설과 볼거리를 갖추고 있다. 특히 쭉 뻗은 메타세쿼이아길로 이어지는 산책로는 이미 유명한 데이트 명소다.

남이섬은 노래마을, 사랑마을, 행복마을, 꿈마을로 구성되어 있으며, 어느 쪽으로 가든 우거진 수목과 다양한 산책로로 이어져 마치 다른 세상에 온 듯한 착각에 빠지게 된다. 산책하듯 천천히 거닐며 둘러봐도 좋지만 유니세프나눔열차나 태양광투어버스, 자전거 등을 타고 구경해도 좋다. 선착장에서 모터보트를 타면 물살을 가르며 남이섬 한 바퀴를 돌 수도 있다.

주변 볼거리·먹거리

의암호스카이워크 의암호 일대에 자전거길과 더불어 의암호를 바라보기 가장 좋은 장소에 전망대가 조성되었다. 바닥이 유리로 되어 있어 아찔한 경험을 할 수 있다. 기상 여건에 따라 입장이 제한되기도 하니 참고하자.

Ⓐ 강원도 춘천시 칠전동 486 Ⓞ 09:00~18:00 Ⓒ 무료 Ⓣ 033-250-4312(춘천역관광안내소)

추천 코스 지금은 가을 트레킹을 할 때

1 COURSE 곰배령

자동차 이용(약 52km)

주소	강원도 인제군 기린면 곰배령길 12(점봉산산림생태관리센터)
가는 법	현리시외버스터미널에서 자동차 이용(약 14km 이동)
운영시간	09:00~16:00/매주 월~화요일 휴무
입장료	무료/사전 예약 필수(점봉산생태관리센터, 국립공원관리공단)
전화번호	033-463-8166
etc	주차비 5,000원, 입산시 신분증 확인

9월 36주 소개(278쪽 참고)

2 COURSE 용바위식당

도보 7분(약 430m)

주소	강원도 인제군 북면 진부령로 107
운영시간	매일 08:00~18:00
대표메뉴	황태구이정식 14,000원, 황태국밥 10,000원
전화번호	033-462-4079

용대리 황태마을에 있는 황태구이, 황태국밥 맛집이다. 황태가 부드러워 자꾸만 손이 가는 맛이라는 후기가 많고, 국물의 경우 진하고 깊어 아침식사 메뉴로도 제격이다.

3 COURSE 매바위인공폭포

주소	강원도 인제군 북면 용대리
전화번호	033-460-2170

고개를 올려 저 위를 보아야 볼 수 있는 웅장한 폭포수. 엄청난 규모를 자랑하는 매바위인공폭포다. 용대리 황태마을 입구에 위치해 있어 황태촌과 함께 방문하기 좋다.

9월 둘째 주

메밀꽃 필 무렵

37 week

SPOT 1

소설 속으로

효석달빛언덕

주소 강원도 평창군 봉평면 창동리 575-7 · **가는 법** 장평시외버스터미널에서 자동차 이용(약 8.2km) · **운영시간** 5~9월 09:00~18:30, 10~4월 09:00~17:30/매주 월요일 · 1월 1일 · 설날 · 추석 휴무 · **입장료** 통합권(이효석문학관+효석달빛언덕) 일반 4,500원, 단체 3,000원, 군민 2,000원/효석달빛언덕 일반 3,000원, 단체 2,000원, 군민 1,500원 · **전화번호** 033-336-8841 · **홈페이지** hyoseok.net

효석달빛언덕은 소설 〈메밀꽃 필 무렵〉을 기반으로 만들어진 문학 공간이다. 입구에서부터 책으로 가득한 도서관에 당나귀 모양의 전망대, 안경, 만년필 등의 조형물이 눈에 띈다. 내부 공간에 들어가서 관람하거나 조형물을 배경으로 사진을 찍기도 좋다. 문학과 관련된 공간이다 보니 전반적으로 차분한 분위기에 가을의 운치가 고스란히 더해진다.

효석달빛언덕 주변에는 메밀밭이 많이 있는데 새하얗게 피어나는 메밀꽃을 보기 위해서는 시기를 잘 맞춰 방문해야 한다. 대개 9월 초~9월 중 메밀꽃이 피지만, 매년 개화량 변동이 커 최근 개화 현황을 확인한 후 방문하는 것을 추천한다. 효석달빛언덕은 이효석문학관, 생가와도 가까이에 있어 함께 둘러보기 좋다. 통합권을 구매할 경우 조금 더 저렴한 가격에 둘러볼 수 있어 합리적이다.

주변 볼거리·먹거리

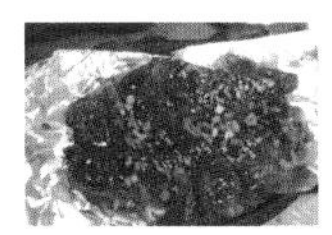

황태회관 10여 년 전만 해도 동해안의 대표 어종은 명태였다. 진부령, 횡계 등의 지역은 겨울이 아주 춥고 건조하기에 명태를 말리기 좋은 기상 조건이 뒷받침되었고, 그렇게 강원도 황태는 유명해질 수밖에 없었다. 따라서 횡계에는 제법 많은 황태 덕장이 있다. 또한 황태 음식점도 많다. 황태회관도 그중 하나로, 다양한 황태 요리를 판매하고 있는 맛집이다. 매콤하면서도 달짝지근한 황태구이와 시원한 황태해장국이 특히 인기 있다.

Ⓐ 강원도 평창군 대관령면 눈마을길 19 Ⓞ 06:00~22:00/연중무휴 Ⓜ 황태구이정식 15,000원, 황태찜(中) 38,000원, 황태해장국정식 9,000원 Ⓣ 033-335-5795

메밀꽃필무렵 택시기사에게 추천받아 도착한 곳, 이효석 생가 바로 안쪽에 있는 메밀음식전문점이다. 3대를 이어온 이곳에는 간장나물메밀국수, 메밀비빔국수, 메밀묵, 메밀감자떡 등 거의 모든 메뉴에 메밀을 사용해 만들었으며, 고즈넉한 인테리어에 건강한 맛의 음식이라 누구나 부담 없이 즐길 수 있다.

Ⓐ 강원도 평창군 봉평면 이효석길 33-13 Ⓞ 일~수요일 09:30~19:00, 금~토요일 09:30~19:30/매주 목요일 휴무 Ⓣ 0507-1322-4594

SPOT 2

색다른 가을을 만나는

붉은 메밀꽃축제

주소 강원도 영월군 영월읍 삼옥2리 먹골마을 동강변 · **가는 법** 영월버스터미널에서 자동차 이용(약 9.5km) · **전화번호** 033-374-3002(영월읍사무소) · **홈페이지** yw.go.kr · etc 주차 무료

강원도 영월에서 진행하는 가을맞이 축제! 바로 동강변에서 만날 수 있는 붉은메밀꽃축제다. 그동안 메밀꽃은 하얀색밖에 없다고 생각했다면 오산! 이곳에는 분홍빛 물결이 가득하다. 축제는 보통 10월 중순까지 진행하는데 입장료, 주차료 없이 무료로 운영된다. 꽃의 개화량은 날씨 등에 따라 좌우되는 경우가 많으니 방문 전 검색을 통해 최근 사진을 확인하고 떠날 것을 추천한다. 축제장 안에는 그림 전시, 축제 무대, 포토존 등이 있고 강변에서는 유료 뗏목 체험도 진행한다. 다른 지역에서 보기 어려운 붉은 메밀꽃을 보며 영월여행을 계획해 보는 것은 어떨까.

주변 볼거리·먹거리

영월동강한우 질 좋은 한우를 비교적 저렴한 가격에 즐길 수 있어 지역주민부터 관광객까지 사람들의 사랑을 듬뿍 받고 있다. 입구의 정육코너에서는 부위별 고기를 판매하여 포장하거나, 1, 2층 식당을 이용해 먹고 갈 수 있다.

Ⓐ 강원도 영월군 영월읍 하송안길 65 Ⓞ 식당 10:30~20:30/정육코너 09:00~19:30 Ⓒ 상차림비용(1인) 5,000원 Ⓣ 0507-1423-1552

SPOT 3

봉평의 메밀 요리

원미식당

주소 강원도 평창군 봉평면 효석문학길 63-2 · **가는 법** 장평시외버스터미널에서 자동차 이용(약 8.4km) · **운영시간** 매일 10:30~20:00 · **대표메뉴** 메밀막국수 · 메밀비빔국수 8,000원, 메밀싹비빔밥 8,000원, 메밀모둠 17,000원 · **전화번호** 033-335-0592

강원도는 해발고도가 높다는 지리적 조건과 그에 따른 기후적 특성으로 인해 예로부터 감자와 고구마, 옥수수, 메밀 등을 많이 재배해 왔다. 메밀 농사가 많이 이루어짐에 따라 강원도 각지에서 필연적으로 메밀을 활용한 음식이 발달했는데, 그중 봉평은 이효석의 소설 〈메밀꽃 필 무렵〉 덕분에 대표적인 '메밀마을'이 되었다.

이효석문학관 입구에 위치한 원미식당은 메밀 요리 전문점으로, 메밀막국수는 물론이고 메밀칼국수, 메밀묵사발, 메밀전병, 메밀동동주 등 다양한 메밀 요리를 맛볼 수 있는 곳이다. 메밀모둠을 주문하면 메밀부침, 메밀전병, 메밀묵무침, 감자떡이 함께 나오는데 하나같이 맛이 좋다. 특히 메밀묵무침은 메밀묵 위에 메밀싹무침을 올려서 먹는 새로운 맛이다. 메밀싹비빔밥을 먹고 싶다면 미리 예약해야 하지만 메밀싹이 있을 경우에는 부탁하면 만들어 주기도 한다.

메밀꽃이 봉평을 가득 메우는 이 시기에 메밀 요리를 먹으며 운치를 더해 보자. 식당 내부보다는 바람의 길목에 자리한 바깥쪽 마루에 앉으면 시원한 가을바람을 느끼며 식사할 수 있다.

주변 볼거리·먹거리

이효석문화마을 이효석 생가터를 비롯하여 소설에 등장하는 물레방앗간과 충주집, 그리고 메밀밭이 한가득 펼쳐져 있을 뿐만 아니라 이효석문학관도 함께 구경할 수 있다. 물레방앗간 옆 평창군 관광안내센터에서 관련 자료를 받아 마을을 둘러보면 더욱 좋다. 9월에는 평창 효석문화제가 열려 다양한 행사와 함께 흐드러지게 핀 메밀꽃을 만날 수 있으니 참고하자.

Ⓐ 강원도 평창군 봉평면 원길리 765-5 Ⓣ 033-335-9669

추천 코스 붉은 메밀꽃 필 무렵

1 COURSE

자동차 이용(약 10km)

붉은메밀꽃축제

2 COURSE

자동차 이용(약 8km)

영월동강한우

3 COURSE

선돌

주소	강원도 영월군 영월읍 삼옥2리 먹골마을 동강변
가는 법	영월버스터미널에서 자동차 이용(약 9.5km 이동)
전화번호	033-374-3002(영월읍사무소)
홈페이지	yw.go.kr
etc	주차 무료

9월 37주 소개(284쪽 참고)

주소	강원도 영월군 영월읍 하송안길 65
운영시간	식당 10:30~20:30/정육코너 09:00~19:30
이용요금	상차림비용(1인) 5,000원
전화번호	0507-1423-1552

9월 37주 소개(285쪽 참고)

주소	강원도 영월군 영월읍 방절리 769-4
입장료	무료
etc	주차 무료

영월의 관문인 소나기재 마루에서 강 절벽 쪽으로 조금 더 올라가면 서강을 배경으로 칼로 내려친 듯 둘로 쪼개진 바위가 서 있다. 원래는 붙어 있던 절벽이 쪼개진 것 같은 형상인데, 그 틈 사이로는 이 간극을 메우려는 듯 서강의 물줄기가 천천히 흐르고 있다. 높이 약 70m의 기암과 굽이쳐 흐르는 서강의 푸른 물빛이 만들어 내는 절경을 마주해 보자.

9월 셋째 주

강원도의 물줄기

38 week

SPOT 1

해저터널이 있는

민물고기 전시관

주소 강원도 삼척시 근덕면 초당길 234 · **가는 법** 삼척종합버스정류장에서 자동차 이용(약 12km) · **운영시간** 하절기(3~10월) 09:00~17:00, 동절기(11~2월) 09:00~16:00/매주 월요일 휴관 · **입장료** 무료 · **전화번호** 033-570-4451 · **홈페이지** samcheok.go.kr · **etc** 주차 무료

삼척의 민물고기전시관은 귀여운 새끼 물고기부터 철갑상어까지 살아있는 민물고기들을 한눈에 볼 수 있는 곳이다. 외부에는 대형 수조가, 내부에 들어가면 체험관, 수초터널, 생태관 등이 갖춰져 있을 뿐 아니라 강원도에 서식하는 천연기념물 어름치, 황쏘가리 등의 민물고기 44종을 눈에 담을 수 있어 더욱 특별하다. 관람 동선을 따라 가다 보면 마지막에 등장하는 해저터널은 규모는 작지만 여느 아쿠아리움 부럽지 않으니 예쁜 사진과 함께 추억을 남겨 보자. 미디어아트, 닥터피쉬 체험관 등 아이들이 좋아하는 공간도 마련되어 있으니 함께 가볼만한 곳으로 추천한다.

주변 볼거리·먹거리

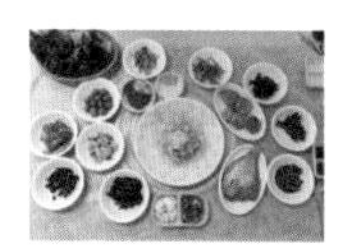

못난이횟집 장호항의 소박한 맛집인 못난이횟집은 생선구이와 회, 물회가 인기 있다. 자연산 회만을 판매하므로 계절마다 또는 날마다 잡힌 물고기만 먹을 수 있다. 동해안에서는 가자미를 고들고들하게 말려서 구워 먹는데, 이 집의 생선구이에도 대부분 가자미가 포함된다. 함께 깔리는 반찬도 종류가 다양해서 더욱 든든하다.

Ⓐ 강원도 삼척시 근덕면 장호항길 143 Ⓞ 05:00~21:00 Ⓜ 모듬회 60,000~100,000원, 생선구이 15,000원, 물회·회덮밥 15,000원 Ⓣ 033-573-4303

동남호대게 동남호대게는 아빠가 직접 잡아 선별한 대게를 판매하는 곳으로 유명하다. 게의 다리가 대나무 같다고 해서 이름 붙여진 대게의 살을 쏙쏙 뽑아 먹는 맛은 더 이상 설명이 필요하지 않다. 얼큰한 대게라면과 게딱지볶음밥도 별미다.

Ⓐ 강원도 삼척시 새천년도로 73 Ⓞ 10:00~21:00 Ⓜ 대게 시가, 대게탕 40,000원, 대게라면 5,000원 Ⓣ 010-7509-9270

SPOT 2

민물 잡어로 만든 보양식

화천어죽탕

주소 강원도 화천군 간동면 파로호로 91 · **가는 법** 화천공영버스터미널에서 자동차 이용(약 6.2km) · **운영시간** 09:00~19:00/비정기 휴무 · **대표메뉴** 잡고기어죽탕·감자부침·파전 각 9,000원 · **전화번호** 033-442-5544

북한강변에 자리한 화천어죽탕은 토속적인 주택을 개조한 음식점이다. 강이 내려다보이는 자리에 앉아 실내를 둘러보면 이색적인 소품이 하나둘 눈에 띈다. 음식점에서는 보기 드문 기타, 바이올린, 장구 등의 악기가 여기저기 배치되어 있고, 에어컨에는 서정적인 시구가 적혀 있다. 사실 입구에 들어설 때부터 이 집만의 묘한 분위기가 전해진다. 마당 한편에는 여러 골동품과 조각들이 진열되어 있고, 외부 벽면에는 액자가 걸려 있다. 내부로 들어가는 문 앞에 자리 잡은 피아노도 인상적이다.

어죽탕의 맛 역시 새롭다. 잡고기어죽탕은 얼핏 추어탕의 맛과 비슷한데, 산초와 허브 등을 넣어 먹는 것이 특징이다. 국물은 걸쭉하고 고소하며, 물고기를 갈아서 만든 것이므로 비린내

부담 없이 맛볼 수 있다. 특별한 반찬은 없지만 하나하나 어머니의 손맛처럼 일품이다. 민물고기로 만들어 낸 아주 맛깔난 어죽을 맛보고 싶다면 꼭 한번 들러보자.

주변 볼거리·먹거리

아름테마수목원 수목원 이름보다는 사랑나무로 더 유명한 화천 여행지다. 계절별 꽃뿐만 아니라 파크골프장으로도 이용되고 있어 사계절 내내 사랑 받는 곳이다. 산책이나 가벼운 운동을 위해 이곳에 방문해 보면 어떨까.

Ⓐ 강원도 화천군 하남면 거례리 514-1 Ⓔ 주차 무료

SPOT 3

우리 물고기 이야기

토속어류생태체험관

주소 강원도 화천군 간동면 어룡동길 366 · **가는 법** 화천공영버스터미널에서 자동차 이용(약 8.7km) · **운영시간** 3~10월 09:00~17:30, 11~2월 09:00~17:00/매주 월요일 · 1월 1일 · 설날 · 추석 휴관(월요일이 공휴일인 경우 그 다음 날 휴관) · **입장료** 무료 · **전화번호** 033-442-7464

북한강은 한강의 제1지류 중 가장 긴 하천으로, 화천 평화의 댐부터 화천댐, 춘천댐, 의암댐, 청평댐으로 이어지며 소양강과 만나 한강을 이룬다. 이 강에 서식하는 토속 어류를 소개하고 연구 및 복원의 역할을 수행하는 토속어류생태체험관이 화천에 위치하고 있다.

입구에 들어서면 먼저 산천어등(燈)이 반겨 준다. 다양한 어종이 체계적으로 전시되어 있으며, 2층은 체험관으로 조성되어 있어 아이들이 좋아한다. 어름치, 황쏘가리와 같은 천연기념물은 물론이고 가시고기, 열목어, 둑중개, 돌상어, 꾸구리 등의 멸종위기 어류까지 흔히 볼 수 없었던 귀한 토속 어류들을 직접 만나 볼 수 있다. 근접한 곳에 딴산유원지가 있으므로 체험관을 둘러보고 나온 후에는 산과 계곡 풍경도 함께 즐길 수 있는 일석이조의 여행지다.

주변 볼거리·먹거리

딴산 마치 섬처럼 물가에 홀로 떨어져 있는 조그마한 동산이다. 북한강과 계곡이 만나는 지점에 위치하여 경치가 좋으며, 계곡물이 맑고 얕아 물놀이하기 좋다.

Ⓐ 강원도 화천군 간동면 구만리 Ⓣ 033-440-2547(화천군청 문화정책과)

추천 코스 살랑살랑 가을바람 맞으며 산책 즐기기

1 COURSE ▶ 동구래마을

도보 5분(약 400m)

주소 강원도 화천군 하남면 호수길 329
전화번호 033-441-6201

봄부터 늦가을까지 50여 종에 달하는 토종 야생화를 볼 수 있는 작은 마을이다. 꽃으로 가득한 정원을 지나 내부 건물로 향하면 도예 체험을 할 수 있는 곳과 도예 작품 전시 공간도 마련되어 있다. 도심에서 떨어진 아기자기한 마을에서 휴식을 취하고 싶다면 방문해 보길 추천한다. 마을 주차장에서는 북한강변이 한눈에 보여 그 정취를 느낄 수 있다.

2 COURSE ▶ 물위야생화길

자동차 이용(약 16km)

주소 강원도 화천군 하남면 호수길 329

동구래마을 입구에서 조금만 걸으면 볼 수 있는 풍경! 어디까지가 하늘인지 구분하기 어려울 정도로 세상을 그대로 비추는 물 반영에 이국적인 분위기가 풍겨온다. 사람들에게 덜 알려진 숨은 여행지라 마치 비밀의 숲에 온 듯한 기분이 든다. 맑은 공기를 마시며 한적하고 조용하게 산책하기 좋아 동구래마을과 함께 방문하기 좋은 장소로 추천한다.

3 COURSE ▶ 화천어죽탕

주소 강원도 화천군 간동면 파로호로 91
운영시간 09:00~19:00/비정기 휴무
대표메뉴 잡고기어죽탕·감자부침·파전 각 9,000원
전화번호 033-442-5544

9월 38주 소개(290쪽 참고)

9월 넷째 주

옛날 옛적 이야기

39 week

SPOT 1

애랑 처녀와 덕배 총각

해신당공원

주소 강원도 삼척시 원덕읍 삼척로 1852-6 · **가는 법** 임원정류소에서 버스 24-1, 30번 승차 → 해신당 하차 · **운영시간** 3~10월 09:00~18:00, 11~2월 09:00~17:00/매월 18일 휴관(18일이 휴일인 경우 그 다음 평일 휴관) · **입장료** 어른 3,000원, 청소년 2,000원, 어린이 1,500원 · **전화번호** 033-570-4612

동해안에서 유일하게 남근숭배 민속이 전래되는 곳이 있는데, 바로 해신당(바닷가에서, 바다를 다스리는 신령을 모신 집)이 있는 삼척 신남마을이다. 옛날 이 마을에 결혼을 약속한 처녀 애랑과 총각 덕배가 살고 있었는데 애랑이 홀로 바위섬에서 미역을 따던 중 풍랑을 만나 죽고 말았다. 그 후 이 바다에서는 도무지 고기가 잡히지 않았고, 애랑의 원한 때문이라 생각한 마을 사람들이 처녀의 원혼을 달래기 위해 남근 조각을 만들어 제사를 지냈다고 한다. 지금도 신남마을에서는 제사가 계속되고 있다. 처음 해신당공원에 들어가면 곳곳에 남근 조각이 설치되어 있어

다소 민망할 수 있으나 애랑의 이야기와 바닷가의 문화를 이해하게 되면 조각품을 보는 시선도 달라질 것이다. 조각은 전부 바다 위로 보이는 어느 바위를 향해 있는데, 그 바위가 바로 애랑이 죽은 곳이다. 사람들은 그 바위를 애바위라 부르며, 해안 언덕 쪽에 애랑 처녀와 덕배 총각의 동상을 만들어 그들의 못다한 사랑을 지켜주고 있다고 한다. 공원에서 바라보는 바다의 풍경도 일품이다.

TIP

매년 정월 대보름과 음력 10월 첫 오(午)일(말의 날)에 제사를 지내는 풍습이 재현된다고 하니 참고하자.

주변 볼거리·먹거리

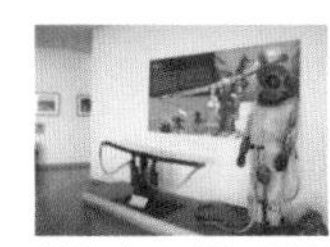

삼척어촌민속전시관

해신당공원 내에 위치한 이곳에서는 동해안 어민들의 생활 문화 자료, 대형 영상수족관 등을 둘러볼 수 있고 시뮬레이션으로 선박을 운행해 보는 등의 체험도 가능하다. 전시관 정면으로 동해와 기암괴석이 어우러진 절경이 펼쳐지며, 산책로도 조성되어 있다.

Ⓐ 강원도 삼척시 원덕읍 삼척로 1852-6 Ⓞ 3~10월 09:00~18:00, 11~2월 09:00~17:00 Ⓒ 해신당공원 입장료에 포함 Ⓣ 033-570-4614

SPOT 2

한국전통음식문화체험관
정강원

주소 강원도 평창군 용평면 금당계곡로 2010-13 · **가는 법** 장평버스정류장에서 자동차 이용(약 5.6km) · **운영시간** 09:00~18:00(저녁 식사는 예약 시에만 가능)/매주 월요일 휴무 · **대표메뉴** 전통한정식 35,000원, 정강원정식 25,000원, 비빔밥 15,000원 · **전화번호** 033-333-1011 · **홈페이지** jeonggangwon.com

우리 전통음식문화의 가치를 널리 알리고자 설립된 정강원은 전통음식을 직접 만들어도 보고 전통음식문화를 체험할 수 있는 곳이다. 드라마 〈식객〉의 촬영지로도 유명하며, 한옥 숙박시설 및 전통 한정식집도 함께 운영하는 복합문화공간이다. 일반적인 한식당을 생각하고 정강원에 들어선다면 한옥으로 구성된 넓은 규모의 외관에서 음식점 그 이상의 분위기를 느낄 수 있을 것이다. 마당 가득 놓인 500여 개의 장독도 인상적이다.

비빔밥을 주문하면 오동나무로 만든 커다란 함지에, 나물 등의 고명이 올라간 밥과 정강원에서 직접 담근 고추장이 함께 나온다. 밥과 고명을 비빈 후 개인 그릇에 적당히 덜어 각자 입맛

에 맞게 간을 해서 먹을 수 있어 더욱 좋다. 불고기전골, 묵은김치돼지갈비찜, 토종닭백숙 등의 일품메뉴도 있으며, 일품메뉴를 맛보고 싶다면 사전 예약이 필수다.

미리 신청하면 대형 함지에 비빔밥을 만드는 비빔밥만들기 체험이나 고추장, 김치, 고등어쌈장 등을 만들어 보는 유료 체험도 가능하다. 그 외에도 일정한 체험비를 지불하면 두부, 인절미, 메밀전, 궁중떡볶이 등의 전통음식 만드는 방법을 배우고 체험할 수 있어 좋다. 정원 끝에서 운영하고 있는 동물농장은 아이들에게 인기 있다.

주변 볼거리·먹거리

음식박물관 정강원 내에 있는 음식박물관은 전통음식의 역사와 가치를 전달하기 위해 설립된 곳으로, 한국의 전통음식과 관련된 다양한 물품이 전시되어 있다.

Ⓐ 강원도 평창군 용평면 금당계곡로 2010-13 정강원 내 Ⓞ 09:00~19:00 Ⓒ 무료 Ⓣ 033-333-1011(정강원)

SPOT 3

이름 가진 여덟 개의 바위

팔석정

주소 강원도 평창군 봉평면 평촌리 903-17 · **가는 법** 장평시외버스터미널에서 버스 150, 155번 승차 → 평촌 하차 → 도보 이동(약 440m) · **전화번호** 033-330-2724(평창군청 관광문화과)

조선 중기의 서예가 양사언이 이곳의 경치에 반해 팔석정이라는 정자를 세우고 주기적으로 드나들며 시상을 가다듬었다고 한다. 그리고 이곳의 여덟 개 바위에 친히 이름을 붙여 주었다고 하여 지금도 이곳을 팔석정이라 부른다. 하지만 이제 정자의 모습은 찾아볼 수 없게 되었고, 양사언이 새겨 두었다는 바위의 이름도 세월이 지나 많이 마모되어 쉽게 알아보기는 힘들지만 그 흔적이 아직 남아 있는 것이 신기하다. 정자의 터나 원형이 전혀 남지 않아 한편에서는 팔석정이라는 이름이 정자에서 비롯된 것이 아니라 바위 자체만을 가리키는 것으로 해석하기도 한다.

홍정천 물줄기에 어우러진 얕은 돌산과 소나무의 모습이 한 폭의 산수화 같은 곳이다. 수백 년 전의 흔적을 담고 있는 바위에 앉아 계곡을 바라보고 있노라면 아득한 시간의 흐름이 느껴지는 듯하다.

주변 볼거리·먹거리

효석문학100리길 소설 〈메밀꽃 필 무렵〉의 배경인 봉평 이효석문화마을부터 평창읍까지 이효석 선생이 다니던 옛길을 따라 자연과 더불어 산책할 수 있도록 조성된 길이다. 총 다섯 구간 중 선택 가능하며, 이정표나 리본 등으로 방향을 친절히 안내하고 있다.

Ⓐ 강원도 평창군 봉평면 원길리 평창군종합관광안내소~평창읍 송학로 71 평창초등학교까지 Ⓣ 033-330-2771(평창군 종합관광안내소)

추천 코스 자연에서 치유하는 하루

1 COURSE

자동차 이용(약 10km)

초곡용굴촛대바위길

주소 강원도 삼척시 근덕면 초곡길 236-20
운영시간 3~10월 09:00~18:00, 11~2월 09:00~17:00/매주 월요일 휴무
etc 주차 무료

초곡용굴촛대바위길은 약 660m의 길을 따라 펼쳐지는 해안절경이 아름다운 곳이다. 길을 따라 걸으면 유리 바닥 구간, 조형물 포토존, 전망대 등이 다채롭게 구성되어 있다. 거기다 메인이라고 할 수 있는 촛대바위, 사자바위, 거북바위 등의 기암괴석, 피날레 용굴까지 다양한 볼거리로 눈이 즐겁다.

2 COURSE

자동차 이용(약 9.6km)

해신당공원

주소 강원도 삼척시 원덕읍 삼척로 1852-6
운영시간 3~10월 09:00~18:00, 11~2월 09:00~17:00/매월 18일 휴관(18일이 휴일인 경우 그 다음 평일 휴관)
입장료 어른 3,000원, 청소년 2,000원, 어린이 1,500원
전화번호 033-570-4612

9월 39주 소개(294쪽 참고)

3 COURSE

검봉산자연휴양림

주소 강원도 삼척시 원덕읍 임원안길 525-145
운영시간 09:00~18:00/매주 화요일 휴관
입장료 어른 1,000원, 청소년 600원, 어린이 300원
전화번호 033-574-2553

검봉산은 바닷가를 따라 위치한 태백산맥 자락의 그리 높지 않은 산으로, 산세가 아기자기하면서도 한편으로는 태백산맥 줄기들이 감싸고 있어 장관을 이루는 명산이다. 푸른 소나무와 활엽수가 어우러진 검봉산자연휴양림에서는 푸른 자연에 둘러싸여 삼림욕을 즐길 수 있다. 또한 임원해수욕장과도 바로 이어지므로 산과 바다를 한꺼번에 즐길 수 있어 더욱 좋다.

9월의 장터여행
재래시장의 맛과 멋

모든 작물이 익어 가는 계절, 가을맞이를 위해 평창의 장터로 떠나 보자. 강원도 곳곳에는 여전히 전통시장이 남아 있으며, 이곳의 유명한 먹거리가 전국적으로 판매되기도 한다. 장터를 거닐며 서로 안부를 전하고 흥정을 하는 강원도 사람들의 모습도 하나의 구경거리다. 비슷하면서도 서로 조금씩 다른 장터들의 특색을 찾아봐도 재밌다. 꼭 가 보고 싶은 5일장이 있다면 날짜를 잘 맞춰서 출발하자. 소설 〈메밀꽃 필 무렵〉에 등장하는 대화장도 좋고 전통시장 활성화 프로젝트가 진행된 봉평장도 좋다. 언제 가더라도 봉평장, 진부장, 대화장, 평창장, 미탄장 중 한 곳은 장날이다.

- **미탄장날** : 매월 1, 6으로 끝나는 날
- **봉평장날** : 매월 2, 7로 끝나는 날
- **진부장날** : 매월 3, 8로 끝나는 날
- **대화장날** : 매월 4, 9로 끝나는 날
- **평창장날** : 매월 5, 0으로 끝나는 날

2박 3일 **코스 한눈에 보기**

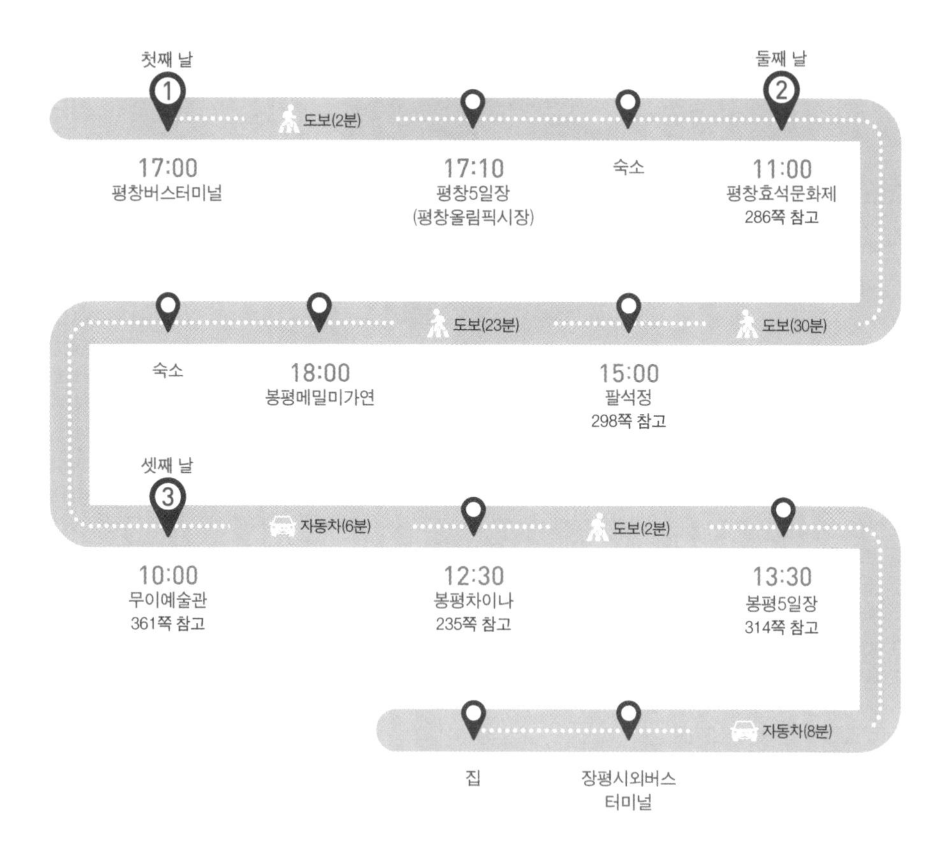

평창5일장(평창올림픽시장)

평창효석문화제가 열리는 이효석문화마을

팔석정

무이예술관

봉평메밀미가연

봉평차이나

봉평5일장

어느 때보다 순간순간의 변화를 놓치기 아까운 계절이다. 산과 들이 빨갛게 노랗게 물들고 바다의 색도 깊어졌다. 서늘한 바람에 실려 오는 가을의 향이 유난스레 우리의 마음을 두드린다. 여름의 날것 같은 풋내가 사그라드는 자리에 그윽한 가을바람과 낙엽의 내음이 피어난다. 바다에는 기름진 방어와 도미 등 가을 물고기들이 어부의 손길을 재촉하고 들녘으로는 황금빛 곡식들이 풍요로운 결실을 맺는다. 천고마비의 계절, 가을의 짧은 순간을 포착하러 떠나는 여정에서 먹거리도 빼놓을 수 없다. 깊어 가는 10월에는 눈과 입이 모두 만족하는 여행을 떠나 보자.

10월의 강원도

유독 짧지만 그래서 더 소중한

10월 첫째 주

가을의 또 다른 매력은

40week

SPOT 1

핑크뮬리 명소

나릿골 감성마을

주소 강원도 삼척시 나리골길 36 · **가는 법** 삼척역(삼척선)에서 도보 이동(약 1.8km) · **전화번호** 033-570-3072(삼척시 관광정책과) · **etc** 마을입구 주차 가능

삼척항 주변에 위치한 작은 마을. 슬로우 스테이를 하고 싶다면 이곳이 딱이다. 나릿골 감성마을은 마을 입구의 말랑이 슈퍼를 기점으로 도보로 이동할 수 있는 코스가 마련되어 있다. 방송에도 소개된 적 있는 〈할머니의 부엌〉을 지나 벽화를 감상하며 걷는 길. 바쁘고 지친 일상 속 잠시 걷는 것만으로도 큰 위로가 된다. 그렇게 오르막길을 따라 정상으로 오르면 백일홍, 핑크뮬리가 보인다. 가을꽃을 배경으로 가벼운 사진 한 장을 남기고 마을 가장 위쪽에서 내려다보면 저 멀리 바다까지 조망할 수 있다. 마을을 둘러보며 산책하고 예쁜 꽃과 푸른 동해 등 풍경도 마주할 수 있는 가을철 힐링 여행지. 삼척 나릿골 감성마을에 방문해 보는 것은 어떨까.

주변 볼거리·먹거리

교가리 느티나무 강원도 기념물 제14호인 교가리 느티나무는 나무를 한 바퀴 돌며 바라보아도 그 크기를 가늠하기 어렵다. 실제 이 나무는 시기를 측정할 수 없을 정도로 오래되었다고 하는데, 나무에 관한 이야기는 무려 고려시대부터 전해진다. 교가리 느티나무를 지나 마을 한 바퀴를 돌다 보면 또 다른 보호수, 도나무도 만날 수 있는데 이는 교가리 느티나무에 비해 훨씬 작았음에도 수령이 약 1,000년이라고 한다.

Ⓐ 강원도 삼척시 근덕면 교가길 22-18

SPOT 2

축구장 33개 넓이를 자랑하는

고석정꽃밭

주소 강원도 철원군 동송읍 태봉로1769 · **가는 법** 신철원터미널에서 버스 동송화지리, 동송상사리, 신철원-동송행 승차 → 고석정 하차 → 도보 이동(약 630m) · **운영시간** 09:00~19:00/매주 화요일 휴무 · **입장료** 성인 6,000원, 청소년 4,000원, 어린이 3,000원 · **전화번호** 033-455-7072

SNS를 통해 발견한 빨갛고 노란 촛불맨드라미 꽃밭! 고석정 꽃밭은 마치 외국에 온 듯 이색적인 철원의 가을 여행지다. 입구에 들어서면서부터 알록달록한 풍경에 보는 눈이 즐거운데, 안쪽으로 들어갈수록 보라색 버베나, 코스모스, 해바라기, 메밀꽃, 백일홍, 천일홍, 바늘꽃, 댑싸리까지 다양한 꽃이 즐비하기 때문이다. 화려한 꽃들의 조화에 가을맞이 드라이브 장소로도 제격인 이곳. 고석정 꽃밭은 촛불맨드라미로 가장 유명하지만, 끝이 보이지 않을 정도로 넓게 펼쳐진 바늘꽃밭은 '원래 바늘꽃이 이렇게 예뻤나?' 하는 생각이 절로 들게 한다. 고석정 꽃밭은 각각의 꽃마다 개화 시기, 개화량이 조금씩 달라 방문 시기에 따라 만개 여부가 다르니 참고해 방문하자.

TIP

- 가을꽃 개화 시기에 맞춰 고석정 꽃밭 맞은편에 제2주차장까지 마련되어 있으니 주차 후 도보로 이용하는 것을 추천한다(주차비 : 일반 2,000원).
- 2023년 기준 3~11월까지 매 주말마다 한탄강 은하수교 일원에서 DMZ 마켓이 열리니 참고해 들러보자.

주변 볼거리·먹거리

순담계곡 한탄강 물줄기 중 가장 아름다운 계곡으로 유명하다. 기묘한 바위와 강변에서 보기 드문 하얀 모래밭이 형성되어 있어 경관이 빼어나며, 물의 양에 따라 래프팅도 가능하다.

Ⓐ 강원도 철원군 갈말읍 지포리 Ⓣ 033-450-5151(철원군청 관광문화과)

SPOT 3

은빛 추억

민둥산억새

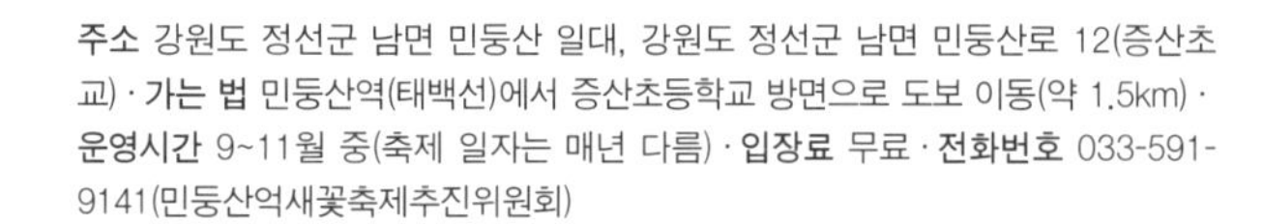
주소 강원도 정선군 남면 민둥산 일대, 강원도 정선군 남면 민둥산로 12(증산초교) · **가는 법** 민둥산역(태백선)에서 증산초등학교 방면으로 도보 이동(약 1.5km) · **운영시간** 9~11월 중(축제 일자는 매년 다름) · **입장료** 무료 · **전화번호** 033-591-9141(민둥산억새꽃축제추진위원회)

은빛 물결을 이루는 억새는 가을이 짙어질수록 하얗게 피어나고 시간이 지나 겨울이 오면 가지만 남는다. 10월에 정선 민둥산을 찾으면 끝없이 펼쳐지는 억새밭을 만날 수 있다. 이곳은 산 위에 나무가 자리지 않아 민둥산이라 부르게 되었으며, 산나물이 많이 나게 하려고 매년 한 번씩 불을 질렀던 것이 지금처럼 억새가 많아진 이유라고 한다.

민둥산 정상에 오르면 광야처럼 너른 산등성이가 온통 억새에 뒤덮여 눈부신 장관이 이어진다. 가을 억새는 아침과 낮에는 은빛을 띠다가 해 질 무렵이면 금빛을 띠는데, 은빛과 금빛 파도를 만들어 내는 억새밭의 광경은 한동안 넋을 놓고 바라보게 할 정도다. 하지만 정상까지 오르는 길은 쉽지 않은 여정이다. 민둥산은 어느 코스로 올라도 만만치 않다. 보통 때는 중턱의 발구덕마을까지 차를 타고 오를 수 있으나 축제 기간에는 차량 출입을 통제한다.

TIP

- 민둥산 등반 코스는 다음과 같다.
  제1A코스 : 증산초교-급경사쉼터-정상(2.6km/1시간 30분 소요)
  제1B코스 : 증산초교-완경사쉼터-정상(3.2km/1시간 50분 소요)
  제2코스 : 능전-발구덕-정상(2.7km/1시간 30분 소요)
  제3코스 : 삼내약수-삼거리-정상(4.9km/2시간 30분 소요)
- 축제장은 민둥산에서 조금 떨어진 민둥산 운동장 주변에 위치하고 있다. 축제장에서는 공연 및 다양한 체험 활동을 즐길 수 있다.

주변 볼거리·먹거리

대촌마을 TV 프로그램 〈삼시세끼〉의 촬영지로 유명해진 정선 대촌(덕우리)마을은 정선읍에서 멀지는 않지만 묘한 위치에 숨어 있는 곳이다. 정선의 자연환경은 굽이쳐 흐르는 옥빛 물길과 그러한 물길을 호위하듯 솟은 뼝대(바위로 이루어진 높고 큰 낭떠러지)가 특징적인데, 이 마을은 그러한 정선의 모습을 집약해 둔 곳이다. 옥순봉, 재월대, 반선정 등 나름의 멋을 지닌 시골 마을의 경치와 〈삼시세끼〉 촬영지까지 볼거리가 풍성하다.

Ⓐ 강원도 정선군 정선읍 덕우리 Ⓣ 1544-9053(정선군 종합관광안내소)

추천 코스 가을 억새의 계절

1 COURSE
▶ 민둥산

🚗 자동차 이용(약 12km)

2 COURSE
▶ 함백산돌솥밥

🚗 자동차 이용(약 9.3km)

3 COURSE
▶ 감탄카페

주소 강원도 정선군 남면 민둥산 일대
운영시간 9~11월 중(축제 일자는 매년 다름)
입장료 무료
전화번호 033-591-9141(민둥산억새꽃축제추진위원회)

10월 40주 소개(308쪽 참고)

주소 강원도 정선군 고한읍 함백산로 1675
운영시간 월~금요일 11:00~20:30, 토~일요일 10:00~22:00/매월 첫째, 셋째 주 수요일 휴무
대표메뉴 곤드레돌솥정식 13,000원, 함백산돌솥밥 12,000원
전화번호 033-591-5564

말 그대로 밥이 맛있는 집이다. 곤드레돌솥정식을 주문하면 곤드레나물이 듬뿍 올라간 돌솥밥과 된장찌개, 꽁치구이와 20여 가지의 반찬이 한 상 가득 차려진다. 무엇보다 우선 밥맛이 좋고 여러 반찬들도 전부 맛있어서 금세 그릇을 비우게 된다. 돌솥밥이 나오면 밥은 빈 그릇에 덜어 내고 돌솥에 눌어붙은 누룽지에 숭늉을 부어 두자. 구수한 숭늉으로 입가심하면 든든한 한 끼가 완성된다.

주소 강원도 정선군 사북읍 사북2길 10 별애별청년몰 1층
운영시간 월~토요일 11:00~20:00, 일요일 12:30~20:00/매월 둘째, 넷째 주 목요일 휴무
전화번호 0507-1354-7984

탄광이 있던 정선의 지역 특성을 가득 담은 곳, 연탄쿠키와 빵을 판매하는 감탄카페다. 청년몰 1층에 위치해 접근성이 좋고, 속재료에 따라 백탄, 눈내린 흑탄, 보석흑탄 등 메뉴가 다양해 취향 따라 골라 먹을 수 있다. 최근에는 하이캐슬 리조트에 2호점도 오픈하여, 리조트에 방문했다가 들러보아도 좋다.

10월 둘째 주

단풍이 들기 시작한다

41 week

SPOT 1

금빛 일렁이는

홍천 은행나무숲

주소 강원도 홍천군 내면 광원리 686-4 · **가는 법** 내면정류소에서 자동차 이용(약 15km) · **운영시간** 10월 중 개방/10:00~17:00 · **입장료** 무료 · **전화번호** 033-433-1259(홍천군 관광안내소) · etc 대중교통 이용 불가

2천여 그루의 은행나무가 줄지어 서 있는 개인 소유의 숲으로, 25년 동안 한 번도 개방하지 않다가 지난 2010년부터 매년 10월 중에만 일반에 개방하고 있다. 입소문을 타고 유명해진 후 본격적으로 개방하고 나서는 어느새 가을 여행의 명소로 자리매김했다. 아픈 아내를 위해 은행나무를 심으며 숲을 가꾸어 왔다는 한 남성 덕분에 사랑의 마음이 가득 담긴 이 은행나무숲에서 많은 사람들이 낭만적인 가을날을 보낼 수 있게 된 것이다.

단풍으로 유명한 오대산 자락에 있는 만큼 결코 실망스럽지 않은 절경으로 관광객을 맞이한다. 사방이 온통 노랗게 물드는 10월 중순, 그중에서도 10월 둘째 주쯤이 가장 아름답다. 첫째 주는 간혹 초록빛의 잎이 남아 있는 경우가 있고 셋째 주에는 앙상한 나무와 함께 바닥에 떨어진 은행잎만 보게 될 수도 있기 때문이다. 은행의 악취는 걱정할 필요 없다. 이곳의 은행나무는 전부 열매 없는 수나무이므로 은행나무의 아름다움만 만끽할 수 있다. 자연이 빚어내는 금빛 아름다움을 가슴 깊이 새기고 돌아오자.

주변 볼거리·먹거리

달둔골 오대산과 계방산으로 둘러싸인 깊은 산골의 숲이다. 2.5km의 탐방로가 조성되어 있으며, 은둔의 땅이라 불릴 만큼 원시의 청정한 자연환경을 간직하고 있다.

Ⓐ 강원도 홍천군 내면 광원리 Ⓒ 무료 Ⓣ 033-433-1259(홍천군 관광안내소)

TIP

- 홍천 은행나무숲은 대중교통 이용이 매우 어렵다. 홍천종합버스터미널에서 내면까지 버스로 약 2시간 정도 이동한 후 다시 은행나무숲까지 농어촌버스를 타고 들어가는 방법이 있으나 농어촌버스의 운행 횟수가 적고 시간을 맞추기도 어렵다. 웬만하면 자동차로 여행하는 것을 추천한다.
- 은행나무숲 입구의 갈림길에서 왼쪽 길은 은행나무숲, 오른쪽 길은 달둔골로 향한다. 가을을 만끽하고 싶다면 달둔골 산책도 좋다.
- 홍천은 강원도에서 면적이 가장 큰 지역으로, 서쪽은 서울과 근접해 있지만 동쪽은 양양에 접해 있어 이동 시 거리와 시간을 반드시 고려해야 한다.

SPOT 2

역대급 뷰맛집

신선대& 화암사숲길

주소 강원도 고성군 토성면 신평리, 강원도 고성군 토성면 화암사길 100(화암사) · **가는 법** 속초시외버스터미널에서 자동차 이용(약 14km) · **etc** 승용차 3,000원

금강산 신선대, 설악산 울산바위, 푸른 동해까지! 경이로운 대자연을 한눈에 담을 수 있는 곳, 금강산 화암사숲길이다. 이곳에 다녀온 사람들에게는 '걷는 시간 대비 풍경이 정말 아름답다'라는 후기가 자자해 더욱 궁금해진다. 금강산 화암사숲길은 약 4.1km의 등산로로, 등산을 마치는 데까지 1시간 30분 정도가 소요된다. 소요 시간이 길지 않고 어려운 길이 아니라 초보 등산객도 충분히 오를 수 있다. 보통 가을의 날씨는 구름 한 점 없이 맑고 청량해 경치가 선명하게 내려다보이지만, 촉촉하게

비가 내리다가 서서히 갤 무렵 방문했다면 무지개도 볼 수 있을 것이다. 정상에서 둥글게, 그 형태가 온전히 내려다보이는 무지개를 바라보면 감탄의 연속 그 자체이다. 이후에는 화암사에 있는 찻집에 들러 따뜻한 차를 한잔 마시며 몸도 녹이고 여유를 즐기면 어떨까.

주변 볼거리·먹거리

청황 화암사 주차장 입구 주변에 위치한 찻집이다. 과거 란야원이라고 불렸던 곳이지만 이름도 내부 인테리어도 조금씩 달라졌다. 불교와 관련된 소품과 쌍화차, 대추차 등 전통차를 판매하며 연꿀빵 등의 디저트도 있다. 카페 안팎으로 보이는 수바위 뷰와 함께 힐링하기 좋은 곳이다.

Ⓐ 강원도 고성군 토성면 화암사길 100 Ⓜ 아메리카노 5,000원, 호박식혜 5,000원, 생강차 6,000원, 쌍화차 6,000원 Ⓣ 070-7726-7551

SPOT 3

울긋불긋 평창

월정사 전나무숲길

주소 강원도 평창군 진부면 오대산로 350-1(오대산 월정사전나무숲길) · **가는 법** 진부시외버스터미널에서 진부공영버스정류장 이동 → 버스 226번 승차 → 월정사 하차 · **운영시간** 일출 2시간 전~일몰 전까지 입장/연중무휴 · **입장료** 무료 · **전화번호** 033-339-6800 · **홈페이지** woljeongsa.org · **etc** 비수기(12~4월) 대형 6,000원, 중형 4,000원, 승용차 2,000원, 성수기(5~11월) 대형 7,500원, 중형 5,000원, 승용차 2,000원

월정사는 신라 선덕여왕 12년에 창건되어 현재까지 굳건하게 그 자리를 지키고 있는 천년 역사를 지닌 사찰이다. 울창한 나뭇길을 따라 걷다 보면 마주하게 되는데, 산책로가 잘 조성되어 있어 걷기 편하다. 월정사 전나무숲길은 입구에서 숲속 쉼터, 할아버지 전나무, 일주문, 해탈교, 생태통로, 금강교를 통해 다시 입구로 돌아오는 무장애탐방로 순환형 코스로 되어 있다. 코스에 있는 '쓰러진 전나무'는 쓰러지기 전까지 전나무숲에서 가장 오래된, 수령 약 600년의 나무였으나 2006년 쓰러지며 현재는 그 모습 그대로 보존하고 있다. 이 외에도 다람쥐 명상길이 있는데 실제 다람쥐들이 종종 나타나는 곳이다. 다람쥐가 나타나면 너도나도 아이가 된 듯 '다람쥐다!'라고 신나 한다. 누구나 쉽게 걸을 수 있고, 자연을 그 자체로 마주할 수 있어 추천하는 월정사 전나무숲길. 우리나라 3대 전나무숲으로 꼽힐만큼 유명한 이곳에서 자연이 주는 치유를 느껴보자.

주변 볼거리·먹거리

봉평5일장 규모는 그리 크지 않지만 제철 특산품과 메밀로 만든 먹거리가 풍부하며, 봉평의 특징을 살린 조형물 등으로 장터를 조성하여 눈과 입이 즐거운 시장이다.

Ⓐ 강원도 평창군 봉평면 창동리 280-6 Ⓞ 매월 2,7,12,17,22,27일 08:00~21:00 Ⓣ 033-336-9987(봉평재래시장)

1 COURSE 봉평5일장

자동차 이용(약 34km)

주소	강원도 평창군 봉평면 창동리 280-6
운영시간	매월 2, 7, 12, 17, 22, 27일 08:00~21:00
전화번호	033-336-99879(봉평재래시장)

10월 41주 소개(314쪽 참고)

2 COURSE 월정사전나무숲길

자동차 이용(약 19km)

주소	강원도 평창군 진부면 오대산로 350-1(오대산 월정사전나무숲길)
운영시간	일출 2시간 전~일몰 전까지 입장/연중무휴
전화번호	033-339-680
입장료	무료
홈페이지	woljeongsa.org

10월 41주 소개(314쪽 참고)

3 COURSE 축협대관령한우타운

주소	강원도 평창군 대관령면 올림픽로 38
운영시간	11:30~21:30
이용요금	상차림비 대인 1인 4,000원, 소인 1인 2,000원
전화번호	0507-1492-0137

최고급 한우를 선별해 보다 합리적인 가격에 판매하는 곳이다. 1층에서 원하는 부위, 종류를 골라 구매할 수 있고, 건물 내 정육식당이 함께 있어 식당에서 별도 상차림비용을 지불하면 된다. 평창 주요 관광지와 접근성이 좋아 여행 후 저녁식사 장소로 많은 사람에게 사랑받고 있는 곳이다. 넓은 주차 공간, 좌석이 마련되어 있어 더욱 편리하다.

10월 셋째 주

선선한 바람을 느끼며

42 week

SPOT 1

바다와 맞닿은 드라이브 코스

헌화로

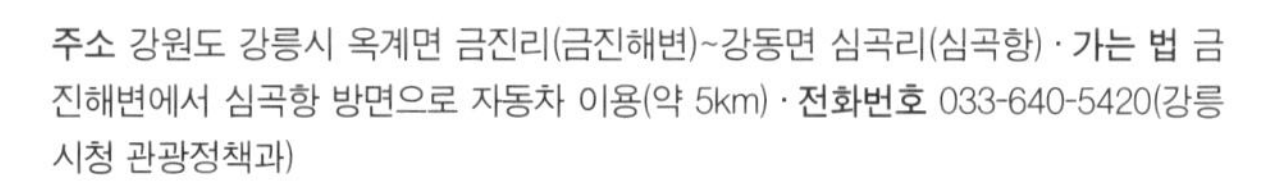

주소 강원도 강릉시 옥계면 금진리(금진해변)~강동면 심곡리(심곡항) · **가는 법** 금진해변에서 심곡항 방면으로 자동차 이용(약 5km) · **전화번호** 033-640-5420(강릉시청 관광정책과)

헌화로는 강릉 금진해변부터 정동진까지 이르는 도로로, 약 8km가량의 드라이브 코스다. 그중 금진항에서 심곡항까지의 구간이 헌화로의 백미인데, 바다를 옆에 끼고 달릴 수 있는 이 도로는 드라마 〈시그널〉의 마지막 장면에 등장해 더욱 주목받았다. 해안도로의 한쪽은 벼랑이 병풍처럼 둘러 있고 다른 한쪽은 바다와 맞닿아 있어 차를 타고 지나가면 마치 바다 위를 달리는 듯한 기분이 든다. 우리나라에서 바다와 가장 가까운 도로인 만큼 풍광도 아름답다. 헌화로에 온다면 차를 타고 스치듯 지나가기보다는 잠시 차를 세워 걸어 보자. 드라이브 코스로 유명하지만 차가 많지 않아 바로 옆의 바다를 만끽하며 산책하기에도 좋다. 바로 옆에서 넘실거리는 파도는 금방이라도 도로 위로 올라올 것만 같다. 실제로 파도가 높을 때에는 헌화로를 폐쇄하기도 한다.

바다와 맞닿은 이 길은 신라 때의 향가 〈헌화가〉가 전해져 오는 곳이기도 하다. 〈헌화가〉의 배경인 이곳에서 교과서에서만 봤던 향가를 읊어 보며 경치를 감상하면 어떨까. 헌화정에 오르면 헌화로와 함께 탁 트인 동해의 전경을 한눈에 담을 수 있으니 꼭 들르자.

심곡항

TIP

- 구불구불한 길가에 차를 대고 낚시하는 사람들도 많아 운전 시 조심해야 한다.
- 정동진 지나 심곡항에서 금진항 방향으로 오거나 옥계에서 금진항으로 들어와 심곡항 방향으로 갈 수 있다.

주변 볼거리·먹거리

심곡항 정동진에서 산을 넘어 들어오거나 옥계 쪽에서 금진항 방향으로 헌화로를 통해 들어오면 만날 수 있는 심곡항은 골 쪽으로 들어간 작지만 아름다운 항구다. 자갈로 물고기 모양을 박아 넣은 부두 바닥도 예쁘다. 과거 임금님께 진상했다는 자연산 미역이 특히 유명하다.

Ⓐ 강원도 강릉시 강동면 심곡리 Ⓣ 033-640-5420(강릉시청 관광정책과)

정동진심곡쉼터 심곡항 골짜기에 있는 맛집으로, 수수점뱅이와 감자옹심이가 인기 있다. 수수점뱅이는 수수가루 반죽에 팥이 듬뿍 들어간 수수부꾸미다. 주말에는 줄을 서서 기다려야 한다고 하니 참고하자.

Ⓐ 강원도 강릉시 강동면 헌화로 665-6 Ⓞ 수~금요일 09:00~15:00, 토~일요일 09:00~16:00/매주 화요일 휴무 Ⓜ 수수부꾸미 8,000원, 감자전 8,000원, 옹심이칼국수 8,000원 Ⓣ 033-644-5138

시골식당 역시 심곡항 골짜기의 맛집이다. 이곳에서는 망치매운탕을 먹는 것이 최고의 선택이다.

Ⓐ 강원도 강릉시 강동면 헌화로 665-1 Ⓞ 09:00~18:00/매주 화요일 휴무 Ⓜ 망치매운탕·도루묵매운탕(1인) 13,000원 Ⓣ 033-644-5312

SPOT 2

아늑한 가을 정취

풍수원성당 (유현문화관광지)

주소 강원도 횡성군 서원면 경강로유현1길 30 · **가는 법** 횡성시외버스터미널에서 시외버스 승차 → 풍수원 하차 · **입장료** 무료 · **전화번호** 033-342-0035

풍수원은 한국 최초의 천주교 신앙촌으로, 이곳에 자리한 풍수원성당은 신도들이 벽돌을 굽고 나무를 해 오는 등 직접 공사에 참여하여 1907년 완공되었다고 한다. 강원도에서는 최초의 성당이자 한국에서는 네 번째로 설립된 성당이다.

100년이 넘도록 그 자리를 지킨 풍수원성당은 고딕 양식의 외관과 주변의 산, 나무들이 어우러져 수려한 풍경을 그려 낸다. 성당을 향해 걸어가면 오래된 느티나무들이 먼저 반겨 주는데, 초록이 가득한 계절에 가도 좋지만 아늑한 분위기의 이곳은 청명한 가을날에 특히 운치 있으며 홀로 조용히 걷기에도 좋다. 미사가 없을 때에는 성당 내부에도 들어갈 수 있다. 성당 내부는 과거 모습 그대로 보존되고 있어 여전히 예전처럼 마룻바닥에 앉아 미사를 드린다고 한다. 낡고 바랜 나무바닥마저 경건한 느낌이다. 긴 세월 동안 이곳에서 간절한 기도를 올렸을 사람들의 마음이 성당 안을 가득 채우고 있는 듯하다.

성당 뒤편의 유물전시관에 오르는 길에는 가마터와 외양간 등이 조성된 모습을 볼 수 있는데, 이는 천주교 탄압 당시 이곳에 모여 마을을 이루고 옹기를 구우며 생활했던 사람들을 기억하려는 것이다. 유물전시관 옆쪽에는 이철수 화가의 판화로 그려진 14처를 갖춘 십자가의 길이 있다. 천주교 신자라면 숲길을 따라 14처를 돌며 기도하는 시간을 가져도 좋겠다. 내려오는 길에는 강론광장에 잠시 앉아 성당 주변을 가만히 바라보자. 이곳의 고즈넉한 공기에 흠뻑 빠져들게 될 것이다.

주변 볼거리·먹거리

유물전시관 풍수원 성당 뒤편의 유물전시관은 100년의 시간을 간직한 성당의 유물을 모아 전시하고 있는 공간이다. 볼거리가 많으니 놓치지 말자.

Ⓐ 강원도 횡성군 서원면 경강로유현1길 50 Ⓞ 09:00~18:00 Ⓒ 일반 2,000원 Ⓣ 033-344-2330

SPOT 3

숲 향기에 취해

대관령 자연휴양림

주소 강원도 강릉시 성산면 삼포암길 133 · **가는 법** 강릉시외고속버스터미널에서 자동차 이용(약 12km) · **운영시간** 상시 이용 가능 · **입장료** 어른 1,000원, 청소년 600원, 어린이 300원 · **전화번호** 033-641-9990

대관령자연휴양림은 1989년에 개장한 우리나라 최초의 휴양림이다. 대관령 고지대에 자리한 이곳에는 수령 2~300년 이상의 소나무와 참나무 등이 울창한 숲을 이루고 있다. 어느 계절에 방문해도 매번 새로운 감동을 주는 이 숲은 22세기를 위해 보존해야 할 아름다운 숲으로도 선정되었다. 세월의 깊이를 담아 높이 솟은 소나무들 사이로 오솔길을 거닐면 몸도 마음도 건강해지는 기분이다. 11월에 방문하면 소나무숲을 지나 야영장의 자작나무도 꼭 보자. 잎은 없을지라도 가을빛에 물든 나무가 얼마나 반짝거리는지 새삼 느낄 수 있다.

TIP

- 대관령자연휴양림 대부분의 구간은 도보로 이동해야 한다. 단, 야영장까지는 차를 이용할 수 있다.
- 대관령자연휴양림은 편의시설 등을 갖춘 시내와 멀리 떨어져 있으므로 필요한 준비물을 단단히 챙겨 가자.
- 숲속의집, 산림문화휴양관 등의 숙박시설도 마련되어 있다.

주변 볼거리·먹거리

대관령옛길 대관령옛길은 지금은 지방도가 된 옛 영동고속도로 구간이다. 영동과 영서를 이어 주던 대관령옛길은 대관령 중간 지점인 반정에서 내려가거나 대관령박물관 쪽으로 올라가며 걸을 수 있다. 걷기가 어렵다면 차를 타고 달리며 경치를 구경해도 좋다.

Ⓐ 강원도 강릉시 성산면 구산리~평창군 대관령면 횡계리 Ⓣ 033-640-5420(강릉시청 관광정책과)

추천 코스 강릉 드라이브 가는 길

1 COURSE

🚗 자동차 이용(약 10km)

헌화로

주소 강원도 강릉시 옥계면 금진리(금진해변)~강동면 심곡리(심곡항)
가는 법 금진해변에서 심곡항 방면으로 자동차 이용(약 5km)
전화번호 033-640-5420(강릉시청 관광정책과)

10월 42주 소개(316쪽 참고)

2 COURSE

🚶 도보 3분(약 200m)

하슬라아트월드

주소 강원도 강릉시 강동면 율곡로 1441
운영시간 매일 09:00~18:00
입장료 미술관+박물관+조각공원 성인 15,000원
전화번호 033-644-9411

강릉에서 유명한 사진찍기 좋은 SNS 명소 중 하나나. 실내에는 전시회 공간이, 야외에서는 탁 트인 바다가 그대로 내려다보인다. 포토존은 줄을 서기도 하고 내부에도 볼거리가 많아 시간이 꽤 소요될 수 있으니 여유를 두고 방문하는 것을 추천한다.

3 COURSE

스테이인터뷰 강릉

주소 강원도 강릉시 강동면 율곡로 1458
운영시간 매일 10:00~19:00
대표메뉴 아메리카노 6,000원, 카페라테 6,500원, 오늘의케이크(당근/티라미수/치즈) 8,000원
전화번호 0507-1351-4193
etc 카페 입구 또는 건너편 광장 주차 가능

스테이인터뷰는 하슬라아트월드 바로 맞은편에 위치한 곳으로, 카페와 숙소를 함께 운영한다. 카페에는 세모 모양 포토존이 인기가 있어 사진을 찍기 위해 방문하는 사람들이 많다. 건물 내부에서는 동해가 그대로 내려다보여 오션뷰를 만끽할 수 있다. 정동진도 근처에 있어 함께 방문하기 좋다.

10월 넷째 주

고소한 빵 냄새로 가득한

43 week

SPOT 1

춘천 비건 빵집

맛나베이커리

주소 강원도 춘천시 두하길 7 1층 · **가는 법** 남춘천역(경춘선)에서 버스 200-1번 승차 → 교동초교입구 하차 → 도보 이동(약 410m) · **운영시간** 화~토요일 12:00~20:00/매주 일~월요일 휴무 · **대표메뉴** 바질토마토에이드 6,100원, 맛나네 시그니처 5,600원 · **전화번호** 0507-1376-8372

최근 '친환경', '비건' 등의 키워드가 급부상하며 동물성 재료가 들어가지 않은 빵집이 생겨나고 있다. 강원도 춘천에 위치한 비건 빵집, 맛나베이커리는 비건과 논비건이 함께 즐길 수 있는 빵과 음료를 판매한다. 비정제 원당, 쌀가루 등으로 만든 빵을 판매해 소화가 더 잘된다. 음료는 베이스가 우유 아닌 두유이며, 대표 음료로는 바질 토마토 에이드, 에스프레소에 상큼한 오렌지를 더한 맛나네 시그니처가 있다. 메뉴들의 비주얼이 좋고 비건 음식이라는 게 믿기지 않을 만큼 기존 빵, 음료와 맛이 유사해 신기함을 자아낸다. 꼭 비건이 아니더라도 다양한 빵을 경험하고 싶거나 건강하게 빵을 즐기고 싶다면 한 번쯤 방문해 보는 것을 추천한다.

TIP

- 배달 및 포장도 가능하므로 가을맞이 친환경 비건 피크닉을 떠나 보면 어떨까. 픽업 주문은 전화 혹은 맛나베이커리 카카오톡채널을 이용하면 된다.
- 매일 오후 12시에 인스타그램(instagram.com/mattna_bakery)으로 디저트 라인업을 공개하니 참고하여 방문해 보자.
- 주차는 빌라 안쪽 주차장을 이용하면 된다.

주변 볼거리·먹거리

유하 춘천 명동에 위치한 깔끔한 일본 가정식 맛집이다. 메뉴는 한우대창덮밥, 갈비살구이덮밥, 닭다리살덮밥, 생연어덮밥, 간장새우장+생연어덮밥 등으로 다양하고 샐러드, 장국 등 밑반찬도 함께 나와 곁들이기 좋다. 뿐만 아니라 일본식 사이드 메뉴인 키리모찌 등도 판매하고 있다. 내부는 아담한 편이지만 정갈한 상차림에 가격 대비 맛이 좋고 양도 많아 가성비가 훌륭하다는 평이 많은 이곳! 춘천 명동 맛집으로 추천한다.

Ⓐ 강원도 춘천시 중앙로67번길 18, 4동 4107호 Ⓞ 화~일요일 11:00~20:30/매주 월요일 휴무 Ⓜ 생연어덮밥 13,900원 Ⓣ 0507-1323-0663

SPOT 2

TV 속 빵집

함스베이커리

주소 강원도 속초시 조양상가길 25 · **가는 법** 속초시외버스터미널에서 버스 9-1(양양)번 승차 → 부영아파트입구 하차 → 도보 이동(약 190m) · **운영시간** 롯데슈퍼 속초점 매일 10:00~23:00/매월 둘째, 넷째 주 일요일 휴무 · **전화번호** 033-632-0999

함스베이커리는 속초 빵지순례 장소 중 하나로 자리매김하고 있는 곳이다. 강원도 내 속초점, 양양점 두 지점이 있을 정도로 인기가 좋은데 시그니처 메뉴는 바로 춘빵(소보로찹쌀빵)이다. 찹쌀가루, 쑥, 아몬드 등이 들어가 전체적으로 고소하고 겉은 바삭, 속은 쫀득하다. 춘빵은 4개가 한 봉지에 들어있으며 가격은 1만 원이다. 이외에도 2천 원대부터 5천 원대까지 다양한 빵 종류가 있는데, 맛 대비 가격이 저렴한 편이라 합리적이다. 사이즈가 큰 빵의 경우 매장에 커팅을 요청하면 직접 잘라주어 먹기 편하다. 가성비 좋은 빵으로 든든한 아침, 간식을 먹고 싶다면 이곳에 방문해 보자!

주변 볼거리·먹거리

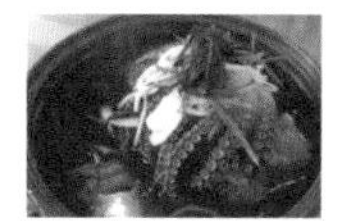

잿놀이 이곳에서는 제철 농산물로 차려 낸 한 상을 맛볼 수 있다. 잿놀이밥상을 주문하면 놋그릇에 정갈하게 담은 각종 나물과 가자미, 순대, 두부김치, 된장찌개 등이 나오는데, 음식의 간이 삼삼해 재료 본연의 맛을 느낄 수 있다. 한방문어·닭도 인기 있는 메뉴로, 닭백숙에 문어를 통째로 올려 조리한 음식이다.

Ⓐ 강원도 고성군 토성면 잼버리동로 383 Ⓞ 10:00~18:30/매주 화요일 휴무 Ⓜ 잿놀이밥상(1인) 20,000원, 시래기밥상 23,000원, 한방문어·닭 130,000원 Ⓣ 033-637-0118

켄싱턴리조트설악비치 청간정 바로 옆에 위치한 켄싱턴리조트설악비치는 해변을 끼고 있어 그 풍광이 더욱 멋지다. 숙박을 하지 않더라도 해변가를 산책하거나 해수사우나를 이용해도 좋다.

Ⓐ 강원도 고성군 토성면 동해대로 4800 Ⓒ 해수사우나 이용료 일반 12,900원, 투숙객 7,900원, 회원 5,900원 Ⓣ 033-631-7601

SPOT 3

핸드메이드 찐빵

면사무소앞 안흥찐빵

주소 강원도 횡성군 안흥면 안흥로 30 · **가는 법** 안흥정류소에서 도보 이동(약 100m) · **운영시간** 08:00~19:00 · **대표메뉴** 안흥찐빵 16개 11,000원, 20개 13,000원 · **전화번호** 033-342-4570

안흥은 찐빵마을이 조성될 정도로 찐빵이 유명한 곳이다. 안흥찐빵마을에 도착하면 여기저기 서 있는 찐빵 캐릭터가 관광객을 반겨 준다. 안흥찐빵이 이렇게 유명해진 데에는 여러 이야기가 전해지지만 심순녀 할머니가 운영하는 찐빵가게가 언론에 소개되면서 유명해졌다는 것이 정설이다. 그렇게 한두 집이던 찐빵가게가 점차 늘어나면서 안흥찐빵마을을 이루게 되었고, 이제는 마을 곳곳에서 찐빵가게를 찾아볼 수 있다. 가을에는 안흥찐빵축제도 열리는 등 강원도의 대표 먹거리 중 하나가 되었다.

이곳을 들르는 관광객들은 박스째 찐빵을 사 가는데, 냉동 보관하면 오래 두고 먹을 수 있다. 박스로 구입하면 맛보기로 막 쪄 낸 찐빵을 주기도 하고 즉석에서 맛볼 수 있도록 낱개 판매도 한다. 수많은 찐빵가게 앞에서 어느 집을 가야 할지 고민된다면 그냥 눈앞에 보이는 집으로 들어가자. 안흥찐빵마을에서 판매하는 찐빵은 대부분 비슷하게 맛있다. 수작업으로 국산 통팥을 끓이고 반죽을 발효시켜 찐빵을 만드는 면사무소앞안흥찐빵에서는 찐빵 만드는 과정을 직접 구경할 수도 있다. 찐빵과 더불어 감자떡도 판매하고 있으니 함께 맛봐도 좋을 것이다.

주변 볼거리·먹거리

옛날안흥찐빵 횡성에 위치한 또 다른 안흥찐빵 맛집. 기본 안흥찐빵뿐만 아니라 옥수수찐빵, 단호박찐빵, 흑미찐빵, 모듬찐빵, 슈크림찐빵으로 종류도 다양하다. 집으로 향하는 길, 가족들과 따끈한 찐빵을 나눠 먹으며 온기를 나눠보는 것은 어떨까.

Ⓐ 강원도 횡성군 안흥면 서동로 1164 Ⓜ 안흥찐빵(10개) 11,000원, 옥수수찐빵(20개) 12,000원, 단호박찐빵(20개) 12,000원, 흑미찐빵(20개) 12,000원 Ⓣ 033-342-4046

추천 코스 건강한 하루 습관

1 COURSE 맛나베이커리

도보 22분(약 1.3m)

주소 강원도 춘천시 도하길 7 1층
운영시간 화~토요일 12:00~20:00/매주 일~월요일 휴무
전화번호 0507-1376-8372

10월 43주 소개(322쪽 참고)

2 COURSE 책방마실

도보 14분(약 800m)

주소 강원도 춘천시 옥천길 27 2층
운영시간 08:00~19:00/매주 수요일 휴무
대표메뉴 아메리카노 4,000원, 연유라테 5,000원, 카페라테 4,500원
전화번호 010-9948-3205

3월 13주 소개(115쪽 참고)

3 COURSE 어쩌다농부

주소 강원도 춘천시 중앙로77번길 35
운영시간 수~월요일 11:00~16:00/매주 화요일 휴무
전화번호 0507-1435-1030

신선한 재료들이 모여 건강한 밥상으로! 자극적이지 않으면서 맛있는 한 끼 식사를 하고 싶다면 추천하는 장소이다. 메인 메뉴는 시금치두부카레, 닭갈비크림카레, 명란들기름파스타, 농부네소보로텃밭, 농부네한그릇텃밭 총 5가지가 있는데 명란들기름파스타와 닭갈비크림카레는 특히 조합이 좋다.

10월 다섯째 주

각양각색 강원도의 매력은

44 week

SPOT 1

일생에 한번은 봐야 할

반계리 은행나무

주소 강원도 원주시 문막읍 반계리 1495-1 · **가는 법** 원주시외고속버스터미널에서 버스 55번 승차 → 문막2리 하차 → 버스 1(공영), 7(공영)번 환승 → 남도동 하차 → 도보 이동(약 400m)

강원도 원주에 있는 800년 이상된 천연기념물, 바로 은행나무 중 가장 아름다운 나무로 알려진 반계리 은행나무이다. 이 나무에는 유래가 전해져 내려오는데 첫 번째로는 옛날 성주 이씨의 선조 중 한 명이 심었다는 것, 다른 하나로는 길을 지나가던 한 대사가 이곳에서 물을 마신 후 가지고 있던 지팡이를 꽂고 갔는데, 그 지팡이가 자란 나무라는 것이다. 마을 사람들은 이 나무에 커다란 흰 뱀이 살고 있다고 믿어 신성시했으며 반계리 은행나무의 단풍이 한꺼번에 들면 그 해 풍년이 든다고 믿었다고 한다. 반계리 은행나무는 워낙 크고 갈래도 많다 보니 보는 위치에 따라 은행잎의 색깔도, 나무의 모양도 달리 보인다. 반계리 은행나무를 크게 한 바퀴 돌며 서로 다른 모습을 만나보자.

주변 볼거리·먹거리

소금산 짜릿함을 느낄 수 있는 원주의 대표적인 트레킹 명소다. 출렁다리, 울렁다리, 스카이워크를 한 장소에서 만날 수 있어 더욱 매력적이다. 전체적으로 돌아보면 도보로 왕복 약 3시간 정도가 소요된다.

Ⓐ 강원도 원주시 지정면 소금산길 12 Ⓓ 5~10월 09:00~18:00, 11~4월 09:00~17:00/매주 월요일 휴무 Ⓒ 성인 9,000원, 소인 5,000원 Ⓣ 033-749-4860

SPOT 2

명산 속 고찰

신흥사

주소 강원도 속초시 설악산로 1137 · **가는 법** 속초시외버스터미널에서 버스 7번 승차 → 설악산소공원 하차 · **입장료** 무료 · **전화번호** 033-636-7044 · **홈페이지** sinheungsa.kr

강원도 하면 떠오르는 설악산은 가을 여행지로 더욱 인기 있다. 속초, 고성, 양양, 인제에 걸쳐 있는 설악산을 내설악과 외설악, 남설악으로 구분하기도 하지만 일반적으로는 속초에서 접근 가능한 외설악을 찾는 사람이 많다. 외설악은 특히 울산바위, 흔들바위, 권금성산장, 신흥사 등으로 유명하다. 형형색색의 빛으로 물든 가을의 설악은 말이 필요 없을 만큼 아름답다. 하지만 인파가 부담스럽다면 신흥사까지의 짧은 등산으로도 충분하다. 설악산 입구에서 신흥사까지는 1.02km로 산책하듯 올라갈 수 있다. 단풍이 든 산등성이의 선과 조화를 이루어 더욱 근사한 신흥사에서 깊어가는 가을날의 분위기를 만끽해 보자.

TIP
설악산은 사시사철 붐비지만 특히 가을철에는 평일에도 아침 일찍부터 인파가 몰려든다. 산행을 계획한다면 서둘러 출발하자.

주변 볼거리·먹거리

설향 설악산 소공원에서 신흥사로 오르다 보면 산길 왼쪽으로 카페 설향을 발견할 수 있다. 설향에서는 직접 로스팅한 원두로 커피를 내려 판매한다. 등산로에서 흔히 보이는 카페와는 다르니 잠시 들러 커피 한잔 즐겨도 좋을 것이다.

Ⓐ 강원도 속초시 설악산로 1123 Ⓞ 하절기(4~9월) 08:30~18:30, 동절기(10~3월) 09:00~17:30 Ⓜ 아메리카노 5,000원, 호박식혜 8,000원 Ⓣ 0507-1321-8269

SPOT 3

폐탄광 건물의 재탄생!

삼탄아트마인

주소 강원도 정선군 고한읍 함백산로 1445-44 · **가는 법** 고한사북공용버스터미널에서 자동차 이용(약 7.8km) · **운영시간** 하절기 09:00~18:00, 여름 극성수기 09:00~19:00, 동절기 09:30~17:30/매주 월~화요일 · 1월 1일 · 설날 · 추석 당일 휴관(단, 여름 극성수기에는 무휴) · **입장료** 성인 13,000원, 초 · 중 · 고교생 11,000원 · **전화번호** 033-591-3001 · **홈페이지** samtanartmine.com · etc 시내버스(1일 4회) 터미널 출발 07:10, 10:20, 14:40, 19:30/삼탄아트마인 출발 06:40, 09:50, 14:10, 19:00

38년간 운영해 오다 2001년 10월에 폐광된 삼척탄좌가 문화예술단지로 다시 태어났다. 삼척탄좌의 줄임말 삼탄과 art, 광산을 뜻하는 mine이 합쳐져 삼탄아트마인이라는 이름이 붙은 이곳은 광산의 흔적을 유지하면서도 다양한 전시와 예술공간을 마련해 두었다. 삼탄아트마인은 본관인 삼탄아트센터와 채탄현장의 조차장 시설을 활용한 레일바이뮤지엄, 그리고 레스토랑832L 등으로 구성되어 있다. 삼탄아트센터는 과거 삼척탄좌의 종합사무동으로, 수많은 광부들의 흔적만 남아 있던 공간이 예술가들의 열정으로 다시 채워졌다. 이곳에는 현대미술관과 마인갤러리, 기획전시실, 아트레지던시, 세계미술수장고 등이 조성되어 있는데, 아프리카 원시미술품이나 잉카문명의 유물, 렘브란트의 회화 작품 등 세계 각지의 희귀 미술품을 만날 수 있다. 광부들의 샤워장, 세탁실 등 탄광 관련 전시뿐만 아니라 다양한 기획전시와 소장품을 구경할 수 있어 기대 이상으로 볼거리가 풍성하다. 버려진 장소에 이토록 새롭게 구성된 예술공간은 마치 과거와 현재의 시간을 연결하는 듯하다.

주변 볼거리·먹거리

정암사 부처의 진신사리를 모신 우리나라 5대 적멸보궁 중 한 곳이다. 사찰 경내에 작은 계곡이 흐르는 아담한 절이며, 뒤쪽 비탈에 서 있는 수마노탑도 근사하다.

Ⓐ 강원도 정선군 고한읍 함백산로 1410 Ⓒ 무료 Ⓣ 033-591-2469

추천 코스 요즘의 정선

1 COURSE 삼탄아트마인

자동차 이용(약 10km)

2 COURSE 다희마켓

도보 5분(약 360m)

3 COURSE 사북짜글이

주소 강원도 정선군 고한읍 함백산로 1445-44
운영시간 하절기 09:00~18:00, 여름 극성수기 09:00~19:00, 동절기 09:30~17:30/매주 월~화요일·1월 1일·설날·추석 당일 휴관(단, 여름 극성수기에는 무휴)
입장료 성인 13,000원, 초·중·고교생 11,000원
전화번호 033-591-3001
홈페이지 samtanartmine.com

10월 44주 소개(332쪽 참고)

주소 강원도 정선군 사북읍 사북2길 10 사북시장 청년몰 103호
운영시간 금~수요일 11:00~20:00/매주 목요일 휴무
전화번호 0507-1319-7657

정선에서만 만날 수 있는 이색 굿즈숍! 사장님이 직접 그린 귀여운 캐릭터들은 연탄, 화암동굴, 할미꽃, 민둥산 등 정선을 모티브로 만들어졌다. 옆쪽에는 굿즈가 정선의 여행지나 특산품과 어떠한 관련이 있는지 설명되어 있어 읽는 재미도 있다. 굿즈 종류도 마그넷, 엽서, 키링, 스티커 등 다양해서 구경하기에 좋다.

주소 강원도 정선군 사북읍 사북중앙로 40
대표메뉴 돼지고추장짜글이(大) 35,000원, 곱창전골(大) 35,000원, 고추장5대짜글이(大) 45,000원
전화번호 033-592-1960

사북시장 청년몰 주변에 위치한 전골 맛집이다. 아늑한 내부는 좌식 테이블로 되어 있고, 메뉴의 경우 짜글이뿐만 아니라 곱창전골, 묵은지전골, 알탕 등이 있는데 골고루 인기가 좋다. 곱창전골은 잡내가 나지 않고 적당히 매콤한 데다가 당면, 버섯, 각종 야채가 함께 들어가 먹다 보면 밥 한 그릇 뚝딱이다.

10월의 정선여행 **은빛 억새가 찰랑이는 곳**

매년 9월 말에서 11월 중순까지 정선 민둥산에서는 억새꽃 축제가 열린다. 20만 평의 가을 억새꽃이 피어나는 이곳에서 트레킹하며 인생사진까지 남겨보면 어떨까? 억새꽃 축제와 함께 다녀오기 좋은 최신 SNS 핫플, 나전역과 미디어아트를 볼 수 있는 화암동굴까지! 함께 코스에 기재해 두었으니 참고해 보자.

※ 전체 일정은 대중교통 배차간격이 길고 시간이 많이 소요되어 자동차 이용을 추천한다.

2박 3일 코스 한눈에 보기

민둥산억새

다희마켓

감탄카페

정선아리랑시장(정선5일장)

나전역

대촌마을

화암약수

함백산돌솥밥

화암동굴

만항재

SPECIAL

강원도의 가을꽃 명소

높푸른 하늘, 익어가는 온갖 곡식들, 뜨거운 여름을 지나 하나둘 다시금 꽃피기 시작하는 알록달록 가을꽃들. 단풍보다 조금 더 빨리 가을이 옴을 알려주는 이들과 가을여행을 시작해 보자.

백담마을

내설악의 관문인 인제 백담마을. 8월 말부터 9월 중순까지 이곳은 보랏빛 버베나의 세상이다. 넓은 규모에 짙은 보라색 버베나는 몽환적인 분위기도 가득! 바로 옆 용대2리 백담마을 꽃 정원에는 국화 등 다른 가을 꽃들도 연이어 피어나고, 백담사와도 가까워 함께 방문하기 좋아 가을 나들이 장소로도 손색없다.

Ⓐ 강원도 인제군 북면 만해로 410-17

무궁화수목원

우리나라를 대표하는 꽃, 무궁화의 향연은 보기만 해도 웅장해진다. 흰색뿐만 아니라 연분홍, 진분홍 종류와 모양도 다양하다. 무궁화수목원 입구 앞 꽃밭에는 황화코스모스, 코스모스도 함께 피어있어 훌쩍 다가온 가을이 새삼 더 잘 느껴지는 듯하다. 이곳의 사진 필수 코스인 성당 모양의 시그니처 건물과 함께 인증사진도 남겨보자.

Ⓐ 강원도 홍천군 북방면 능평리 239-8 Ⓞ 동절기(11~2월) 09:00~17:00/하절기(3~10월) 09:00~18:00 Ⓣ 033-430-2777 Ⓒ 무료

나릿골감성마을

Ⓐ 강원도 삼척시 나리골길 36 Ⓣ 033-570-3072(삼척시 관광정책과) Ⓔ 마을입구 주차 가능
10월 40주 소개(304쪽 참고)

붉은메밀꽃축제

Ⓐ 강원도 영월군 영월읍 삼옥2리 먹골마을 동강변 Ⓣ 033-374-3002(영월읍사무소) Ⓗ yw.go.kr Ⓔ 주차 무료
9월 37주 소개(284쪽 참고)

효석달빛언덕

Ⓐ 강원도 평창군 봉평면 창동리 575-7 Ⓞ 5~9월 09:00~18:30, 10~4월 09:00~17:30/매주 월요일·1월 1일·설날·추석 휴무 Ⓒ 통합권 일반 4,500원, 단체 3,000원, 군민 2,000원/효석달빛언덕 일반 3,000원, 단체 2,000원, 군인 1,500원 Ⓣ 033-336-8841 Ⓗ hyoseok.net
9월 37주 소개(282쪽 참고)

고석정꽃밭

Ⓐ 강원도 철원군 동송읍 태봉로 1769 Ⓞ 09:00~19:00/매주 화요일 휴무 Ⓒ 성인 6,000원, 청소년 4,000원, 어린이 3,000원 Ⓣ 033-455-7072
10월 40주 소개(306쪽 참고)

나릿골감성마을

붉은메밀꽃축제

겨울로 접어드는 길목, 산과 숲은 깊어지고 바다의 색은 점차 짙어진다. 산사에는 그윽한 운치가 더해지고 모든 풍경이 늦가을의 향을 담는다. 맑은 날엔 높고 청명한 하늘에 가슴속까지 시원해지고 흐린 날은 빛바랜 낙엽과 제 몸을 드러낸 산이 가슴을 콕 울리는 풍경을 만들어 낸다. 영하의 추위가 찾아오기 전에 서둘러 떠나자. 11월의 강원도에서는 여행자의 발걸음도 각자의 깊숙한 마음속으로 향하게 된다. 그렇게 여행자의 마음도 깊어지고, 짙어진다.

11월의 강원도

늦가을의 묘미

11월 첫째 주

직접 느껴보면 또 다를

45 week

SPOT 1

가을맞이 체험여행

산너미목장

주소 강원도 평창군 미탄면 산너미길 210 · **가는 법** 평창버스터미널에서 자동차 이용(약 17km) · **운영시간** 매일 10:00~19:00 · **입장료** 트레킹 코스 1인 5,000원, 산너미 차박 솔캠 40,000~45,000원, 산너미 차박 55,000~60,000원 · **전화번호** 0507-1396-8122 · **홈페이지** linktr.ee/sanneomi

흑염소와 토끼들이 반겨주는 곳, 친환경 동물복지 산너미목장이다. 이곳은 네이버로 사전 예약 후 방문해야 하며 일반 입장 외 캠핑과 차박도 가능하다. 입장 시에는 웰컴드링크가 제공되는데 물, 흑염소즙 중 하나를 택하면 된다. 위치상으로는 평창이지만 거의 정선 옆에 붙어있는데 해발고도가 높아 내려다보이는 산 능선이 아름답다. 안개가 걷힐 무렵이나 노을 시간대에 방문하면 더 예쁘다고 하는데, 흐린 날 방문하더라도 사람이 적고 구름이 낮아 또 다른 매력을 느껴볼 수 있다. 한적한 트레킹 코스를 걸으며 깊어가는 가을의 정취를 만나보는 것은 어떨까.

주변 볼거리·먹거리

운두령횟집 매년 12월에 송어축제가 열릴 정도로 송어로 유명한 평창! 평창의 맑은 공기와 물에서 자란 신선한 송어를 맛볼 수 있는 곳이 바로 운두령횟집이다.

Ⓐ 강원도 평창군 용평면 운두령로 825 Ⓞ 11:00~15:00/명절 휴무 Ⓜ 송어회(2인) 60,000원, 송어구이 1마리 50,000원 Ⓣ 033-332-1943 Ⓔ 대중교통 이용 불가

SPOT 2

힐링 산책 문화생활

뮤지엄 산

주소 강원도 원주시 지정면 오크밸리2길 260 · **가는 법** 원주시외고속버스터미널에서 원주시티투어버스 승차 → 뮤지엄산 하차 · **운영시간** 10:00~18:00/매주 월요일 휴관 · **입장료** 성인 22,000원, 초 · 중 · 고교생 14,000원, 미취학 아동 무료 · **전화번호** 033-730-9000 · **홈페이지** museumsan.org · **etc** 시티투어버스요금 성인 5,000원, 청소년 · 어린이 · 장애인 · 군인 · 경로 3,000원, 36개월 이하 어린이 무료

원주 뮤지엄 산은 문화생활하기 좋은 공간으로 많이 알려졌지만, 가을이 다가오면 다채로운 색으로 물든 단풍을 구경하기에도 정말 좋다. 일본의 건축가 안도 타다오가 설계한 공간인데, 돌을 쌓아 올린 듯한 외관이 자연과 잘 어우러져 조화롭다. 플라워가든, 워터가든, 본관, 명상관, 스톤가든, 제임스터렐관까지 넓은 규모와 풍성한 볼거리를 자랑한다. 그중에서도 가장 유명한 것은 입구에 있는 빨간 조형물. 거대한 크기와 화려한 색감만으로도 시선을 사로잡는다. 물가에 있어 잔잔한 물의 반영까지 볼 수 있으니 이곳에서는 인증사진을 꼭 남겨 보자. 산에 있는

이색 미술관, 뮤지엄 산에서 상설전시, 기획전시, 단풍 놀이까지! 풍성한 가을을 만나러 가 보자. 넉넉잡아 소요시간은 2~3시간 정도이니 여유를 두고 방문하기를 추천한다.

주변 볼거리·먹거리

오크밸리리조트 뮤지엄 산은 오크밸리리조트 내에 위치해 있다. 오크밸리는 골프장 및 스키장, 리조트를 갖춘 것은 물론 생태관광지로도 개발되어 오크밸리 내부를 산책하면서 호수와 숲, 산속 풍경을 만끽할 수 있다.

Ⓐ 강원도 원주시 지정면 오크밸리 1길 66 Ⓣ 033-730-3500 Ⓗ oakvalley.co.kr

SPOT 3

줄서서 먹는 동해 맛집

어향

주소 강원도 동해시 중앙시장길 24 · **가는 법** 동해시종합버스터미널에서 동해감리교회 버스정류장 이동 → 버스 111(발한), 154, 21-2번 승차 → 새마을금고앞 하차 → 도보 이동(약 250m) · **운영시간** 수~월요일 10:00~22:00/매주 화요일 휴무 · **대표메뉴** 메로구이 25,000원, 고등어구이 10,000원, 꽁치구이 10,000원, 양미리구이 10,000원 · **전화번호** 0507-1387-8305

찬바람에 조금씩 두꺼운 외투를 꺼내며 겨울이 물씬 다가옴을 느끼는 시기. 몸을 녹여줄 따뜻한 국물 요리와 생선구이를 함께 맛볼 수 있는 곳이 어향이다. 동해중앙시장 주변에 위치해 시장 방문 전후로 들리기 좋다. 내부는 아담하고, 우드톤의 깔끔한 분위기에 좌식 테이블로 되어 있다.

인기 메뉴로는 나베를 추천하는데, 매생이와 누룽지, 야채 등이 어우러져 한국인 입맛에도 알맞다. 매생이 특유의 부드러운 식감과 오래 끓인 누룽지의 구수함의 조화를 느껴보자. 생선구이 같은 경우에는 대부분 국내산 생선을 사용하는 곳임에도 양이 꽤 많다. 짜지 않아 부담 없고 따끈한 밥을 더하니 더욱 고소하고 맛있다. 추운 날씨에 따뜻한 국물 요리, 통통한 생선구이가 생각난다면 어향에 방문해 보는 것은 어떨까.

TIP

- 바로 앞에 무료 주차장이 있어 자동차로 방문하더라도 편리하게 이용할 수 있다.
- 방문 당일은 평일, 점심시간 전이라 사람이 많지 않았지만 가장 사람이 많은 시간인 12시 전후로는 대기번호를 적는 경우도 있으니 참고해 보자.

주변 볼거리·먹거리

만고땡동해점 조금씩 쌀쌀해지는 날씨에 생각나는 따끈한 간식, 찐빵과 만두 등을 판매하는 곳이다. 모둠찐빵을 구매하면 쌀옥수수찐빵, 녹차찐빵, 커피찐빵이 함께 나오는데 일반 팥앙금뿐만 아니라 커피앙금, 녹차앙금 등 이곳에서만 맛볼 수 있는 앙금을 사용해 이색적이다.

Ⓐ 강원도 동해시 일출로 61 Ⓞ 월~금요일 10:00~20:00, 토~일요일 09:00~22:00 Ⓣ 033-930-8880

추천 코스 알록달록 단풍을 마주할 때

1 COURSE
뮤지엄 산
자동차 이용(약 11km)

주소 강원도 원주시 지정면 오크밸리2길 260
운영시간 10:00~18:00/매주 월요일 휴무
입장료 성인 22,000원, 초·중·고교생 14,000원, 미취학 아동 무료
전화번호 033-730-9000
홈페이지 museumsan.org
etc 시티투어버스요금 성인 5,000원, 청소년 · 어린이 · 장애인 · 군인 · 경로 3,000원, 36개월 이하 어린이 무료

11월 45주 소개(342쪽 참고)

2 COURSE
소금산
자동차 이용(약 5.6km)

주소 강원도 원주시 지정면 소금산길 12
운영시간 5~10월 09:00~18:00, 11~4월 09:00~17:00/매주 월요일 휴무
입장료 성인 9,000원, 소인 5,000원
전화번호 033-749-4860

10월 44주 소개(329쪽 참고)

3 COURSE
돼지문화원

주소 강원도 원주시 지정면 송정로 130
운영시간 식당 11:00~21:00, 정육판매 10:00~20:00, 해피츄밸리 09:30~17:00
전화번호 1544-9266
홈페이지 돼지문화원.com

돼지문화원은 단순히 돼지고기를 맛보는 곳이 아니라 우리에게 친숙한 동물인 돼지에 대해 배우고 돼지를 비롯한 다양한 가축을 직접 만나서 체험도 할 수 있는 공간이다. 특히 피그레이싱이 인기 있는데, 아기 돼지들의 경주를 구경할 수 있는 프로그램이다.

11월 둘째 주

전 통 ? 퓨 전 ?

46week

SPOT 1

장칼국수와 쌀국수의 만남

매자식당

주소 강원도 속초시 번영로105번길 17 · **가는 법** 속초시외버스터미널에서 도보 이동(약 480m) · **운영시간** 11:00~21:00/매주 수요일 휴무 · **대표메뉴** 한우쌀국수 13,000원, 매콤한우장쌀국수 14,000원 · **전화번호** 0507-1304-0807 · **홈페이지** instagram.com/kayrish7

강원도의 대표 음식을 떠올렸을 때 등장하는 메뉴 중 하나, 장칼국수! 여기에 이국적인 쌀국수가 더해져 새로운 음식으로 재탄생한 곳이다. 매콤하면서도 당기는 맛에 최근 TV 프로그램에도 방영되며 더욱 인기가 많아졌다. 때문에 오픈 어택은 필수, 이후에는 대부분 웨이팅이 있다. 매운 한우장쌀국수를 주문하면 고기도 푸짐하게 들어가고 장칼국수 특유의 매콤함도 함께 맛볼 수 있어 더욱 좋다. 다만 매운 음식을 잘 먹지 못하는 사람에게는 힘들 수 있으니 주문시 주의가 필요하다. 다양하게 메뉴를 즐기고 싶다면 장쌀국수와 잘 어울리는 메뉴로 튀김롤을 추천한다.

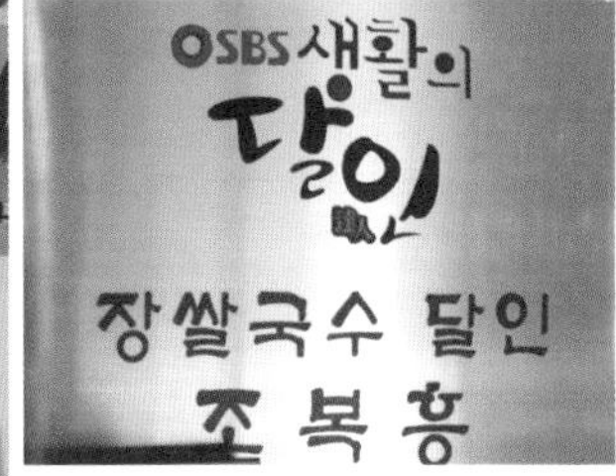

주변 볼거리·먹거리

미가 이 집의 황태해장국은 뽀얀 국물이 마치 설렁탕 같다. 하얗고 진하게 우러난 국물 맛은 깊고 구수하다. 황태채를 찢어내고 남은 껍질과 머리로 국물을 우려내는 것이 맛의 비결이라고 한다. 황태구이정식을 주문하면 황태해장국이 함께 나오니 두 가지 다 맛볼 수 있다.

Ⓐ 강원도 속초시 신흥2길 41 Ⓞ 08:00~16:40/매주 목요일 휴무 Ⓜ 황태구이정식 17,000원, 더덕구이정식 18,000원, 황태해장국 10,000원 Ⓣ 033-635-7999

설악씨네라마 드라마 〈대조영〉의 촬영지로, 한화리조트에서 운영하는 영화·드라마 세트장이다. 고구려와 당나라 양식의 민가, 저잣거리, 성곽, 궁 등을 그대로 재현해 두어 볼거리가 많으며, 국궁 및 민속놀이 등의 체험도 가능하다.

Ⓐ 강원도 속초시 미시령로2983번길 77호 Ⓞ 동절기 09:00~17:00, 하절기 09:00~17:30, Ⓒ 대인 4,500원, 소인 3,000원(한화리조트 투숙객 및 회원은 추가 할인) Ⓣ 033-630-5880

TIP

- 식당 바로 앞에 전용 주차장을 보유하고 있으나 웨이팅이 많을 경우 주차 공간이 부족할 수 있다.
- 매장 내부에는 물품보관함이 별도로 마련되어 있어 식사 시 짐을 보관할 수 있다.

SPOT 2

전국 5대 짬뽕집

원조강릉 교동반점 본점

주소 강원도 강릉시 강릉대로 205 · **가는 법** 강릉역(강릉선)에서 도보 이동(약 1.1km) · **운영시간** 화~일요일 10:00~18:00/매주 월요일 휴무 · **대표메뉴** 짬뽕면 10,000원, 짬뽕밥 10,000원, 군만두 8,000원 · **전화번호** 033-646-3833

조개, 홍합, 돼지고기, 야채 등이 들어간 짬뽕으로 유명한 교동반점은 전국 5대 짬뽕집으로 널리 알려져 있다. 기존에 익히 알고 있는 짬뽕과는 달리 진한 후추의 풍미와 조금은 걸쭉한 국물의 농도를 가지고 있어 약간은 낯설면서도 자꾸만 손이 간다. 덕분에 국물과 밥의 조화 역시 참 좋은데 면의 양이 많아 2인 기준 각자 짬뽕면을 먹고 밥 하나를 주문해 조금씩 말아서 먹으면 딱이다. 바쁜 시간대에는 짬뽕면, 짬뽕밥에 추가 공깃밥 정도의 메뉴만 주문이 가능하다. 강릉역, 강릉시외버스터미널에서 모두 걸어서 이동할 수 있는 거리에 위치해 강릉여행 전후 점심식사 겸 방문하기 좋다. 오픈 전부터 줄을 서서 기다리는 사람이 많으니 대기 시간을 생각해 두고 방문하는 것을 추천한다.

주변 볼거리·먹거리

아들바위공원

Ⓐ 강원도 강릉시 주문진읍 주문리 791-47

8월 31주 소개(247쪽 참고)

TIP

별도의 주차장이 마련되어 있지 않아 대중교통 이용 혹은 도보 이동을 추천한다.

SPOT 3

배추와 탕수육의 이색 조화

진태원

주소 강원도 평창군 대관령면 횡계길 19 · **가는 법** 횡계시외버스공용정류장 입구 횡계로터리에서 횡계체육관 방면으로 도보 이동(약 420m) · **운영시간** 11:00~16:00, 일요일 12:30~16:00(재료 소진 시 일찍 마감) · **대표메뉴** 탕수육(中) 30,000원, 탕수육(大) 35,000원, 짜장면 6,000원, 군만두 5,000원 · **전화번호** 033-335-5567

평창에는 뜻밖에도 탕수육 맛집이 있다. 스키 시즌에 이곳을 방문한 사람들의 입을 타고 맛집으로 소문나면서 스키 시즌 및 휴가철에는 대기해야만 맛을 볼 수 있다. 진태원은 예약을 받지 않으며 대기자들이 줄을 서서 기다릴 수도 없다. 대기자 명단에 연락처를 남기면 순서대로 연락을 주는데, 연락을 받은 후 5분 안에 도착하지 못하면 취소되므로 가까운 곳에 있는 것이 좋다. 이렇게 기다리면서까지 먹어야 하나 생각이 들 수 있겠지만 그만큼 맛있는 것이 사실이다. 탕수육 위에 지역 특산물인 배추와 부추가 올려져 나오는데, 의외의 찰떡궁합으로 입이 즐겁다. 공간이 협소해 테이블이 6개인 것이 아쉽긴 하지만 꼭 한번 먹어 볼 만하다. 탕수육 외에 짜장면이나 짬뽕도 맛있다.

TIP

- 탕수육은 포장도 가능하지만 당연히 바로 나온 것이 훨씬 맛있다.
- 주차 공간이 별도로 마련되어 있지 않으므로 길가나 적당한 장소를 물색해야 한다.

주변 볼거리·먹거리

평창관광센터 스페이스창공(진부역) KTX 진부역 바로 옆에 위치한 라운지. 기차역을 이용하는 사람이라면 더할 나위 없이 추천하는 공간이다. 내부에는 쉬어가기 좋은 넓은 휴식공간, 작은 도서관, 평창 기념품 전시공간 등이 있고, 종종 전시도 열려 관람하기 좋다.

Ⓐ 강원도 평창군 진부면 송정길 110 Ⓞ 09:00~18:00/휴게시간 12:00~13:00 Ⓣ 0507-1351-5558

추천 코스 평창의 맛과 멋

1 COURSE
진태원
자동차 이용(약 6.4km)

2 COURSE
삼양목장
자동차 이용(약 2.2km)

3 COURSE
이촌쉼터

주소 강원도 평창군 대관령면 횡계길 19
운영시간 11:00~16:00, 일요일 12:30~16:00(재료 소진 시 일찍 마감)
대표메뉴 탕수육(中) 30,000원, 짜장면 6,000원, 군만두 5,000원
전화번호 033-335-5567

11월 46주 소개(350쪽 참고)

주소 강원도 평창군 대관령면 꽃밭양지길 708-9
운영시간 5~10월 09:00~17:00, 11~4월 09:00~16:30
입장료 대인 12,000원, 소인 10,000원
전화번호 033-335-5044
홈페이지 samyangfarm.co.kr
etc 동절기에는 자동차로 목장 내부 관람 가능

5월 19주 소개(154쪽 참고)

주소 강원도 평창군 대관령면 꽃밭양지길 405
운영시간 화~일요일 11:00~20:00/매주 월요일 휴무
대표메뉴 옹심이칼국수 9,000원, 감자전(2장) 9,000원, 옥수수동동주(小) 6,000원
전화번호 033-336-4640

삼양목장 가는 길목에 위치해 목장 방문 전후로 들르기 좋다. 폭신한 감자전에 달달하면서도 고소한 동동주는 놓칠 수 없는 꿀조합! 옹심이칼국수는 깔끔한 국물 맛에 투박한 면발, 쫀득한 옹심이, 고소한 깨가 듬뿍 들어가 있다. 칼국수의 양이 많으니 감자전을 포함해 여러 메뉴를 주문할 경우 참고하자.

11월 셋째 주

걷기 좋은 길, 먹기 좋은 음식, 읽기 좋은 책

47 week

SPOT 1

천년 고찰을 거닐다
낙산사

주소 강원도 양양군 강현면 낙산사로 100 · **가는 법** 낙산종합버스터미널에서 도보 이동(약 820m) · **운영시간** 08:00~17:30 · **입장료** 무료 · **전화번호** 033-672-2448 · **홈페이지** naksansa.or.kr

낙산사는 신라시대 때 의상대사가 창건한 사찰로, 관동 지방의 절경을 자랑하는 오봉산 자락에 동해를 마주하고 있다. 2005년 대형 산불로 인해 전소에 가까운 피해를 입었으나 지난 10년간의 지속적인 노력으로 이제는 산불의 피해를 느끼지 못할 정도로 복원된 상태다. 푸른 바다가 한눈에 내려다보이는 천혜의 풍광 속에 자리하여 불자가 아니더라도 한번 방문해 볼 만하다.

특히 해안 언덕에 위치한 의상대는 송강 정철의 〈관동별곡〉에서도 언급되는 곳으로, 바다와 소나무, 정자가 어우러진 낙산사의 진경을 볼 수 있는 곳이다. 또한 불전 바닥에 뚫린 구멍을 통해 절벽 아래의 바다를 볼 수 있는 홍련암도 빼어난 경치를 자랑한다. 천수관음을 볼 수 있는 보타전과 연꽃 가득한 보타전 앞의 연못 관음지도 천천히 둘러보자.

규모가 큰 고찰인 만큼 공중사리탑, 건칠관음보살좌상, 칠층석탑 등 많은 보물을 간직하고 있으며, 원통보전에는 관세음보살상이 안치되어 있어 관음성지로도 유명하다. 탁 트인 경치와 넓은 사찰을 산책하듯 거닐다 관세음보살에게 슬쩍 소망을 빌고 와도 좋을 것이다.

주변 볼거리·먹거리

을지인력개발원&일현미술관 을지인력개발원은 을지재단에서 건립한 교육연수 시설로, 일현미술관과 함께 양양 동호해변 인근 언덕에 위치해 시원한 전망이 멋지고 야외에 다양한 조각품이 전시되어 있어 눈이 즐거운 곳이다.

Ⓐ 강원도 양양군 손양면 선사유적로 359 Ⓞ 일현미술관 10:00~18:00/매주 월요일 휴관 Ⓒ 일반 2,000원, 청소년 1,500원 Ⓣ 033-670-8000(을지인력개발원), 033-670-8450(일현미술관)

SPOT 2

더 주세요!를 부르는
양고기 맛집

스위스램

주소 강원도 평창군 대관령면 대관령마루길 365-12 · **가는 법** 횡계시외버스터미널에서 버스 440번 승차(매일 4회) → 횡계3리 하차 → 도보 이동(약 380m) · **운영시간** 수~월요일 11:00~20:00/매주 화요일 휴무 · **대표메뉴** 스위스램갈비 28,000원, 스위스램등심 28,000원, 돌판된장찌개 5,000원, 뚝배기된장찌개 5,000원 · **전화번호** 0507-1328-9272

10개월 미만의 어린 양의 양갈비, 양등심을 취급하는 곳. 양고기 특유의 잡내가 없어 초보자도 도전할 수 있는 양고기 맛집이다. 돌판에 버섯, 마늘쫑, 방울토마토 등 가니쉬와 함께 주문한 고기가 나오며 직접 구워주기 때문에 더욱 편하다. 반찬은 고기와 함께 먹기 좋은 샐러드, 백김치 등이 나오며 쯔란, 민트젤리, 홀그레인머스터드, 고추냉이, 소금 등 소스도 다양하다. 민트젤리는 특유의 화한 맛과 달콤함이 더해져 양고기와 잘 어울린다. 된장찌개는 일반 된장찌개, 돌판 된장찌개 두 종류가 있는데, 돌판 된장찌개를 주문하면 양고기를 구웠던 판에 된장찌개

를 끓여준다. 양고기의 풍미를 가득 담은 따끈한 국물 요리까지 함께 즐겨보자!

주변 볼거리·먹거리

봉평차이나

Ⓐ 강원도 평창군 봉평면 기풍로 136 봉평농협 맞은편 Ⓞ 10:30~19:30/매주 수요일 휴무 Ⓜ 메밀쟁반짜장 2인분 22,000원, 쓴메밀해물갈비짬뽕 23,000원, 양장피 35,000원, 메밀짬뽕 9,000원, 메밀짜장 7,000원 Ⓣ 033-335-9888

7월 30주 소개(235쪽 참고)

TIP

- 숙성이 중요한 양고기 특성을 반영하여 예약 후 방문하는 것을 추천한다.
- 매장 내 무료 주차장이 있으니 자동차 이용 시 참고해 보자.

SPOT 3

아늑한 감성공간

동네책방 코이노니아

주소 강원도 원주시 라옹정길 3-13 1층 · **가는 법** 원주시외고속버스터미널에서 버스 16번 버스 승차 → 현진4차아파트 하차 → 도보 이동(약 420m) · **운영시간** 일·화~목요일 09:00~18:00/매주 월요일 휴무 · **전화번호** 0507-1346-4279

원주의 한 골목에 위치한 북카페. 문을 열면 마치 책으로 가득한 다락방에 온 듯한 기분이 든다. 작은 회의 공간, 탁 트인 책상 공간 등 내부에서도 여러 공간이 나뉘어 있으며 책뿐만 아니라 굿즈, 소품류도 판매해 둘러보기 좋다. 뿐만 아니라 이곳은 떡볶이, 짜장면, 우동 등의 식사류, 원주라거 등의 로컬 맥주도 판매해 식사를 하거나 가볍게 술을 즐길 수도 있다. 아늑하고 편안한 감성공간에서 맛있는 음식과 음료를 먹으며 책도 읽고 마음의 양식을 쌓아 보자.

주변 볼거리·먹거리

중앙시민전통시장 다양한 먹거리로 유명한 시장이다. 중원시장, 자유시장과도 가까워 마음껏 시장 구경을 즐길 수 있다. 원주김치만두, 칼국수, 감자옹심이 등이 인기 있으며, 자유시장 지하상가의 분식집 '신혼부부'의 돈가스와 쫄면도 맛있다.

Ⓐ 강원도 원주시 중앙시장길 35-4

추천 코스 올데이 오션뷰!

1 COURSE ▶ 낙산사 — 자동차 이용(약 9.3km)

2 COURSE ▶▶ 오산횟집 — 도보 2분(약 150m)

3 COURSE ▶▶▶ 동호해변

1 낙산사

주소 강원도 양양군 강현면 낙산사로 100
운영시간 08:00~17:30
입장료 무료
전화번호 033-672-2447
홈페이지 naksansa.or.kr

11월 47주 소개(352쪽 참고)

2 오산횟집

주소 강원도 양양군 손양면 선사유적로 306-7
운영시간 08:00~21:00
대표메뉴 섭국·섭죽 12,000원, 섭해물전 15,000원, 섭무침 30,000원
전화번호 033-672-4168

동호해변 근처의 오산횟집은 섭 요리로 유명하다. 흔히 홍합과 혼동하는 동해의 섭은 크기나 맛에서 홍합과 명확히 구분된다. 홍합보다 훨씬 큰 편이고 식감도 매우 쫄깃쫄깃하다. 동해안에서는 주로 국을 끓여 보양식으로 먹어 왔으며, 지금은 동해안의 유명한 먹거리가 되었다. 오산횟집에서는 섭국과 섭죽 외에도 섭무침, 섭해물전 등을 맛볼 수 있다. 해변가 구석에 위치해 있지만 유명한 맛집이다. 동해안이 아니라면 섭을 쉽게 접할 수 없으니 꼭 들렀다 가자.

3 동호해변

주소 강원도 양양군 손양면 동호리
전화번호 033-672-9797(동호리 행정봉사실)
홈페이지 donghori.com

동호해변 동호해변은 해안가가 넓어 겨울바다의 파도가 더욱 근사하게 느껴진다. 얕은 수심과 고운 모래를 가진 예쁜 해변으로, 여름에는 해수욕장으로도 인기 있다. 그러나 개발된 지역은 아니므로 몸을 녹일 만한 편의시설은 없으니 참고하자.

11월 넷째 주

가 을 빛 충 만 한

48 week

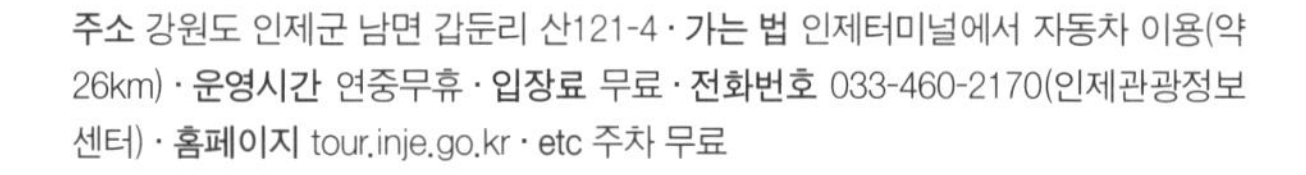

SPOT 1

물안개와 서리의 마법
비밀의정원

주소 강원도 인제군 남면 갑둔리 산121-4 · **가는 법** 인제터미널에서 자동차 이용(약 26km) · **운영시간** 연중무휴 · **입장료** 무료 · **전화번호** 033-460-2170(인제관광정보센터) · **홈페이지** tour.inje.go.kr · **etc** 주차 무료

대개 강원도 일출을 생각하면 탁 트인 바다 한가운데 태양이 붉게 솟아오르는 장면이 떠오르지만, 비밀의정원은 깊은 산속에서 일출을 보는 신기하고 또 신비로운 곳이다. 가을~겨울 시즌 가장 인기 많은 인제의 일출 명소! 이곳은 군사작전지역이라 그동안 일반 사람들의 접근 및 사진 촬영이 허용되지 않았으나 지금은 도로변에서 찍는 사진 촬영까지는 허용됐다. 덕분에 가을 단풍과 그 위로 살며시 내려앉은 서리를 보기 위해 해가 채 뜨기도 전부터 도로변은 인산인해를 이룬다. 11월은 일출 시간이 늦어지면서 오전 7시경 해가 뜬다. 도로에 자리 잡고 조금 기다리면 어둑했던 아침 안개가 걷히며 조금씩 산 위로 해가 떠오

주변 볼거리·먹거리

속삭이는자작나무숲

등산 소요시간이 그리 길지 않아 오후 방문객이 많지만 가을 아침, 속삭이는자작나무숲에서는 뭉게구름 사이로 예쁜 빛내림을 볼 수 있다. 길을 따라 수많은 자작나무 군락이 있어 보기만 해도 힐링 그 자체! 자작나무 전망대와 메인 포토존으로 가는 길은 특히 더 아름답다.

Ⓐ 강원도 인제군 인제읍 자작나무숲길 760 Ⓞ 수~일요일 09:00~18:00/매주 월~화요일 휴무(입산가능시간 15:00까지) Ⓒ 무료 Ⓣ 033-463-0044 Ⓗ forest.go.kr Ⓔ 주차 무료

른다. 해가 비추는 모습을 따라 단풍잎의 색이 점점 더 짙어져 멋진 경관을 자아내니 가을 인제 여행을 준비하고 있다면, 비밀의정원에 꼭 한번 방문해 보자.

TIP

- 일출 30분 정도 전에 방문했음에도 사람이 많다. 관광이 아닌 사진을 위해 방문한다면 더 일찍 도착하는 것을 추천한다.
- 추운 날씨에 대비해 따뜻한 겉옷은 필수로 챙기자!

SPOT 2

1,459m에서 아찔함을 느끼다

발왕산 관광케이블카

주소 강원도 평창군 대관령면 올림픽로 715 · **가는 법** 횡계시외버스터미널에서 횡계시외버스공용정류장 이동 → 버스 441번 승차(매일 4회) → 용평리조트 하차 → 도보 이동(약 720m) · **운영시간** 주중 10:00~18:00, 주말 09:00~18:30/매주 월요일, 강풍 시 휴장 · **입장료** 대인 왕복 25,000원, 편도 21,000원/소인(36개월~13세 이하) 왕복 21,000원, 편도 17,000원 · **전화번호** 033-330-7423 · **홈페이지** yongpyong.co.kr

산 정상까지 케이블카가 연결되어 있어 등산이 어려운 사람들에게도 길을 열어주는 곳. 편히 앉아 가을의 고즈넉한 풍경을 바라보다 보면 어느새 꼭대기에 도착한다. 모나파크 용평리조트 건물에 다다르면 1,000m가 넘는 고지대에 마치 구름과 함께 둥둥 떠 있는 듯한 기분이 든다. 이곳에는 알록달록 의자가 놓여 있는 포토존, 더 높은 곳에 올라 풍경을 내려다볼 수 있는 천국의 계단, 바닥이 유리로 된 짜릿한 스카이워크 등이 있다. 내부에는 따뜻한 실내에서 전망을 볼 수 있는 카페, 사진 전시, 화장

실 등 편의 시설이 있어 잠시 쉬어가기 좋다. 해 질 무렵에는 산 너머로 노을이 붉게 물들어가며 저무는 풍경도 볼 수 있다. 케이블카에 내려서는 반짝이는 일루미네이션이 우리를 반겨주고 있으니 야간관광까지 알차게 즐겨보자!

주변 볼거리·먹거리

무이예술관 2001년 개관한 무이예술관은 예술가들이 상주하며 작업하는 작업실이자 방문객과 소통하는 문화예술공간이다. 보통의 미술관처럼 세련되고 현대적인 느낌이라기보다 정겹고 포근한 분위기다.

Ⓐ 강원도 평창군 봉평면 사리평길 233 Ⓞ 10:00~22:00/매주 수요일 휴관 Ⓒ 일반 3,000원, 65세 이상 2,000원, 5세 미만 무료 Ⓣ 033-335-4118

SPOT 3

레트로 감성 복합문화공간

칠성조선소

주소 강원도 속초시 중앙로46번길 45 · **가는 법** 속초시외버스터미널에서 버스 1, 9, 9-1(양양)번 승차 → 속초농협 하차 → 도보 이동(약 400m) · **운영시간** 11:00~20:00 · **대표메뉴** RTD 밀크티 7,000원, RTD 콜드브루원액 10,000원, RTD 바닐라빈시럽 16,000원, 바닐라빈카페라테 7,500원, 멍멍푸치노 5,000원 · **전화번호** 0507-1373-2309 · etc 근처 공영주차장 이용

칠성조선소는 1952년부터 조선소로 운영되던 공간을 개조해 이제는 복합문화공간으로 사용되고 있다. 내부에는 실제 조선소에서 사용했던 흔적이 있어 레트로 감성을 느낄 수 있다. 특히 조선소의 배가 나가기 위해 바다와 바로 연결된 터가 있어 정말 바로 앞에서 바다를 만날 수 있다는 점이 특별하다.

칠성조선소에는 전시장, 북살롱, 소품숍 등 다양한 공간이 마련되어 있기에 카페와 함께 이용하기 좋다. 카페를 이용하는 손님이 많은데, 2층에는 바다를 그대로 볼 수 있도록 통유리창으로 되어 있어 창가석이 인기가 좋다. 멍멍푸치노 등 반려견 동반 시 함께 주문할 수 있는 메뉴도 준비되어 있으니 참고해 보자.

주변 볼거리·먹거리

국립산악박물관 우리나라의 등산 문화를 알리고자 산림청에서 건립한 곳이다. 우리나라 3대 산 중 하나인 설악산이 정면에 보이는 미시령터널로 가는 길가에 있다. 이곳에서는 우리나라의 명산과 산악인들의 업적, 산악 문화 및 등산의 역사에 관한 전시를 볼 수 있을 뿐만 아니라 암벽체험, 고산체험, 산악교실 등의 간접 체험이 가능하다.

Ⓐ 강원도 속초시 미시령로 3054 Ⓞ 09:00~18:00/매주 월요일·1월 1일·설날·추석 연휴 휴관 Ⓒ 무료 Ⓣ 033-638-4459 Ⓗ forest.go.kr

추천 코스 여행자들에게 사랑받는

1 COURSE
단천면옥

도보 11분(약 800m)

2 COURSE
칠성조선소

자동차 이용(약 4.9km)

3 COURSE
대포항

주소 강원도 속초시 철새길 33
운영시간 월~화요일, 목~금요일 11:00~17:00, 토~일요일 11:00~19:30/매주 수요일 휴무
대표메뉴 명태회냉면 10,000원 모듬순대(4인) 30,000원, 물냉면 10,000원, 한우곰탕 10,000원
전화번호 0507-1325-6679

함경남도 단천에서 내려와서부터 시작해 지금까지 3대째 전통을 자랑하는 곳이다. 명태회냉면, 오징어순대 등 속초 대표 음식들을 판매하는데 깔끔하고 정갈한 구성에 더욱 마음이 간다. 기본 반찬으로는 무생채, 양념장 그리고 온육수가 나온다. 뽀얀 국물에 깊은 맛이나 홀짝홀짝 마시기 좋다.

주소 강원도 속초시 중앙로46번길 45
운영시간 11:00~20:00
대표메뉴 RTD 밀크티 7,000원, RTD 콜드브루 원액 10,000원, RTD 바닐라빈 시럽 16,000원, 바닐라빈 카페라테 7,5.00원, 멍멍푸치노 5,000원
전화번호 0507-1373-2309
etc 근처 공영주차장 이용

11월 48주 소개(362쪽 참고)

주소 강원도 속초시 대포항1길 6-13
전화번호 033-633-3171(속초시 종합관광안내소)

설악산 기슭에 자리한 대포항은 사시사철 사람들의 발길이 끊이지 않는 관광객 위주의 어항(漁港)이다. 설악산이 국민관광지로 널리 알려지기 전까지는 한적한 포구였다고 하나 지금은 그 시절을 떠올리기 힘들 정도로 인기 있는 항구가 되었다. 설악산을 찾는 여행자 대부분이 들르는 곳이다.

11월의 평창여행
가을이 주는 여유

추운 겨울이 찾아오기 전에 떠나는 올해의 마지막 단풍여행! 유난히도 맑고 높은 하늘을 자랑하는 가을은 특히 여행하기 좋은 계절이다. 가을꽃과 알록달록 물들어 있는 단풍 등 자연이 주는 선물을 500% 즐기러 가자!

※ 꽃과 단풍을 제대로 즐기려면 11월 말보다는 11월 초~중순 방문을 추천한다. 특히 2일차 일정인 월정사전나무숲길, 선재길, 상원사 등은 단풍을 느끼며 걷기 좋은 길이니 해당 지역에서는 걸어볼 것을 추천한다.

2박 3일 코스 한눈에 보기

모나파크용평리조트

방림메밀막국수

선재길

월정사전나무숲길

상원사

납작식당

이촌쉼터

삼양목장

스위스램

12월의 강원도는 다른 어느 달보다 강원도답다. 춥고 눈 많고 모든 것이 움츠러들어 있을 것 같지만 강원도의 겨울은 어느 때보다도 활기차다. 사람들은 겨울바다에서 서핑하며 파도를 즐기기도 하고, 스키장으로 산으로 몰려든다. 영서 지방을 중심으로 눈이 쏟아지면 겨울 축제들도 하나둘씩 시작된다. 평창송어축제를 시작으로 얼음낚시와 눈꽃축제 등 강원도의 겨울이 무르익는다. 그래도 추운 날씨가 부담된다면 바닷가의 창이 큰 카페에서 검푸른 바다의 운치를 즐기며 따뜻한 커피 한잔을 마셔도 좋다. 도시와 농촌, 어촌, 산촌이 모두 어우러진 강원도 구석구석에는 전시관도 많으니 그곳에서 강원도의 다양한 모습을 발견하며 찬바람을 피해도 좋을 것이다. 겨울바람 속 강원도 곳곳에서 들려오는 이야기에 귀를 기울여 보자.

12월의 강원도

유난히 반짝이는

12월 첫째 주

추위를 잊게 만들

49 week

SPOT 1

크리스마스 분위기 가득한 춘천
cafe de 220volt

주소 강원도 춘천시 동내면 금촌로 107-27 지하 1층, 지상 1-2층 · **가는 법** 남춘천역에서 남춘천역환승센터로 이동 → 동내2(동내202)번 승차 → 신촌1리 하차 → 도보 이동(약 400m) · **운영시간** 매일 10:00~22:00 · **대표메뉴** 볼트커피 · 와트커피 각 6,300원, 옥수수크림샷(옥수수라테) 7,500원 · **전화번호** 033-263-0220 · **etc** 주차 무료

조용한 전원마을로 들어서면 저 멀리에 보이는 3층 규모의 대형 카페. 건물의 한 면을 차지할 정도로 큰 통창을 통해서 마을 풍경이 그대로 내려다보인다. 1층에서는 커피, 디저트 등 메뉴를 주문할 수 있는데 특히 옥수수 모양을 딴 옥수수치즈케이크가 인기다. 이른 시간에는 브런치 메뉴도 판매하니 참고하자. 2층에서는 야외 테라스 겸 반려견 운동장이 조성되어 있어 반려동물과 함께 방문한 손님도 많은 편이다. 규모가 큰 만큼 많은 인원을 수용할 수 있는데, 조용하고 아늑한 분위기를 선호한다면 3층 좌석을 추천한다. 또한 크리스마스 시즌에는 1층 입구에

대형 트리를 설치하기 때문에, 연말 분위기를 즐기려 방문하는 사람도 많다. 분위기가 좋은 대형 카페에서 맛있는 커피, 디저트를 맛보며 12월을 시작해 보면 어떨까?

TIP

- 2, 3층은 계단을 이용해야 하며, 3층의 경우 계단이 다소 가파르기 때문에 아이들의 출입은 제한하고 있다.
- 반려견의 경우 9kg 미만의 소형 반려 동물에 한해 출입이 가능하다. 품에 안거나 케이지, 유모차 이용이 필요하며, 2층 야외의 경우 목줄 착용은 필수다.
- 바리스타, 로스팅 과정도 운영해 커피에 대해 관심이 있다면 참고해 보아도 좋다.

주변 볼거리·먹거리

계룩 춘천에서 닭갈비가 아닌 맛있는 닭 요리를 먹고 싶다면 추천하는 곳이다. 쫀득하고 담백한 토종닭숯불구이가 대표메뉴이며, 간이 세지 않고 전반적으로 구성이 깔끔해 부담 없이 찾기 좋다.

Ⓐ 강원도 춘천시 남산면 김유정로 351 Ⓞ 05:00~21:30 Ⓣ 0507-1310-8623

광판팔뚝김밥 퇴계점 이름 그대로 거의 팔뚝만한 김밥을 판매하는 곳. '김밥 먹으러 춘천에 온다'는 후기가 있을 정도로 평이 좋은 김밥 맛집이다. 진미채김밥, 멸치김밥, 참치김밥, 노랑진미김밥 총 네 가지 종류의 김밥이 있는데, 진미채김밥이 가장 유명하다. 이외 메뉴로는 쫄면, 라면, 떡볶이 등의 분식류가 있으며 춘천에만 6곳이 있을 정도로 인기가 좋다.

Ⓐ 강원도 춘천시 안마산로 42 1층 Ⓞ 매일 08:00~20:00 Ⓜ 김밥 4,500원, 떡볶이 4,500원, 라볶이 6,500원 Ⓣ 0507-1399-7838

SPOT 2

우거진 숲 속 미술관

미술관 자작나무숲

주소 강원도 횡성군 우천면 한우로두곡5길 186 · **가는 법** 횡성시외버스터미널에서 버스 76번 승차 → 두곡리 하차 → 도보 이동(약 2km) · **운영시간** 금~화요일 10:00~일몰시/매주 수~목요일 휴관(공휴일인 경우 정상 개관), 12~4월 셋째 주 11:00~일몰시/매주 화~목요일 휴관(공휴일인 경우 정상 개관) · **입장료** 성인 20,000원, 3~18세 10,000원 · **전화번호** 033-342-6833 · **홈페이지** jjsoup.com

나무껍질이 은백색을 띠어 멀리서도 잘 보이는 자작나무는 햇빛에 반사되면 더욱 반짝인다. 바람에 잎이 날릴 때 유난히 부스럭거리는 느낌이 들기도 하는데, 사실 자작나무라는 이름은 이 나무가 불에 탈 때 다른 나무보다 더 자작자작 소리를 낸다고 해서 붙여진 것이라고 한다.

자작나무와 미술관이 하나의 그림처럼 조화를 이루고 있는 미술관 자작나무숲은 횡성에서 만나는 뜻밖의 장소다. 1991년에 자작나무 묘목을 심기 시작하여 2004년 5월 미술관으로 개관한 이곳은 작가들의 초대전을 열거나 신진 아티스트들이 재능

을 발휘할 수 있도록 기회를 제공하고 있다. 숲 속에 아담하게 자리하고 있는 이곳은 미술관이라기보다 마치 유럽의 가정집이나 별장 같은 분위기를 풍긴다. 수풀에 둘러싸인 이 공간에 들어서면 시간이 천천히 흐를 것만 같다. 어슬렁거리며 따뜻한 햇볕을 즐기는 고양이들의 시간처럼 말이다. 자작나무를 소재로 한 미술관 내부의 작품들과 밖으로 이어지는 자작나무숲, 정원 곳곳에 마련된 나무 의자들, 그 외의 모든 것들이 전시의 일부다.

자작나무숲과 미술관 내부를 모두 둘러본 후에는 이곳에서 운영하는 카페에서 향 좋은 차 한잔의 여유도 누릴 수 있다. 입장료에 카페 이용료가 포함되어 있기 때문이다. 우거진 숲과 그 속에 자리 잡은 미술관. 동화 속 같은 이곳에서 휴식 같은 시간을 보내 보자.

TIP
게스트하우스 숲속의집을 함께 운영하고 있으므로 숙박도 가능하다.

주변 볼거리·먹거리

팔팔정육점식당 횡성은 한우가 유명한 만큼 한우를 판매하는 곳이 많다. 그중에서도 이곳은 횡성 사람들도 많이 찾는 저렴하고 고기 맛 좋은 식당이다.

Ⓐ 강원도 횡성군 횡성읍 문정로19번길 20 Ⓞ 12:00~22:00/명절 휴무 Ⓜ 갈빗살 35,000원, 등심 35,000원 Ⓣ 033-343-2905

SPOT 3

관동팔경의 수일경(隨一景)

청간정

주소 강원도 고성군 토성면 청간리 · **가는 법** 속초시외버스터미널에서 버스 1-1번 승차 → 청간리 하차 · **입장료** 무료 · **전화번호** 033-680-3368(고성군청 관광문화과)

설악산에서 흘러내리는 천진천이 바다와 합류하는 지점의 바닷가 기암절벽 위, 노송 사이에 위치한 청간정은 관동팔경 중에서도 첫째로 꼽히며, 일출과 낙조의 풍광이 빼어나기로 유명하다. 달이 떠오르는 밤이면 마치 바다 위에 떠 있는 듯한 착각을 불러일으킨다는 이 정자는 조선시대에 세워진 것으로 추정되며, 갑신정변 때 불타 없어진 것을 1930년경 지방민들이 재건했다고 한다.

계단을 올라 청간정에 이르면 우거진 수목 사이로 탁 트인 동해의 풍경이 한눈에 들어온다. 이곳에서는 사방의 경치가 전부 아름답다. 뒤로는 설악산을, 앞으로는 동해를 두고 자리 잡고 있어 관동제일경이라 할 만하며, 정자 주변으로 대나무 군락까지 조성되어 더욱 운치 있다. 특히 해돋이의 광경을 보면 예로부터 수많은 시인 묵객들이 이곳을 찾은 이유를 절로 알게 된다.

이곳의 산책로는 청간해변으로 이어진다. 정자에 올라 시원한 동해의 모습을 눈에 담았다면 바닷가에서의 여유로운 산책도 함께 즐겨보자. 청간해변은 군사 지역인 탓에 오랫동안 일반인의 출입이 통제되어 오다가 2004년에 해수욕장으로 정식 개방한 곳으로, 그래서인지 눈부시게 깨끗하고 조용한 바다를 만날 수 있다. 아무도 없는 바다에 내 발자국만 남기고 돌아오는 일은 그리 쉽게 찾아오는 기회가 아니다.

주변 볼거리·먹거리

남포동승기찹쌀씨앗호떡 겨울철에는 간식을 위해 가슴 속에 1천 원짜리 지폐를 가지고 다닌다는 말이 있다. 붕어빵, 호떡 등 따끈한 먹거리를 즐길 수 있는 겨울! 속초중앙시장의 별미 중 하나인 씨앗호떡 맛집을 방문해 보는 것은 어떨까? 갓구운 호떡은 뜨거울 수 있으니 호호 불며 겨울철 이색 간식을 맛보자.

Ⓐ 강원도 속초시 중앙로147번길 12(속초중앙시장 내)

TIP

청간정에서 청간해변까지 이어지는 짧은 산책로가 있는데, 이 지역은 군사지역이기에 개방 시간이 정해져 있다. 동계 08:00~17:00, 하계 06:00~17:00이므로 시간을 준수하자.

추천 코스 미리 메리크리스마스

1 COURSE 자동차 이용(약 23km)

이상원미술관

2 COURSE 자동차 이용(약 10km)

장가네더덕밥

3 COURSE

cafe de 220volt

주소 강원도 춘천시 사북면 화악지암길 99
가는 법 춘천역 환승센터에서 버스 사북2(사북201)번 승차 → 이상원미술관 하차
운영시간 매일 10:00~18:00
입장료 성인 6,000원, 65세 이상·초·중·고교생 4,000원
전화번호 033-255-9001
etc 주차비 무료

1월 4주 소개(50쪽 참고)

주소 강원도 춘천시 동면 소양강로 202
운영시간 11:30~21:30/매월 둘째, 넷째 주 월요일 휴무
대표메뉴 수라상 38,000원, 명품상 25,000원, 진품상 19,000원, 일품상 16,000원
전화번호 033-254-2626
홈페이지 jangganae.modoo.at

12월 52주 소개(386쪽 참고)

주소 강원도 춘천시 동내면 금촌로 107-27 지하 1층, 지상 1-2층
운영시간 매일 10:00~22:00
대표메뉴 볼트커피·와트커피 각 6,300원, 옥수수크림샷 7,500원
전화번호 033-263-0220
etc 주차 무료

12월 49주 소개(368쪽 참고)

12월 둘째 주

강 원 도 의 진 면 목

50 week

SPOT 1

겨울바다를 걷는다

외옹치항 둘레길 바다향기로

주소 강원도 속초시 대포동 656-14 · **가는 법** 속초시외버스터미널에서 시외버스터미널역 이동 → 버스 1-1(속초)번 승차 → 성호아파트 하차 → 도보 이동(약 1.1km) · **운영시간** 하절기 06:00~20:00, 동절기 07:00~18:00 · **전화번호** 033-639-2362

속초해수욕장에서 출발해 외옹치항까지 걷는 길, 약 1.74km에 달하는 외옹치항둘레길 바다향기로이다. 이곳은 해파랑길에도 속해 푸른 동해 뷰를 즐기기 좋은데, 최근 속초해수욕장 인근에는 속초아이 대관람차가 생기며 오션뷰를 한눈에 볼 수 있어 더욱 매력적이다. 외옹치항 구간의 경우에는 수십 년간 민간인 출입이 통제되었던 곳이라 비교적 훼손되지 않은 자연을 만끽할 수 있다. 롯데 리조트와도 가까워 숙소를 이용하면서 방문해 보아도 좋다. 겨울에 눈이 쌓이면 곳곳이 소복하게 눈으로 덮여 또 다른 분위기를 자아낸다. 파도의 출렁이는 노래를 들으며 가볍게 산책해 보자.

주변 볼거리·먹거리

발해역사관 속초시는 드라마 〈대조영〉 촬영지를 기점으로 발해 역사 복원 사업에 관심을 갖고 발해역사관을 건립하여 운영하고 있다. 발해의 유물을 관람할 수 있으며, 드라마 〈대조영〉 촬영에 사용된 의상을 입어 보는 등의 체험도 가능하다.

Ⓐ 강원도 속초시 신흥2길 16 속초시립박물관 내 Ⓓ 3~10월 09:00~18:00, 11~2월 09:00~17:00/매주 월요일 휴관 Ⓒ 속초시립박물관 입장료에 포함 Ⓣ 033-639-2977 Ⓗ sokchomuse.go.kr

SPOT 2

함께 걸을까

바우길 5구간

주소 강원도 강릉시 남항진동 남항진해변~강릉시 사천면 사천진해변공원 · **가는 법** 강릉시외고속터미널에서 버스 202번 승차 → 경포대 · 참소리박물관 하차 · **전화번호** 033-645-0990(바우길사무국) · **홈페이지** baugil.org · **etc** 안드로이드 앱 '오지다 바우길' 이용 가능

바우는 바위의 강원도 사투리다. 강원도나 강원도 출신의 사람을 '감자바위'라 부르는 데서 모티프를 얻어 강원도를 대표하는 길을 바우길이라 이름 붙이게 되었다. 이름에 걸맞게 친환경적이고 친근한 길들이 이어지는 바우길은 스페셜 구간 포함 총 20구간의 트레킹 코스가 대관령, 강릉 시내, 경포, 정동진 등에 걸쳐 조성되어 있다. 강릉 어디서든 쉽게 바우길 표지를 만날 수 있을 만큼 각 구간의 범위가 넓다.

바우길의 모든 구간은 금강소나무숲길을 포함하고 있다. 각 구간의 70% 이상이 숲이 만들어 낸 그늘 속의 길이다. 또한

12구간과 5구간, 8구간의 일부, 그리고 9구간까지 걸으면 강릉시에 속하는 해변가 대부분을 걷는 것이며, 이는 부산에서 고성으로 이어지는 동해안 탐방로인 해파랑길과도 연결된다. 남항진해변에서 안목해변, 송정해변을 지나 경포대, 사천진해변까지 이어지는 5구간 역시 바닷가를 따라 소나무숲길을 걸을 수 있는 코스다. 여러 구간 중에서도 무난하게 걷기 좋은 길이 이어지므로 바우길이 처음이라면 이 구간을 추천하고 싶다. 옆으로 바다를 끼고 있어 풍경도 시원하고 혼자 걸어도 위험하지 않다. 중간중간 쉴 공간도 마련되어 있으니 부담 없이 도전해 보자.

주변 볼거리·먹거리

이지연커피바리스타학원 커피의 도시라 불리는 강릉! 아늑한 실내공간에서 바리스타 체험을 즐겨보면 어떨까? 처음이라 서툴고 엉성할지 몰라도 친절한 선생님의 교육에 '내가 만든 커피가 맞아?'라는 생각이 들게 될 것이다. 일반적인 카페도 좋지만 이번만큼은 직접 만들어 더욱 의미있고 맛좋은 커피를 경험해 보자.

Ⓐ 강원도 강릉시 부흥길 23-8 Ⓞ 화~금요일 09:30~21:30, 토~월요일 10:00~18:00 Ⓣ 0507-1338-9449

TIP

바우길 홈페이지(baugil.org/html/course/1course.html)에 들어가면 바우길 전체 코스 지도 및 걷기 여행 관련 이벤트에 대한 소식을 확인할 수 있다(참고로 14구간인 초희길은 공사로 인해 2024년까지 장기 폐쇄).

- 1구간 선자령풍차길 : 신재생에너지전시관-2구간분기점-선자령-동해전망대-신재생에너지전시관(약 12km/약 4~5시간 소요)
- 2구간 대관령옛길 : 신재생에너지전시관-국사성황당-반정-옛주막터-우주선화장실-사랑가득히펜션 또는 대관령박물관(약 14.7km/약 6시간 소요)
- 2구간 대관령옛길 : 신재생에너지전시관-국사성황당-반정-옛주막터-우주선화장실-사랑가득히펜션 또는 대관령박물관(약 14.7km/약 6시간 소요)
- 3구간 어명을받은소나무길 : 사랑가득히펜션-등산로입구-어명정-술잔바위-임도(산불감시초소)-명주군왕릉(약 11.7km/약 4~5시간 소요)
- 4구간 사천둑방길 : 명주군왕릉-해살이마을-모래내행복센터-사천진해변공원(약 15.7km/약 5~6시간 소요)
- 5구간 바다호숫길 : 사천진해변공원-해중전망대-경포대-솟대다리-강릉커피거리-남항진해변(약 15km/약 5~6시간 소요)
- 6구간 굴산사가는길 : 남항진해변-청량동길입구-중앙시장~모산봉-구정면사무소-학산오독떼기전수회관(약 17.3km/약 6~7시간 소요)
- 7구간 풍호연가 : 학산오독떼기전수회관-강릉자동차극장-능선숲길시점-능선숲길종점-안인항(약 15.7km/약 5~6시간 소요)
- 8구간 산우에바닷길 : 주차장-활공장전망대-방송통신탑-당집-183봉-정동진역(약 9.3km/약 5시간 소요)
- 9구간 헌화로 산책길 : 정동진역-삿갓봉삼거리-심곡항성황당-금진항공원-한국여성수련원(약 10.2km/약 5시간 소요)
- 10구간 심스테파노길 : 명주군왕릉주차장-3구간분기점-솔바우전망대-위촌리버스종점-송양초등학교(약 11km/약 5시간 소요)
- 11구간 신사임당길 : 송양초교-신사임당로육교-11-2코스분기점-오죽헌-경포대-허균허난설헌기념관(약 16.2km/약 6~7시간 소요)
- 12구간 주문진가는길 : 사천진해변공원-영진항-주문진항-소돌항-주문진해변공원(약 11.6km/약 4~5시간 소요)
- 13구간 향호바람의길 : 주문진해변주차장-고속도로교각-저수지제방-고속도로육교-주문진해변주차장(약 15km/약 5~6시간 소요)
- 15구간 강릉수목원가는길 : 성산면사무소-임도삼거리-솔향수목원정문-구정문화마을-단오문학관(약 17.2km/약 6~7시간 소요)
- 16구간 학이시습지길 : 강릉여행자플랫폼&강릉수월래-해람지-능선정상-오죽헌-경포습지공원-강릉원주대홍보관(약 10km/약 4~5시간 소요)
- 17구간 안반데기운유길 : 운유촌(정자/주차장)-멍에전망대-피덕령-일출전망대-성황당(쉼터)운유촌(약 6km/약 3시간 소요)
- 대관령 국민의숲길 : 신재생에너지전시관-국민의숲길입구-용평자작마을-선자령갈림길-신재생에너지전시관(약 10km/약 4시간 소요)

SPOT 3

그릇 모양의 마을

펀치볼

주소 강원도 양구군 해안면 해안서화로 35(양구통일관, 펀치볼둘레길방문자센터) · **가는 법** 양구시외버스터미널역 이동 → 버스 5(양구, 괄랑, 해안, 동막)번 승차 → 해안면사무소 하차 → 도보 이동(약 200m) · **운영시간** 양구통일관 3~10월 09:00~18:00, 11~2월 09:00~17:00/매주 월요일 · 1월 1일 · 명절 당일 오전 휴관 · **입장료** 펀치볼마을 무료, 펀치볼지구안보관광지 대인 6,000원, 소인 3,000원 · **전화번호** 033-481-2648(펀치볼정보화마을), 033-480-7251(양구통일관) · **홈페이지** dmztrail.or.kr

마을의 형상이 커다란 화채 그릇 같다고 해서 펀치볼(punch bowl)이라 불리는 곳이 있다. 가칠봉, 대우산, 도솔산, 대암산 등 해발 1,100m 이상의 산으로 둘러싸인 이곳은 마치 거대한 분화구처럼 생긴 양구의 침식분지다. 정식 명칭은 해안분지이나 한국전쟁 당시 미군 종군기자가 산에서 이곳을 내려다보며 화채 그릇 같다고 말한 것을 계기로 여전히 펀치볼이라는 이름이 더 유명하다. 당시에는 최대 격전지였으나 아이러니하게도 지금은 움푹 파인 지형 덕분인지 평화롭고 포근한 느낌이 든다. 양구통일관 앞쪽에서는 그리팅맨(Greetingman)이 정중한 인사를 건네는데, 평화와 화해의 의미를 지닌 이 조각상 역시 펀치볼의 볼거리 중 하나다.

TIP
DMZ펀치볼둘레길을 따라 걸으면 산 위에서 펀치볼 지형의 전경을 제대로 내려다볼 수 있다. 단, 둘레길 탐방을 위해서는 DMZ펀치볼둘레길방문자센터를 통해 반드시 예약하고 안내를 받아야 한다(DMZ펀치볼둘레길방문자센터 033-481-8565).

주변 볼거리·먹거리

까미노사이더리 친환경 양구 사과를 이용해 음료와 디저트를 판매하는 카페다. 대표메뉴로는 양구사과콤부차, 그린케피어 등의 음료와 애플사이다가 들어간 파부르통, 못난이 양구 사과를 이용한 애플케이크 등의 디저트가 있다. 맛도 퀄리티도 좋아 극찬하는 평이 많은 곳으로 양구에 간다면 한번 방문해 보자. 매장에서 판매하는 사과식초는 기념품이나 선물용으로도 제격이다.

Ⓐ 강원도 양구군 국토정중앙면 국토정중앙로 126 Ⓞ 화~토요일 12:00~17:00/매주 일~월요일 휴무 Ⓣ 033-481-1260 Ⓗ instagram.com/camino_cidery

추천 코스 양구의 보물들

1 COURSE 장수오골계숯불구이

자동차 이용(약 15km)

주소 강원도 양구군 양구읍 양록길 23번길 6-17
운영시간 12:00~22:00/매월 둘째, 넷째 주 월요일 휴무
대표메뉴 오골계숯불구이 50,000원, 오골계도리탕 60,000원, 오리숯불구이 70,000원
전화번호 033-481-8175

오골계는 살과 가죽, 뼈가 모두 검은 닭으로, 양구의 특산물로도 꼽힌다. 양구에는 오골계숯불구이집이 몇 군데 있는데, 이들을 중심으로 오골계숯불구이가 유명해졌다. 양구곰취축제, DMZ펀치볼시래기축제 등의 행사장에서도 오골계숯불구이 메뉴는 빠지지 않을 정도다.

2 COURSE 양구수목원

자동차 이용(약 20km)

주소 강원도 양구군 동면 숨골로 310번길 131
운영시간 09:00~18:00/매주 월요일(월요일이 공휴일인 경우 정상 운영) 휴관
입장료 일반 6,000원, 청소년 3,000원
전화번호 033-480-7391
홈페이지 yg-eco.kr
etc 대중교통 이용 불가

양구수목원은 자연 생태가 잘 보존된 DMZ 인근 대암산 자락에 있다. 해발 450m 고지대 숲의 생태를 둘러보며 삼림욕을 즐길 수 있는 숲배움터, 테마별 놀이공간과 도시락을 먹을 수 있는 피크닉 광장 등이 조성된 숲놀이터, 멸종위기식물과 다육식물, 한국 고유식물 등 여러 식물을 가까이서 관찰할 수 있는 숲맑은터, 생태탐방로 등 자연과 함께할 수 있는 다양한 공간을 제공한다.

3 COURSE 펀치볼

주소 강원도 양구군 해안면 해안서화로 35(양구통일관, 펀치볼둘레길방문자센터)
운영시간 양구통일관 3~10월 09:00~18:00, 11~2월 09:00~17:00/매주 월요일·1월 1일·명절 당일 오전 휴관
입장료 펀치볼마을 무료, 펀치볼지구안보관광지 대인 6,000원, 소인 3,000원
전화번호 033-481-2648(펀치볼정보화마을), 033-480-7251(양구통일관)

12월 50주 소개(378쪽 참고)

12월 셋째 주

겨울바람을 피해

51 week

SPOT 1

건강한 한 상 차림

대굴령 민들레동산

주소 강원도 강릉시 성산면 성연로 17 · **가는 법** 강릉역 KTX공영주차장환승장 버스 정류장까지 도보 이동 → 버스 944, 945번 승차 → 보광리입구 정류장 하차 → 도보 이동(약 240m) · **운영시간** 10:00~21:00/매주 월요일 휴무 · **대표메뉴** 민들레돌솥밥 12,000원 · **전화번호** 0507-1425-8862

대관령을 둘러싸고 강원도의 청정 계곡과 산이 주변에 있어 그 정취를 느끼기 좋은 대굴령마을. 대관령의 방언 '대굴령'이라 불리는 이 마을에 위치한 한식맛집, 대굴령민들레동산이다. 강릉시 모범음식점으로도 인증받은 이곳은 전화 예약 후 방문이 필요하다. 대표메뉴는 동의보감에서 약선 음식으로 알려져 있는 민들레, 방풍을 이용한 돌솥밥이다. 초록색 민들레, 노란색 밤, 그리고 빨간색 대추 등 다양한 색을 띠는 재료를 이용해 보는 눈도 즐거운 돌솥밥과 갖가지 반찬으로 눈과 입이 즐겁다. 특히 너무 달거나 짜지 않아 건강식으로 제격이다. 문득 대접받는 것 같은 한 상 차림을 즐기고 싶다는 생각이 든다면 이곳에 방문하는 것을 추천한다.

주변 볼거리·먹거리

도깨비젤라또 드라마 〈도깨비〉 촬영지인 영진해변 앞에 위치한 젤라또 가게. 겨울이지만 강릉의 순두부가 들어간 젤라또는 참을 수 없는 디저트다. 반려동물도 출입 가능한 곳이니 참고해 보자.

Ⓐ 강원도 강릉시 주문진읍 해안로 1605 Ⓞ 월요일 10:00~18:00, 화~금요일 10:00~19:00, 토~일요일, 공휴일 09:00~19:00/하절기 휴무 없음 Ⓜ 도깨비젤라또 5,500원, 도깨비순두부젤라또/찐숙이 5,500원, 강릉쌀젤라또/리코타치즈 5,500원, 강릉옥수수젤라또 5,500원 Ⓣ 0507-1356-0079 Ⓗ instagram.com/dokkaebi_gelato

SPOT 2

양지바른 마을의 화로구이촌

양지말 화로구이

주소 강원도 홍천군 홍천읍 양지말길 17-4 · **가는 법** 홍천종합버스터미널에서 용문행 버스 승차 → 양지마을 하차 → 도보 이동(약 180m) · **운영시간** 11:00~20:30/명절 휴무 기간은 홈페이지에서 확인 가능 · **대표메뉴** 고추장화로구이(200g) 16,000원, 양송이더덕구이(400g) 30,000원, 메밀막국수 10,000원 · **전화번호** 033-435-7533 · **홈페이지** yangjimal.co.kr

연말이 가까워지며 약속이 하나둘 늘어가는 시즌! 건물 전체가 고깃집으로 되어 있어 소규모뿐만 아니라 대규모 모임을 하기 좋은 곳을 찾게 된다. 서울에서 양덕원을 지나 국도 44호선을 따라 홍천으로 향하면 화로구이촌이 양쪽으로 나타난다. 화로구이는 홍천의 대표적인 먹거리로 비슷한 가게가 옹기종기 모여 있지만 그중에서도 양지말화로구이가 유명하다.

음식점에 들어서면서부터 숯불고기향으로 인해 입안에 침이 고인다. 고기에는 매콤달콤한 양념이 적당히 배어 있으며, 숯불에 굽는 과정에서 풍미와 고소한 맛이 더해진다. 또한 고기가 두껍지 않기에 양념과의 조화를 온전히 느낄 수 있다. 자글자글 고기가 다 구워지면 너도 한 점, 나도 한 점, 셀프 코너에 있는 반찬을 가져와 입맛에 맞게 조합해 맛보는 재미도 있다. 식사를 마

치고 나서는 200원에 제공하고 있는 메밀커피로 입가심하는 것도 잊지 말자! 주변에는 겨울철 스키로 유명한 대명리조트, 홍천온천, 팔봉산 등이 있어 방문 전후로 방문해 보는 것은 어떨까?

TIP

- 양지말화로구이는 1층 약 300석, 2층 약 120석이 마련되어 있으며, 20명 이상인 경우 사전 예약을 추천한다.
- 양지말화로구이는 중소벤처기업부 인증 '백년가게'에 속하는 곳으로 1989년부터 영업을 시작해 30년 이상 운영하고 있는 홍천의 맛집 중 하나다. 보다 자세한 정보는 yangjimal.com에서 확인하자.

주변 볼거리·먹거리

비발디파크 서울과도 가까운 홍천 서쪽에 자리한 비발디파크는 규모가 큰 만큼 오션월드, 스키장, 골프장, 자연휴양림 등 다양한 시설이 조성되어 있어 사계절 내내 많은 사람들이 찾는다.

Ⓐ 강원도 홍천군 서면 한치골길 262 Ⓣ 1588-4888 Ⓗ sonohotelsresort.com

동내식당 팔봉산관광지에 위치한 홍천 맛집이다. 황태해장국, 김치찌개, 다슬기 해장국 등 메뉴 종류도 다양하다. 집밥 느낌의 반찬에 대부분의 메뉴가 호불호 없이 평이 좋아 메뉴판을 정독하고 그날 가장 당기는 메뉴를 골라 기분 좋은 한끼 식사를 해 보자.

Ⓐ 주소 강원 홍천군 서면 한치골길 1122-48 팔봉맛집 Ⓣ 033-436-2207

SPOT 3

시래기가 건네는 따뜻한 위로

시래원

주소 강원도 양구군 국토정중앙면 봉화산로 457 · **가는 법** 양구시외버스터미널에서 택시 이동(약 5.5km) · **운영시간** 화~목요일 11:00~16:00, 금~일요일 11:00~20:00/매주 월요일 휴무 · **대표메뉴** 시래기소불고기정식 15,000원 · **전화번호** 033-481-4200

시래기는 양구의 특산물이다. 보통 무청을 말린 시래기는 억센 편이나 양구에서는 시래기 전용 무를 심은 후 45일이 지나기 전 적당한 시기에 수확하여 자연건조하므로 시래기가 부드럽다. 늦가을쯤에는 DMZ펀치볼시래기축제가 열리기도 한다. 이렇게 시래기로 유명한 양구인 만큼 다양한 시래기 요리를 선보이는 음식점 또한 많다.

그중 시래기정식으로 유명한 시래원은 우리 국토의 정중앙이라는 양구 배꼽마을 입구에 위치하고 있다. 시래기정식을 주문하면 시래기밥, 시래깃국과 함께 각종 나물과 밑반찬이 차려지며, 시래기닭찜과 떡갈비도 조금씩 맛볼 수 있도록 나온다. 쌀쌀한 날에는 구수한 시래기밥과 시래깃국만으로도 무언가 위로받는 기분이다. 나물과 반찬들 하나하나도 모두 맛있고 식사 후 호로록 마시는 숭늉에도 시래기가 둥둥 떠 있어 더욱 고소하다. 양구의 추운 겨울을 온몸으로 느꼈다면, 이 지역의 대표 먹거리로 만든 시래기정식의 따뜻한 맛을 선물 받고 돌아가자.

주변 볼거리·먹거리

국토정중앙해시계 양구 시내의 차 없는 거리를 걷다 보면 한반도의 정중앙에 위치한 해시계를 만날 수 있다. 조선시대에 제작된 앙부일구(해시계)를 실제 크기의 20배로 확대하여 만든 것으로, 시침이 순금과 18K 금으로 제작되어 세계에서 가장 비싼 해시계로 기네스북에도 올라 있다고 한다.

Ⓐ 강원도 양구군 양구읍 상리 228-3 Ⓣ 033-480-7204(양구군청 경제관광과)

추천 코스 겨울, 홍천 그리고 등산

1 COURSE

자동차 이용(약 29km)

팔봉산

주소 강원도 홍천군 서면 팔봉리
운영시간 등산로 개장(3월 중순~12월 결빙 시) 봄·가을 07:00~15:00, 여름 07:00~15:30/동절기 폐장(폐장 기간은 매년 다를 수 있음)
입장료 어른 1,500원, 청소년·군인 1,000원, 어린이 500원
전화번호 033-434-0813(팔봉산관광지관리사무소)

높이 328m의 나지막한 산으로, 여덟 개의 봉우리가 길게 뻗어 있어 팔봉산이라 부른다. 각 봉우리마다 비경이 숨어 있다고 하며, 특히 겨울철에 눈이 쌓이면 멀리서 바라보는 산의 모습이 장관이다. 팔봉산은 흔히 두 번 놀라게 하는 산이라고도 하는데, 낮지만 산세가 아름다워 놀라고 산에 오른 후에는 암벽이 줄지어 있어 산행이 만만치 않아 놀란다는 것이다. 단, 동절기에는 등산로를 개방하지 않으므로 참고하자.

2 COURSE

자동차 이용(약 15km)

양지말화로구이

주소 강원도 홍천군 홍천읍 양지말길 17-4
운영시간 11:00~20:30
대표메뉴 고추장화로구이 16,000원, 양송이더덕구이 30,000원, 메밀막국수 10,000원
전화번호 033-435-7533
홈페이지 yangjimal.co.kr

12월 51주 소개(382쪽 참고)

3 COURSE

강원도자연환경연구공원

주소 강원도 홍천군 북방면 생태공원길 319
운영시간 11~2월 10:00~17:00, 3~10월 10:00~18:00
입장료 무료
전화번호 033-248-6570

강원도자연환경연구공원은 자연과 생명의 소중함을 몸소 느낄 수 있는 다양한 생태관찰지와 체험관 등이 조성되어 있다. 이곳은 수질환경 및 조류관찰구역, 자연환경연구관 및 수생식물원, 연구교육구역, 자연관찰연구구역, 탐방모니터링구역으로 크게 구분되며, 길게 이어지는 길을 따라 구역별로 둘러볼 수 있다.

12월 마지막 주

고생했어!! 올해도

52 week

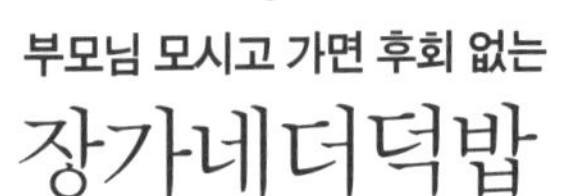

SPOT 1

부모님 모시고 가면 후회 없는

장가네더덕밥

주소 강원도 춘천시 동면 소양강로 202 · **가는 법** 춘천역(경춘선)에서 자동차 이용(약 4.7km) · **운영시간** 11:30~21:30/매월 둘째, 넷째 주 월요일 휴무 · **대표메뉴** 수라상 38,000원, 명품상 25,000원, 진품상 19,000원, 일품상 16,000원 · **전화번호** 033-254-2626 · **홈페이지** jangganae.modoo.at · **etc** 주차 무료

넓은 주차장에 건물 외벽에는 알전구가 가득해 따뜻하고 포근한 느낌을 주는 곳. 크리스마스를 맞이해 산타 옷을 입은 조형물을 따라 장가네더덕밥 내부로 들어간다. 식물과 나무 원목이 어우러져 정갈한 느낌을 주는 인테리어. 하지만 이곳의 진짜 묘미는 바로 '식탁'이다. 음식이 나올 때 식탁 위에 또 하나의 상을 그대로 밀어서 전달해주기 때문! 음식이 내 앞에 도착하기도 전에 이 특이한 모습을 영상으로 남기느라 눈도 손도 바빠진다. 장가네더덕밥은 한정식이 대표메뉴인지라 그 이름 그대로 매콤하게 무친 더덕부터 버섯탕수육 등 깔끔한 반찬이 주를 이룬다. 더

불어 특정 기간에는 굴 등 제철요리가 함께 나온다. 눈 앞에 펼쳐지는 밥상 위 입맛에 맞는 반찬과 따끈한 돌솥밥을 함께 즐겨보자. 리필도 가능하니 더욱 부담 없이 즐길 수 있다. 식사를 마친 후에는 별도로 마련된 후식 공간에서 매실차, 커피 등을 무료로 이용할 수 있으니 연말에 가족들과 함께 행복한 식사시간을 가져보자.

TIP

춘천에서도 인기 있는 맛집으로 연말에는 특히 사람이 많을 수 있으니 사전에 전화 예약 후 방문하는 것을 추천한다.

주변 볼거리·먹거리

대원당 1968년부터 운영된 곳으로, 춘천에서 가장 오래된 빵집이다. 대전에 성심당이 있다면 춘천에는 대원당이 있다고 할 만큼 인정받는 곳이다. 특히 구로맘모스와 버터크림빵이 인기 있다.

Ⓐ 강원도 춘천시 퇴계로 191 Ⓞ 08:00~22:00
Ⓜ 버터크림빵 1,700원, 구로맘모스 6,000원
Ⓣ 033-254-8187

SPOT 2

빙벽뷰 신상 이색 카페

스톤크릭

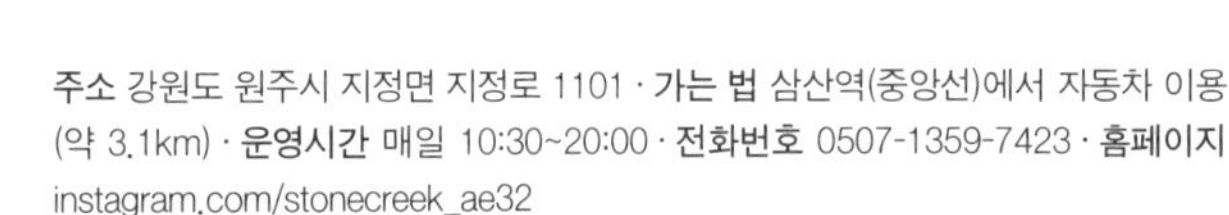

주소 강원도 원주시 지정면 지정로 1101 · **가는 법** 삼산역(중앙선)에서 자동차 이용 (약 3.1km) · **운영시간** 매일 10:30~20:00 · **전화번호** 0507-1359-7423 · **홈페이지** instagram.com/stonecreek_ae32

사계절 내내 기암괴석 절벽뷰 카페로 인기가 많은 이곳은 원주 지정면에 위치한 스톤그릭이다. 겨울이 되면 얼음이 얼면서 거대한 규모의 빙벽이 생기는데, 그 풍경을 보고 있으면 마치 영화 속 얼음 세상에 들어온 듯하다. 빙벽이 있는 외부뿐만 아니라 건물 안쪽으로 앉을 공간이 조성되어 있는데 보기보다 규모가 크다. 반려동물 동반도 가능하나, 이런 경우 실외만 이용 가능하니 참고하자. 또한 겨울 빙벽 시즌에는 사람들이 몰릴 수 있으니 영업시간을 확인하고 오전 일찍 방문하기를 추천한다. 서울 근교에서 아름다운 자연을 바라보며 커피를 마시고 싶다면 이곳에 방문해 보는 것은 어떨까.

주변 볼거리·먹거리

원주한지테마파크 원주는 예로부터 닥나무 재배의 최적지로, 한지 생산의 명맥을 이어 온 공장들을 중심으로 원주 한지를 널리 알리기 위한 다양한 노력을 해 왔다. 원주한지테마파크에서는 원주 한지의 역사와 가치를 살펴볼 수 있다.

Ⓐ 강원도 원주시 한지공원길 151 Ⓞ 09:00~18:00/매주 월요일·1월 1일·추석·설 연휴 휴관 Ⓒ 1층 한지역사실 무료, 2층 기획전시실 무료(전시 성격에 따라 별도의 관람료가 책정될 수 있음) Ⓣ 033-734-4739 Ⓗ hanjipark.com

SPOT 3

동심 가득

산타우체국 대한민국 본점

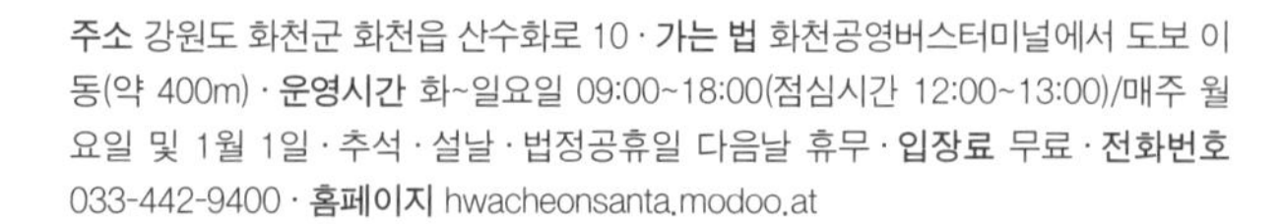

주소 강원도 화천군 화천읍 산수화로 10 · **가는 법** 화천공영버스터미널에서 도보 이동(약 400m) · **운영시간** 화~일요일 09:00~18:00(점심시간 12:00~13:00)/매주 월요일 및 1월 1일 · 추석 · 설날 · 법정공휴일 다음날 휴무 · **입장료** 무료 · **전화번호** 033-442-9400 · **홈페이지** hwacheonsanta.modoo.at

12월의 마지막 주는 곳곳에 크리스마스, 연말 분위기가 가득하다. 강원도 화천에는 이 크리스마스를 더욱 풍성하게 즐길 수 있는 화천 산타우체국 대한민국 본점이 있다. 이곳에서는 산타할아버지에게 편지를 보낼 수 있다. 방문해서뿐만 아니라 우편 접수도 가능해 학교 등에서 단체로 이용하는 경우도 있는데, 이렇게 작성된 편지는 화천 산타우체국에 1년 동안 모아두었다가 11월 중 핀란드 산타마을로 한꺼번에 보낸다. 따라서 10월 말까지 편지 작성, 발송은 필수! 기간을 놓친다면 내년 크리스마스에 편지가 도착할 수도 있으니 주의하자. 크리스마스 전쯤에는 국제 우편을 통해 핀란드 산타할아버지의 답장도 받을 수 있어 특별하다. 이외에도 크리스마스 쿠키 만들기, 공예품 만들기 등의 체험 프로그램도 상시 운영되고 있으니 참고하자.

주변 볼거리·먹거리

평화의댐 탁 트인 풍경에 전망대에서 내려다보며 힐링하기 좋은 곳이다. 겨울에는 강물이 꽁꽁 얼어 그 위에 쌓인 눈과 주변 경관을 구경하는 것도 하나의 포인트이다. 세계평화의 종, 물문화관 등 주변 볼거리와 함께 즐겨보자.

Ⓐ 강원도 화천군 화천읍 평화로 3481-18 Ⓒ 무료

추천 코스 크리스마스가 다가오면

1 COURSE

원천리 정류장에서 버스 6-1번 승차 ▶ 화천공영터미널 하차 ▶ 도보 이동(약 400m)

원천상회

2 COURSE

도보 6분(약 470m)

산타우체국 대한민국 본점

3 COURSE

선등거리

주소 강원도 화천군 하남면 영서로 5500
전화번호 033-441-3620

인기 예능 프로그램에 등장하며 그 촬영지로 알려진 곳이다. 시즌이 끝나고 이제는 다시 마을의 작은 가게이자 주민분들의 쉼터, 맛있는 라면 가게로 자리 잡았다. TV 프로그램에서 소개됐던 라면을 단돈 4,000원에 맛볼 수 있으니 가볍게 끼니를 챙기거나 간식거리를 구매해 보아도 좋다.

주소 강원도 화천군 화천읍 산수화로 10
운영시간 화~일요일 09:00~18:00(점심시간 12:00~13:00/매주 월요일 및 1월 1일·추석·설날·법정공휴일 다음날 휴무
입장료 무료
전화번호 033-442-9400
홈페이지 hwacheonsanta.modoo.at

12월 52주 소개(390쪽 참고)

주소 강원도 화천군 화천읍 하리(화천대교 오거리부터 화천삼거리까지)

겨울 시즌 선등거리 페스티벌이 진행되는 곳이다. 알록달록한 물고기들의 향연에 낮에도 예쁘지만, 밤에 조명과 함께라면 더욱 로맨틱하다. 거리 조명은 주로 2월 초까지 지속된다.

12월의 소도시여행 **양구에서 화천 찍고, 춘천까지!**

12월의 강원도는 본격적인 겨울 준비가 한창이다. 차가운 기온에 유의하여 든든히 외투를 챙겨 입고, 한 해 동안 고생한 나를 위한 여행을 떠나자! 든든한 음식, 연말이 다가오며 조금씩 느껴지는 크리스마스 분위기까지 놓칠 수 없다.

2박 3일 **코스 한눈에 보기**

펀치볼

장수오골계숯불구이

평화의댐

원천상회

파로호

산타우체국 대한민국 본점

cafe de 220volt

장가네더덕밥